普通高等职业教育电子信息系列教

电子 CAD 技术

姚四改　主　编

李　露　李　琼　李春奇　副主编

电子工业出版社·

Publishing House of Electronics Industry

北京·BEIJING

内 容 简 介

本书全面系统地介绍 Altium Designer 2014 中文设计环境，着重从实际应用方面介绍电路原理图、SCH 元件库、元件封装、PCB 印制电路板设计方法及技巧，对实际电路板生产文件的输出等也进行了详细、实用的论述。本书以实际项目设计为依据，重视学生实际工作技能的培养，如内电源层的分割技巧、跳线的使用方法、常见 ERC 规则检测中信息的解读及错误的消除等，并且每个工程项目之后都附有与书中讲解项目相对应的实战项目，读者可以将这些电路制作成实际电路板。作者力求循序渐进地引导学生最终达到全面熟练掌握 Altium Designer 2014 软件精华，灵活运用各种制板方法和技巧，设计出符合行业规范的、实用的印制电路板的目的。

本书特别适合用作高等职业技术院校应用电子技术专业的教材，也可用作成人高校、广播电视大学、本科院校的二级职业技术学院和民办高校的电信类技术专业的教材，同时也适合从事计算机辅助设计的初、中级工作人员使用。

图书在版编目（CIP）数据

电子 CAD 技术 / 姚四改主编．—北京：电子工业出版社，2016.1（2023.1 重印）

ISBN 978-7-121-27891-4

Ⅰ．①电⋯ Ⅱ．①姚⋯ Ⅲ．①印刷电路—计算机辅助设计—应用软件—高等学校—教材 Ⅳ．①TN410.2

中国版本图书馆 CIP 数据核字（2015）第 307508 号

策划编辑：徐建军
责任编辑：郝黎明
印　　刷：固安县铭成印刷有限公司
装　　订：固安县铭成印刷有限公司
出版发行：电子工业出版社
　　　　　北京市海淀区万寿路 173 信箱　邮编　100036
开　　本：787×1 092　1/16　印张：13.75　字数：352 千字
版　　次：2016 年 1 月第 1 版
印　　次：2023 年 1 月第 9 次印刷
定　　价：32.00 元

凡所购买电子工业出版社图书有缺损问题，请向购买书店调换。若书店售缺，请与本社发行部联系，联系及邮购电话：（010）88254888，88258888。

质量投诉请发邮件至 zlts@phei.com.cn，盗版侵权举报请发邮件至 dbqq@phei.com.cn。

本书咨询联系方式：（010）88258888，xujj@phei.com.cn。

前　言

电子 CAD 技术在现代电子工程领域的应用非常广泛，PCB 板设计质量直接决定了电子产品的各项性能指标，设计出高性能的 PCB 印刷电路板是从事电子及相关行业的工作者必备的技能。Altium Designer 2014 是电路原理图及印刷电路板集成设计的最新版本，它的中文设计环境更是中国广大电子线路设计工作人员的福音。

本书全面、系统地介绍 Altium Designer 2014 的中文设计环境，着重从实际应用方面介绍电路原理图、SCH 元件库、元件封装、PCB 印制电路板设计方法及技巧，重视学生实际工作技能的培养，如内电源层的分割技巧、跳线的使用方法、常见 ERC 规则检测中信息的解读及错误的消除等，并且每个工程项目之后都附有与书中讲解项目相对应的实战项目，读者可以将这些电路制作成实际电路板。作者力求循序渐进地引导学生全面掌握利用 Altium Designer 2014 软件进行电子线路设计的技巧和方法，为企业输送优秀的电子设计人才。

本书的特色体现在以下几点。

（1）目标明确，实用性强。本书精心设计由浅入深的 6 个项目工程，通过完成每一个项目的过程，掌握各项目的精髓，提高实际电子线路设计能力，书中的提示和技能链接等内容有助于学习者在工作中解决实际问题。

（2）项目化教学方式。每一工程项目的实施过程即是师生的教学活动，学生可从中直接获取实际工作的经验，真正实现学习与工作零距离，有助于提高学生的综合素质和就业能力。

（3）内容逻辑性强。书中列举的教学项目从易到难，逐步提高；从前到后，逐步完善。

（4）难易适中，易获得成就感。项目实施完毕，学生都能够完成相应的完整作品，从而产生成就感，激发学生的学习兴趣。项目后面的实战项目更有助于培养学生的实践能力和创新精神。

本书由武汉职业技术学院的教师组织编写，由姚四改担任主编，李露、李琼和中国石油化工股份有限公司天然气分公司科技信息部的李春奇担任副主编，参加本书编写的人员还有许红梅、程园、朱学军等。同时要特别感谢陈晴教授在本书编写过程给出了宝贵的建议。本书在编写过程中参考了部分资料，谨在此向其作者致以衷心的感谢！

为了方便教师教学，本书配有电子教学课件，请有此需要的教师登录华信教育资源网（www.hxedu.com.cn）注册后免费进行下载，如有问题可在网站留言板留言或与电子工业出版社联系（E-mail：hxedu@phei.com.cn）。

虽然我们精心组织，努力工作，但错误之处在所难免；同时由于编者水平有限，书中也存在诸多不足之处，恳请广大读者朋友们给予批评和指正。

编　者

目　录

项目 1

实用稳压电源电路

项目导读

稳压电源（Stabilized Voltage Supply）是电子产品中最常见的电路，它能为负载提供稳定交流电源或直流电源的电子装置，分交流稳压电源和直流稳压电源两大类，电路的形式比较多，交流稳压电源可用于计算机、医疗电子仪器、通信广播设备等现代高科技产品的稳压和保护，而直流稳压电源应用于国防、科研、院校、实验室、充电设备等的直流供电。

本项目所绘制的稳压电源电路原理图如图 1-1 所示。电路的输出直流电源电压范围为 1.25～25V。当电源调到 5V 时可以给单片机系统供电；当调到 9～12V 时可以给通用信号放大器供电；当调到 20～25V 时可以给 4～20mA 输出的传感器供电等，电路的使用非常广泛。电路的关键元件是 LM317T 集成了输出调整和稳压控制电路，在输入电压与输出电压差别较大时要求输出的电流不能太大，最大不得超过 500mA。

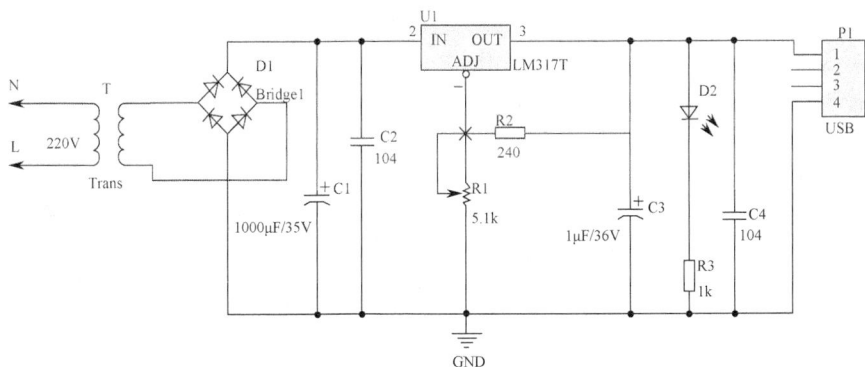

图 1-1　稳压电源电路原理图

教学方式

采用项目引领，任务驱动，可以将设计出来的稳压电源实物展示给学生，以提高学生学习兴趣，增强学生学习的目的性，教学过程以"教学做"一体化的方式来完成，建议 4 个学时。

相关知识

1. 实际电路板种类

印制电路板又称为印刷电路板、印刷线路板，简称印制板，英文简称 PCB（Printed Circuit

Board），它是电子产品的重要部件，是电子元器件的支撑体，是电子元器件间电气连接的提供者，是设计技术指标的最终体现。印制电路板设计水平的高低直接决定了电子产品的性能，因此，印制电路板的设计是电子产品设计过程中不可或缺的关键环节之一。

印制电路板可分为单面板（Single-Sided Board）、双面板（Double-Sided Board）和多层板（Multi-Layer Board）。

（1）单面板。如图 1-2 所示，仅一面具有导电图形的印制电路板称为单面印制电路板，简称单面板。一般情况下，有导电图形的一面叫底层（Bottom Layer），集中放置插针式（或多数表贴式）元器件的另一面叫顶层（Top Layer）。

单面板结构简单，没有过孔，只能在一面布线，布线难度较大，适用于线路相对简单的电子产品。

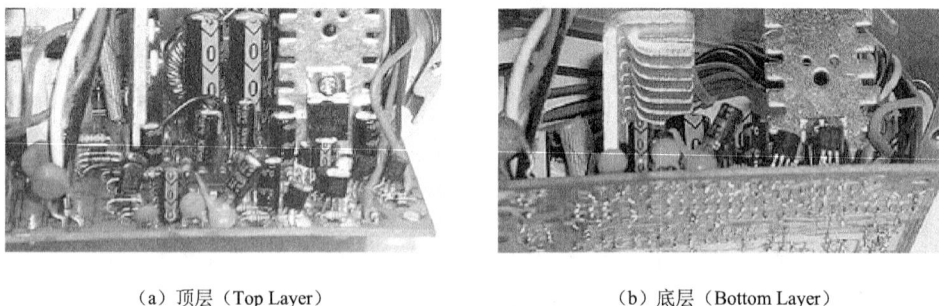

<table>
<tr><td>（a）顶层（Top Layer）</td><td>（b）底层（Bottom Layer）</td></tr>
</table>

图 1-2　单面板

（2）双面板。如图 1-3 所示，绝缘基板的两面都有导电图形的印制电路板称为双面印制电路板，简称双面板。由于两面都有导电图形，所以一般采用金属化孔（Via）使两面的导电图形连接起来，元器件集中放置在 PCB 的顶层（Top Layer）面。

双面板两面均可布线，布线比较容易，能较好地解决电磁干扰问题，适用于线路比较复杂的电子产品。

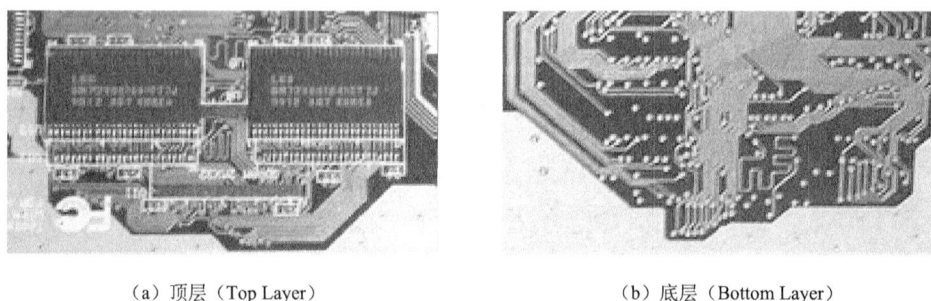

<table>
<tr><td>（a）顶层（Top Layer）</td><td>（b）底层（Bottom Layer）</td></tr>
</table>

图 1-3　双面板

（3）多层板。如图 1-4 所示，有 3 层以上导电图形的印制电路板称为多层印制电路板，简称多层板，一般由几层较薄的单面板或双面板叠合压制而成，板层数通常为 4、6、8 层等。各层导电图形间通过金属化过孔实现电气连接，各类过孔的示意图如图 1-5 所示。

多层板多面均可布线，布线相当容易，特别适用于线路复杂、电路板体积很小的精密的电子产品，常见的计算机主板一般为四层或六层板，本书的项目 6 就是一个四层 PCB 板设计项目。

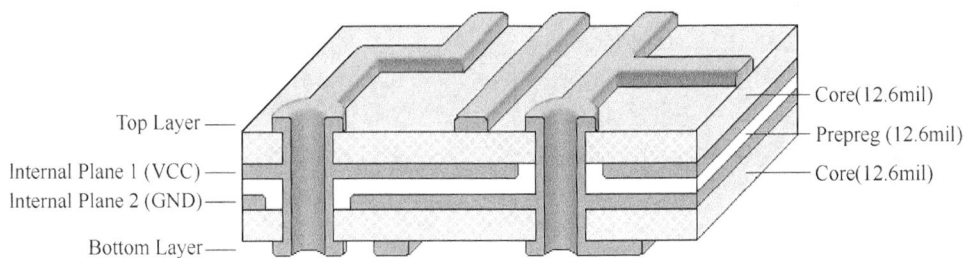

图 1-4　双面板

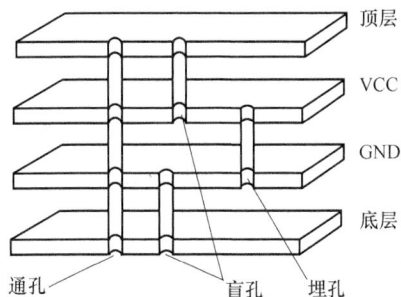

图 1-5　过孔示意图

2. 用 Altium Designer 2014 设计 PCB 电路板总体的流程

实际印刷电路板设计是电子 CAD 课程的核心和最终目标。中国中小型电子企业普遍使用 Protel 软件进行产品印刷电路板的设计。Altium Designer 2014 是一款专业的 PCB 设计软件，Altium Designer 2014 实现了在单一设计环境中集成板级 FPGA 系统设计、基于 FPGA 和分立处理器的嵌入式软件开发以及 PCB 版图设计、编辑和制造，如图 1-6 所示。Altium Designer 2014 着重关注 PCB 核心设计技术，提供以客户为中心的全新平台，进一步夯实了 Altium 在原 3D PCB 设计系统领域的领先地位。Altium Designer 现已支持软性和软硬复合电路板设计，将电路原理图捕获、3D PCB 布线、分析及可编程设计等功能集成到单一的一体化解决方案中。大部分元件放置在刚性电路中，然后与柔性电路相连接，它们可以扭转、弯曲、折叠成小型或独特的形状，打开了更多电子产品创新的大门。

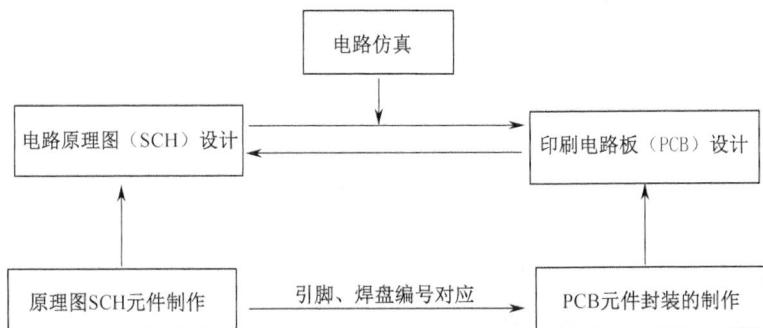

图 1-6　用 Altium Designer 2014 软件进行电路板设计总流程图

➡ 项目目标

- Altium Designer 2014 系统参数设置。
- 原理图工作环境设置。
- 绘制实用稳压电源电路。

任务 1　Altium Designer 2014 系统参数设置

1.1.1　认识 Altium Designer 2014

1. 启动 Altium Designer 2014

方法一：在 Windows【开始】菜单栏中找到【Altium Designer 2014】程序项并单击，即可启动 Altium Designer 2014。

方法二：在桌面上双击 Altium Designer 2014 快捷图标 ，启动 Altium Designer 2014。

Altium Designer 2014 启动画面如图 1-7 所示，通过该画面可以区别出版本号。Altium Designer 2014 的初始界面如图 1-8 所示，此时软件系统为英文工作环境。

图 1-7　Altium Designer 2014 启动画面

提示：在安装 Altium Designer 2014 软件时，最好将 DXP2004 中的 Library（元件库）、Example（设计举例）、Temple（设计模板）复制到 Altium Designer 2014 相应目录中。

2. 中文环境的设置

（1）单击菜单栏中的【DXP】菜单，弹出如图 1-9 所示的下拉菜单，从中选择【Preferences】命令，弹出【Preferences（系统参数设置）】对话框，如图 1-10 所示。

（2）在该对话框中，展开【System】中的【General】选项，选中对话框右侧【Localization】选项组中的【Use localized resources（使用当地资源）】复选框，此时系统会弹出一个提示框，如图 1-11 所示，提示此项设置需要重新启动 Altium Designer 2014 后中文环境才能生效。

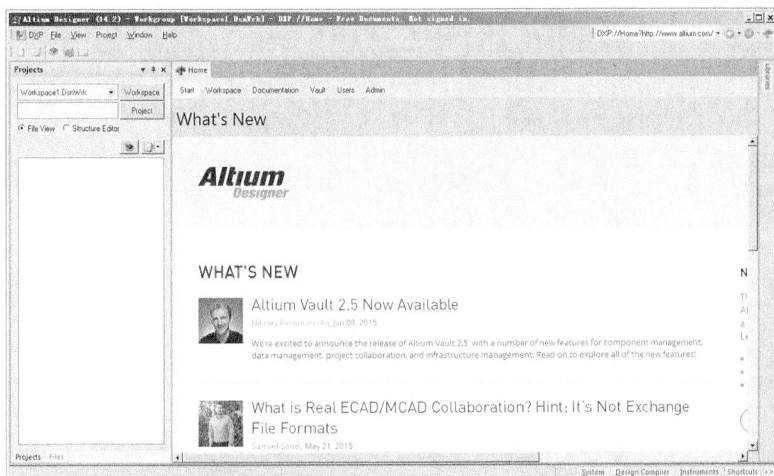

图 1-8　Altium Designer 2014 初始界面

图 1-9　【DXP】下拉菜单

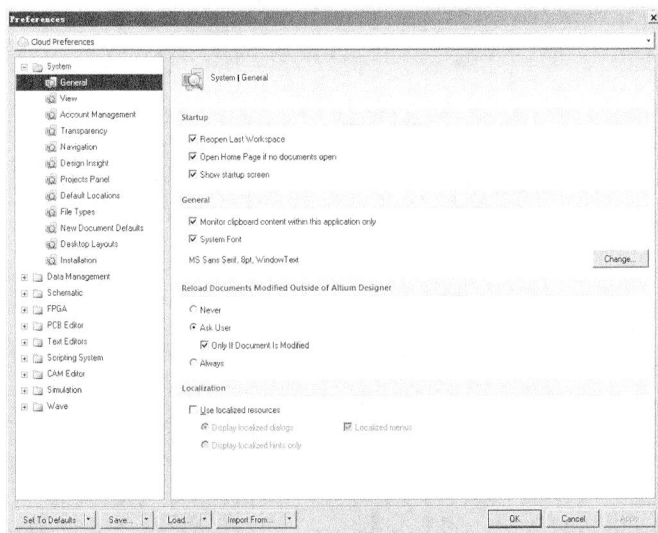

图 1-10　【Preferences】对话框

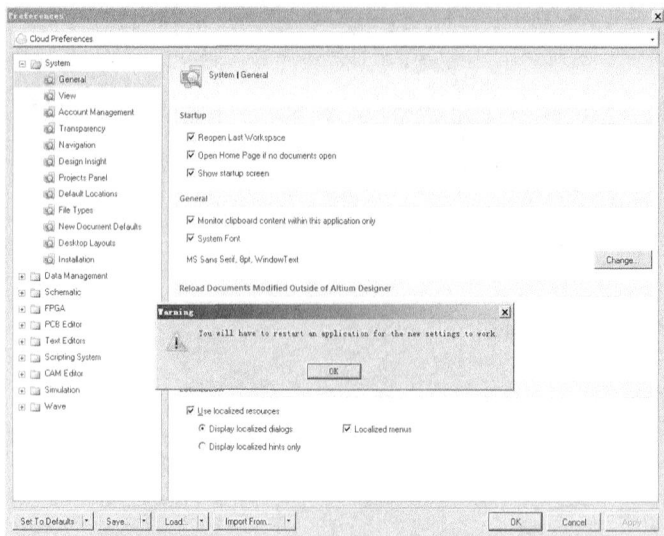

图 1-11　使用当地资源并确认

提示：在 Altium Designer 2014 软件中，不同设计环境下的菜单内容也不尽相同，同学们一定要注意观察。

1.1.2　Altium Designer 2014 的系统管理体系

1. 系统参数的管理

（1）默认打开文件和库的路径设定。系统参数主要用于设置系统工作环境，单击【DXP】菜单，选择【参数选择】项，弹出【参数选择】对话框，展开【Default Locations】项，根据软件安装位置（请注意这里 Altium Designer 2014 软件安装在 D 盘上）选择默认打开文件和库的路径，如图 1-12 所示。

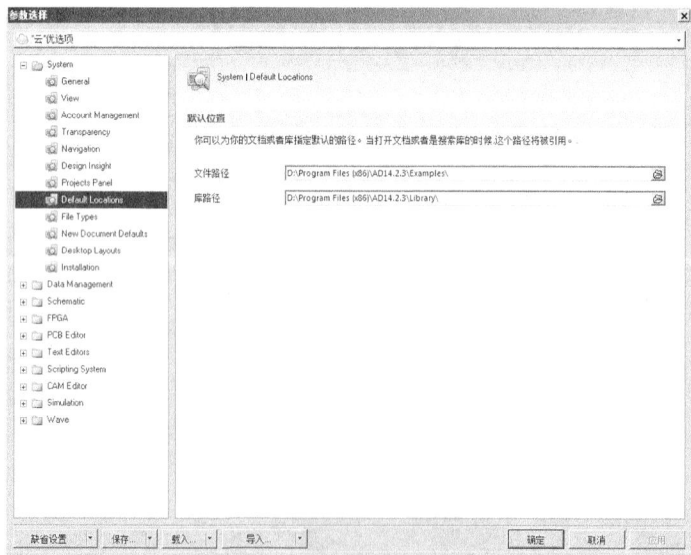

图 1-12　【参数选择】对话框

（2）文件备份的设定。选择【Backup】选项，即可以在对话框右侧将自动保存的路径设为备份文件夹，以备急需，如图 1-13 所示，自动保存的时间间隔、保存个数及路径由自己选定。

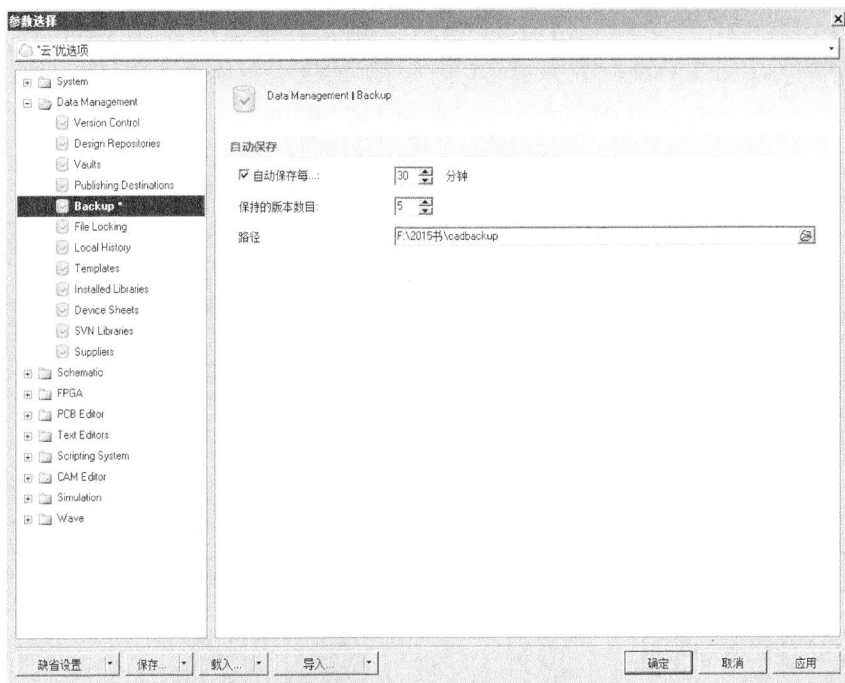

图 1-13　自动保存设置

（3）文件模板的设定，如图 1-14 所示。

图 1-14　图纸模板设定

（4）默认元件库的设定，如图 1-15 所示。

图 1-15　软件默认安装的 4 个元件库

2. 系统工作面板的管理

Altium Designer 2014 采用不同的工作面板来进行各种管理和操作，系统工作面板有 Files 面板、Projects 面板、Message 面板、To-Do 面板、存储管理器面板、库面板、输出面板等。

（1）执行【查看】→【工作区面板】→【System】命令，可打开或关闭系统工作面板。系统工作面板可以分开放置，也可以像 Files | Projects | Navigator 这样叠加摆放。常用工作面板及其作用如表 1-1 所示。双击屏幕右下角面板控制中心 System 的相关项同样可以打开系统工作面板。

表 1-1　常用工作面板及其作用

面　　板	含　　义
Files	Altium Designer 2014 为用户提供的文件操作中心，可轻松新建、打开各类文件
Projects	项目管理面板，可管理工作区或项目中的所有设计文件
Message	对文档或项目进行编译等操作时，给出相应错误、警告等操作信息，方便编辑、查找、修改电路中的错误等
库	提供对所选元件的预览、快速查找、放置、元件库加载与删除等多种便捷而又全面的功能

（2）工作面板状态。

② 浮动状态。如图 1-16 所示，工作面板右上角有个浮动按钮，此时光标只要放在相关的工作面板名称上时，该工作面板就会自动出现或消隐。

③ 锁定状态。如图 1-17 所示，工作面板右上角有个锁定按钮。

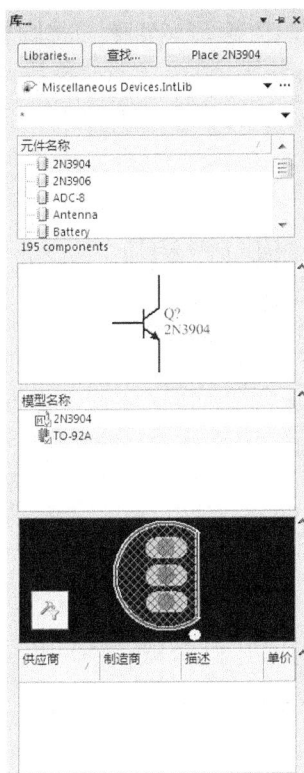

图 1-16　面板浮动显示

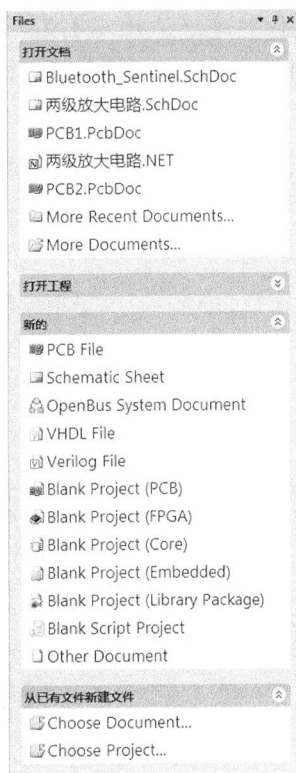

图 1-17　面板锁定显示

3. 系统文件的管理

Altium Designer 2014 系统采用项目（工程）管理方式，任何一项设计都被看做是一个项目（工程），项目（工程）文件包含了该项设计中所有文档的连接关系及相关设置内容，是设计项目的管理者，电路原理图文件和 PCB 文件随时同步更新。Altium Designer 2014 系统中所提供的项目文件类型如表 1-2 所示。

表 1-2　Altium Designer 2014 系统中提供的项目文件类型

文　件　名	文　件　类　型	备　　注
.DsnWrk、.PrjGrp	工作区文件	工作区（项目组）文件可以包含多个项目文件
*.LibPkg	集成元件库文件	用来管理用户的集成元件库
.Pjt、.PrjEmb	嵌入式项目文件	各种具体类型的项目文件。PCB 项目是本书重点
*.PrjCor	核心项目文件	
.PrjFpg、.PrjFpga	FPGA 项目文件	
*.PrjPcb	PCB 项目文件	
*.PrjScr	脚本项目文件	

執行【文件】→【打开工程（J）】命令，打开软件安装目录中的 Examples\SpiritLevel- SL1\SL1 Xilinx Spartan-TIE PQ208 Rev1.01.PrjPcb 工程文件，如图 1-18 所示。工程中的所有设计文档都进行了分类管理，可以右击工程中文件名打开其快捷菜单，通过快捷菜单的操作来实现文件的有效管理。

提示：为了设计工作的可延续性和管理的系统性，建议学生在设计每一个工程时，相应地新建一个工程文件夹，最好将一个工程中所有设计文件都放在这个工程文件夹中。

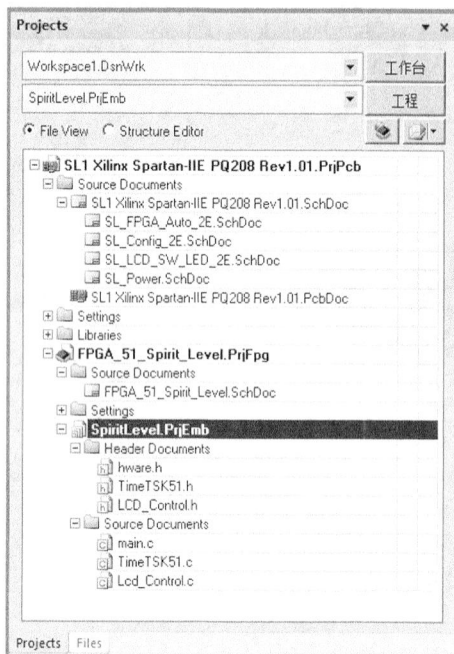

图 1-18　工程文件管理

任务 1.2　原理图工作环境设置

1.2.1　建立一个 PCB 项目

（1）在用户盘上（如 D 盘）新建一个学生目录（目录名为"学生的班级＋姓名"，并在该目录中再建一个"项目 1"目录。

（2）执行【文件】→【New】→【Project】→【PCB 工程】命令，新建一个 PCB 工程。

（3）执行【文件】→【保存工程为】命令，保存项目到 D 盘学生目录中的"项目 1"目录中，命名为"实用稳压电源"PCB 项目，如图 1-19 所示。

（4）执行【文件】→【New】→【原理图】命令，在"实用稳压电源"PCB 项目中新建一个原理图文件。

（5）执行【文件】→【保存为】命令，保存原理图文件到 D 盘学生目录中的"项目 1"目录中，命名为"实用稳压电源"，工程和原理图重新命名后的项目工作面板如图 1-20 所示。

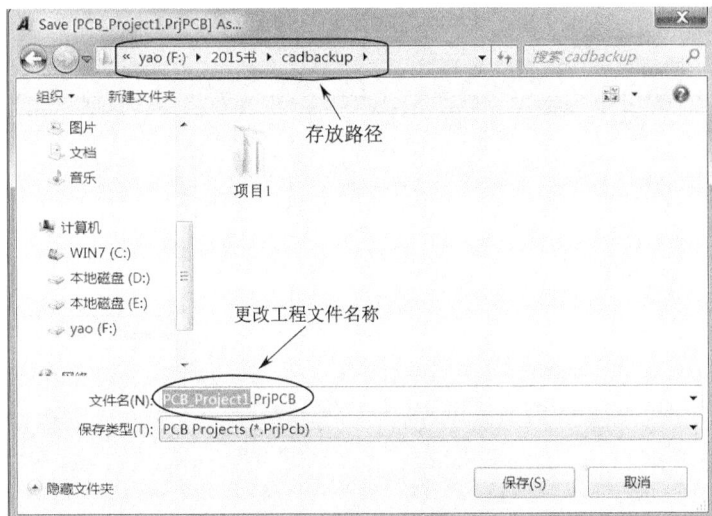

图 1-19　保存 PCB 项目

图 1-20　工程及原理图命名后的项目工作面板

1.2.2　原理图工作环境设置

1. 图纸的设置

在原理图绘制过程中，大多数情况下系统默认给出的图纸不一定符合设计要求，因此，图纸的大小、形状、标题栏、设计信息等内容一般要根据设计电路图的复杂程度进行重新设置，以符合实际工作的需要。双击图 1-20 所示 Projects 工作面板中的"实用稳压电源.Sch Doc"文件名称，进入原理图工作环境，如图 1-21 所示。

执行【Design】→【Document Options】命令，弹出【文档选项】对话框，切换到该对话框的【方块电路选项】选项卡，在【标准风格】和【自定义风格】选项组中可以进行图纸尺寸的设置，在【选项】选项组中可以设置图纸的边界、颜色、标题栏形状等内容，在【栅格】和【电栅格】选项组中可设置捕获网格、可视网格、电气网格的大小。

因为第一个项目——实用稳压电源电路的原理图比较简单，建议采用自定义图纸的大小。在【自定义风格】选项组中，选中【使用自定义风格】复选框，在【定制宽度】和【定制高度】文本框中输入"900"和"700"，其他参数采用默认值，如图 1-22 所示。

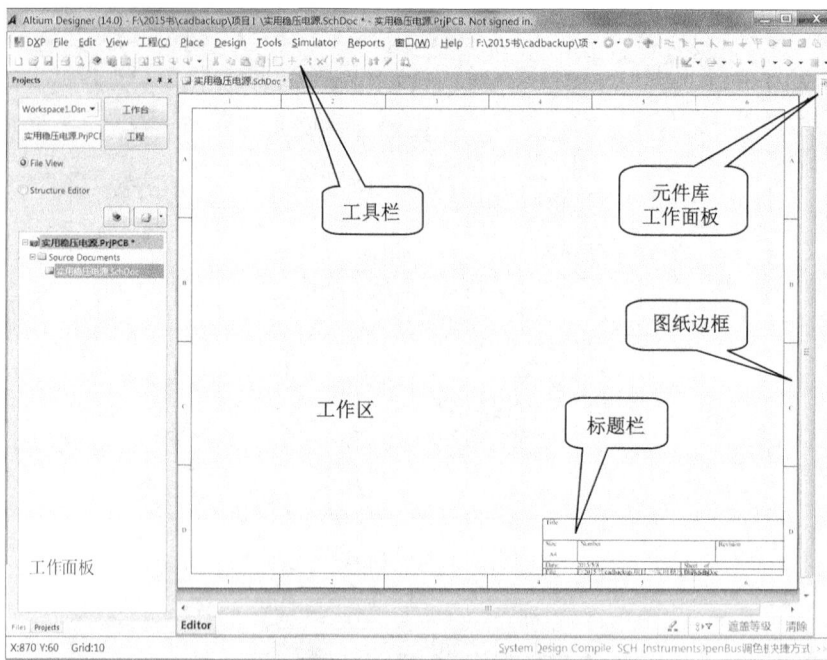

图 1-21　原理图设计的界面

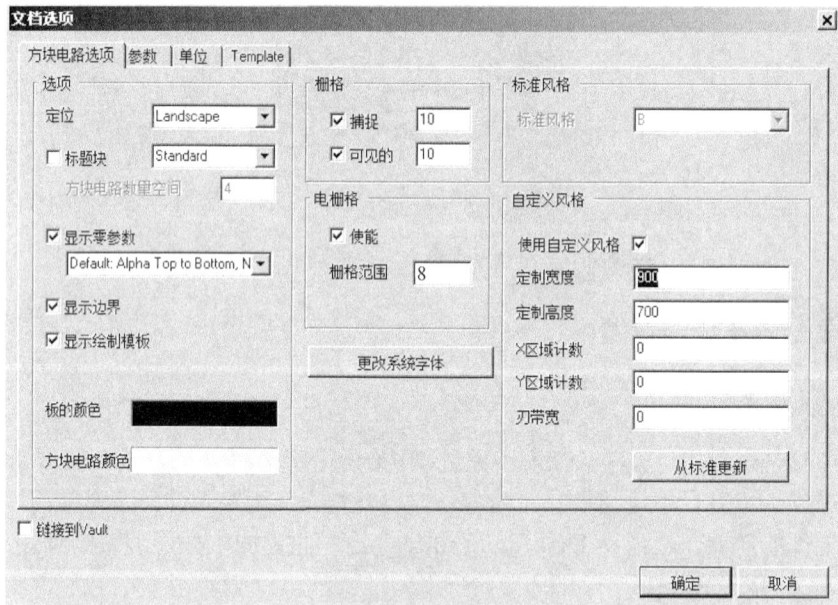

图 1-22　【文档选项】对话框

提示：① 一般情况下，电气网格的值≤捕获网格的值≤可视网格的值，在 SCH 设计与绘制环境中这三种网格分别设置成 8、10、10。

② 鼠标放在图纸内，按【PageUp】键可以放大图纸，按【PageDown】键可以缩小图纸。

2. 标题栏填写

（1）填写图纸设计信息。

【文档选项】对话框中的【参数】选项卡如图 1-23 所示。此项的设置是非常有用的，建议学生养成填写其相关内容的好习惯，一般可以只填写如表 1-3 所示的几个选项内容。

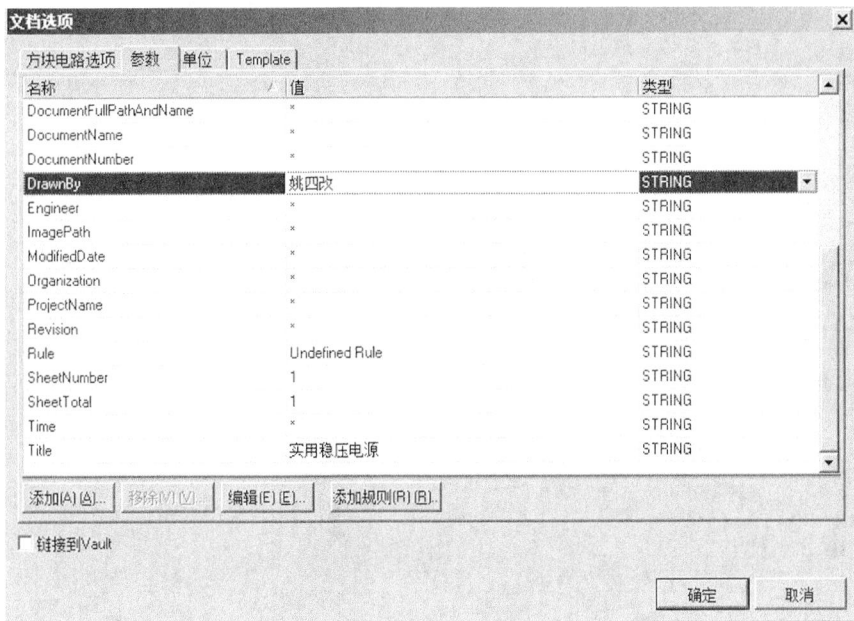

图 1-23 【参数】选项卡

在这里对这些参数的设置如下：【DrawnBy】的数值为"姚四改"，【Title】的数值为"实用稳压电源"，【SheetNumber】的数值为"1"，【SheetTotal】的数值为"1"。

【参数】选项卡相关参数的含义如表 1-3 所示。

表 1-3 【参数】选项卡相关参数的含义

相 关 参 数	含 义
Address1～Address4	地址
Author 或 DrawnBy	作者
Title	原理图的标题
SheetNumber	电路原理图编号
SheetTotal	整个电路项目中原理图的总数

（2）参数选择项检查。

执行【DXP】→【参数选择】命令，打开【参数选择】对话框，展开【Schematic】节点，检查【Graphical Editing】图形编辑中的【转化特殊字符】复选框，如图 1-24 所示。

（3）标题栏内容的显示。

执行【Place】→【Text String】命令，"十"字形工作光标上粘着一个文本字符串（Text），此时按【Tab】键可打开【标注】对话框，如图 1-25 所示。在该对话框的【文本】下拉列表框中，选择"=Title"选项，单击【确定】按钮后"十"字形工作光标上粘着的内容变为"实用稳压电源"，把它放在标题栏的 Title 空白处。采用同样方法依次再放置 3 个文本字符串，在【标注】对话框的【文本】下拉列表框中分别选择"=SheetNumber"、"=SheetTotal"和"= DrawnBy"

选项。显示相关内容后的标题栏如图 1-26 所示。

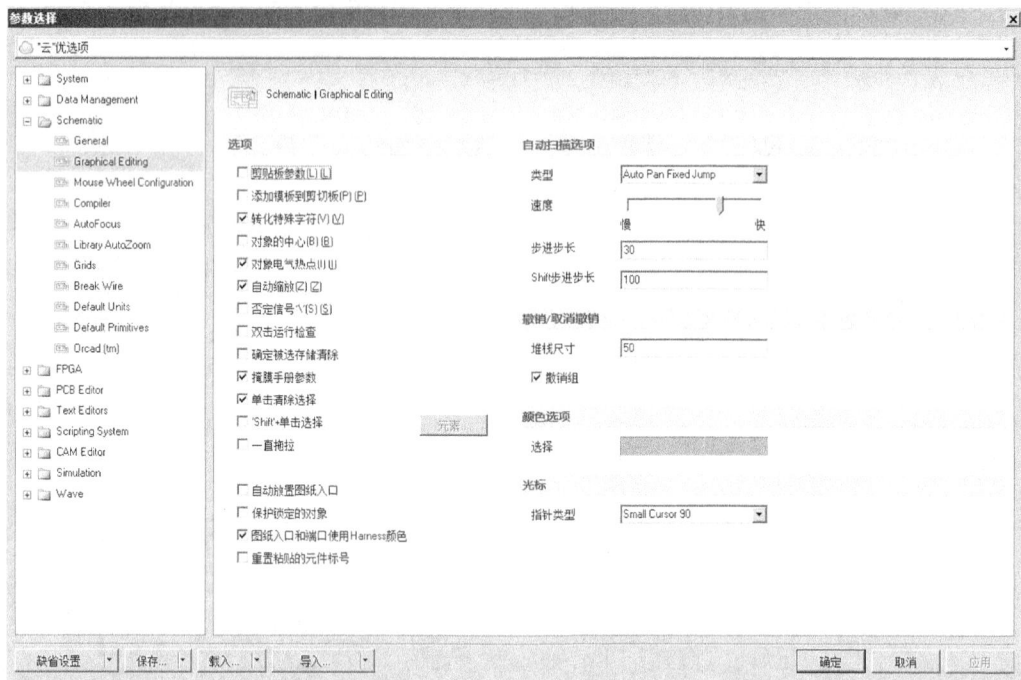

图 1-24　参数选择项检查

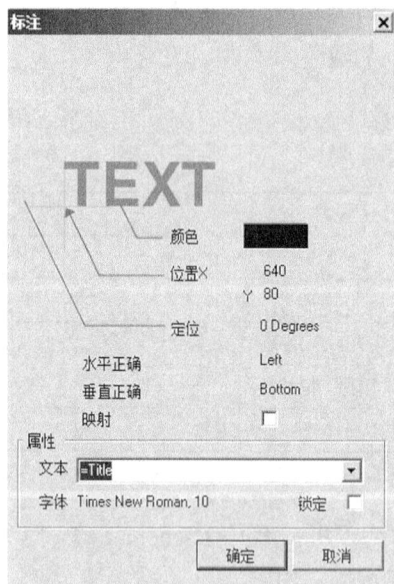

图 1-25　【注释】对话框

Title	实用稳压电源		
Size A4	Number 1		Revision
Date:	2015/8/29	Sheet of	1
File:	F:\2015书\cadbackup\项目一\实用稳压...DBDoc		姚四改

图 1-26　显示相关内容的标题栏

1.2.3　元件库管理

1.【元件库】面板

执行【Design】→【Browse Library】命令，调出如图 1-27 所示的【库】工作面板，该面板主要由以下几部分组成。

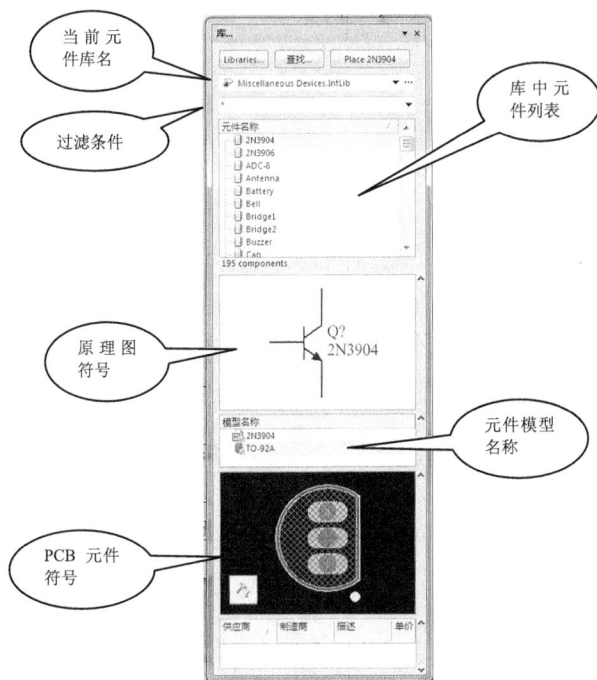

图 1-27　【库】工作面板

（1）当前元件库。该栏中列出了当前项目已加载的所有库文件，单击 ⌄ 按钮可以浏览查看。

（2）过滤条件一般为"*"，列出当前元件库中所有元件名称。 元件模型名称一般有 PCB 封装模型、仿真模型等。

提示：一般电阻、电容等常用元件在 Miscellaneous Devices 和 Miscellaneous Connectors 集成元件库中，这两个集成元件库也是系统安装时默认打开的元件库。

2. LM317T 所在元件库的加载

（1）执行【Design】→【Add/Remove Library】命令，或在【库】工作面板中单击【Libraries】按钮，可弹出如图 1-28 所示的【可用库】对话框。

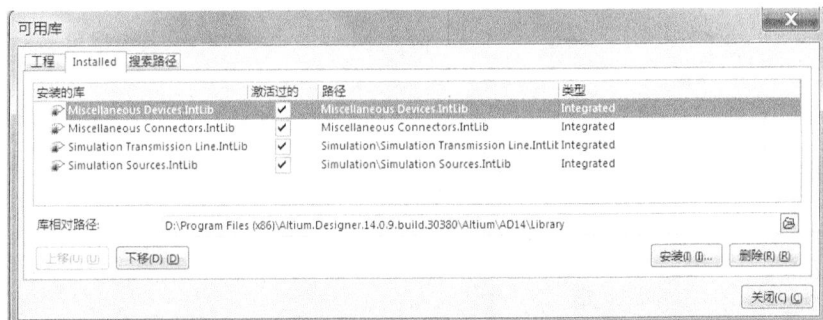

图 1-28　【可用库】对话框

（2）单击【安装】按钮，在【打开】对话框中选择软件安装路径中元件库 Library 目录，展开元件库目录，找到并单击 ST Microelectronics 文件夹，找到 ST Power Mgt Voltage

Regulator.IntLib 元件库，如图 1-29 所示，双击元件库名，将该集成元件库加载到可用元件库列表中，如图 1-30 所示。

图 1-29　选择库文件

提示：

（1）为了提高计算机的工作效率，一般只加载常用的元件库，其他元件库当需要时再临时加载，不需用时要及时卸载掉。

（2）卸载元件库方法。在图 1-30 中，选中【ST Power Mgt Voltage Regulator.IntLib】集成元件库名，单击【删除】按钮可将该集成元件库从可用元件库列表中卸载掉。

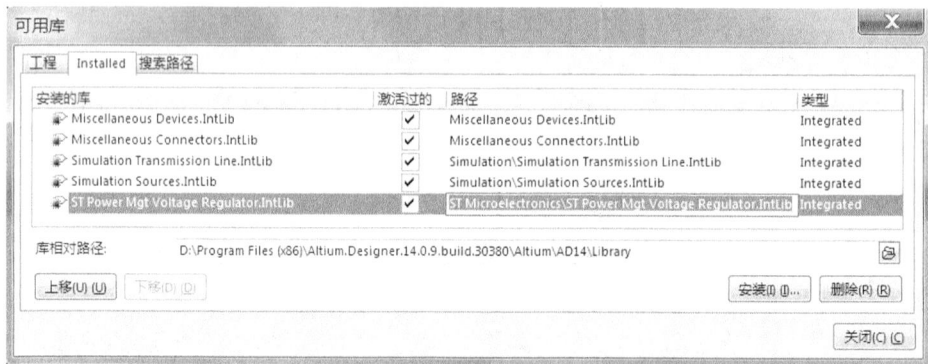

图 1-30　【可用库】对话框

任务 1.3　绘制实用稳压电源电路

1.3.1　电路图设计步骤

1. 打开 PCB 项目

执行【File】→【打开工程】命令，打开上一任务中建立的"实用稳压电源"PCB 项目，双击"实用稳压电源.SchDoc"名称进入原理图工作界面，如图 1-31 所示。

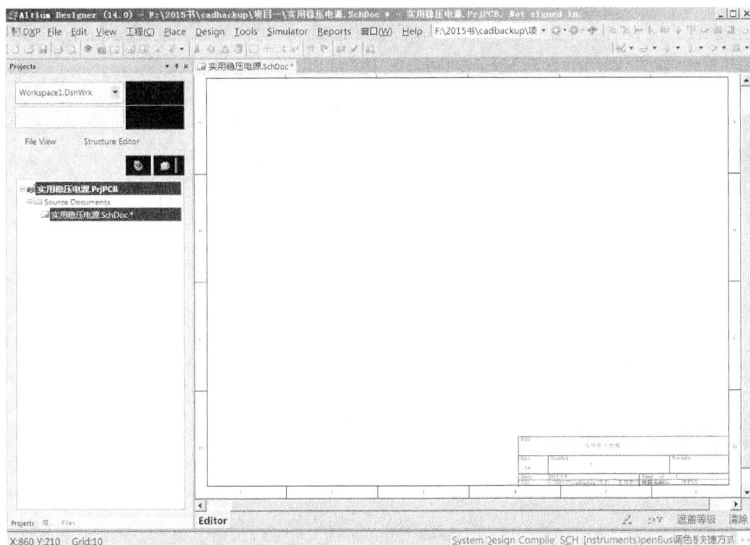

图 1-31　原理图工作界面

2. 原理图工作环境设置

原理图图纸大小、标题栏填写内容、原理图工作环境设置与任务 1.2 保持一致。

3. 绘制电路原理图

（1）放置电路关键元件 LM317T。

参照表 1-4 所示的元件参数，在【库】面板中，设置当前元件库为"ST Power Mgt Voltage Regulator.IntLib"，在元件列表中选择元件 LM317T。双击 LM317T 或单击右上角的 Place LM317T 按钮，此时"十"字形工作光标上会粘连着一个 LM317T 元件符号，单击鼠标左键即可将它放到图纸的中部偏右点的位置。

表 1-4　元件参数

编　　号	库中参考名称	元件标称值	元件库名
U1	LM317T	LM317T	ST Power Mgt Voltage Regulator.IntLib
R1、R2、R3	RPot、Res2、Res2	5.1kΩ可调、240Ω、1kΩ	
C1、C3、C2、C4	Cap Pol1、Cap Pol1、Cap、Cap	1000μF、1μF、0.1μF、0.1μF	Miscellaneous Devices.IntLib
T1、D1、LED1	Trans、Bridge1、LED1	Trans、Bridge1、LED1	
P1、N、L	Header 4、Plug、Plug		Miscellaneous Connectors

（2）放置 Devices 库中的元器件。

参照表 1-4 所示的元件参数，在【库】面板中，设置当前元件库为"Miscellaneous Devices.IntLib"，在元件列表中选择元件【Res2】。双击【Res2】或单击右上角的【Place Res2】按钮，此时"十"字形工作光标上会粘连着一个 Res2 电阻元件符号，单击鼠标左键即可将它放到图纸上适当的位置。依照上述方式，将其余 RPot、Cap Pol1、Cap、Trans、Bridge1、LED1 元件也放置在图纸中，每个元件在放置时都会带有一个默认参数值。

（3）放置 Connectors 库中的元器件。

参照表 1-4 所示的元件参数，在【库】面板中，设置当前元件库为"Miscellaneous Connectors.IntLib"，在元件列表中分别选择元件 Header 4、Plug、Plug，将电路中用到的接插件也放到图纸的适当位置。综观全局调整各个元件的位置，放置好实用稳压电源电路中所用元器件的图纸如图 1-32 所示。

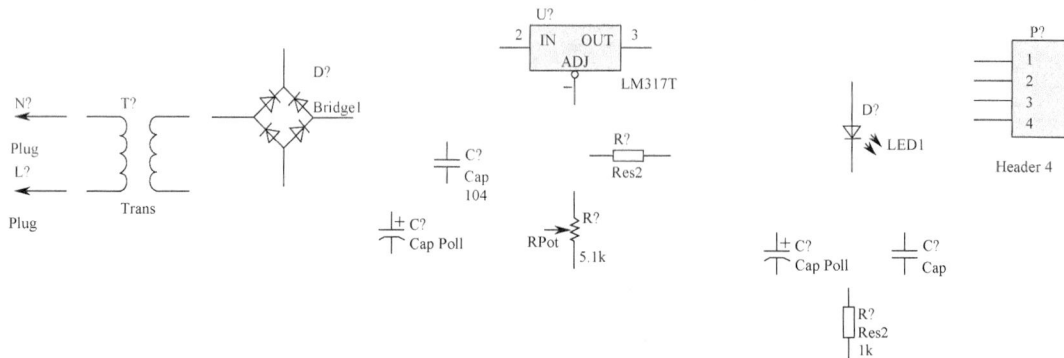

图 1-32　放置好元件的图纸

提示：① 绘制电路图时最好关闭汉字输入法。

② 单个元件的移动方法如下：选中想移动的对象，按住鼠标左键，拖动该电气对象到目标位置后松开鼠标左键即可。

③ 放置元件时按【Space（空格）】键可以旋转元件，有 0°、90°、180°、270° 4 个方向。

④ 元件可以用实心的桥堆、发光二极管。放置元件时，两个相邻元件的引脚不能连在一起，最好留有一定的间隔。

（4）编辑各元件属性。

电路中每个元器件的标识符必须是唯一的，但电路中可以有多个元器件具有相同的标称值，请参照表 1-4 修改图 1-33 中各元器件属性。

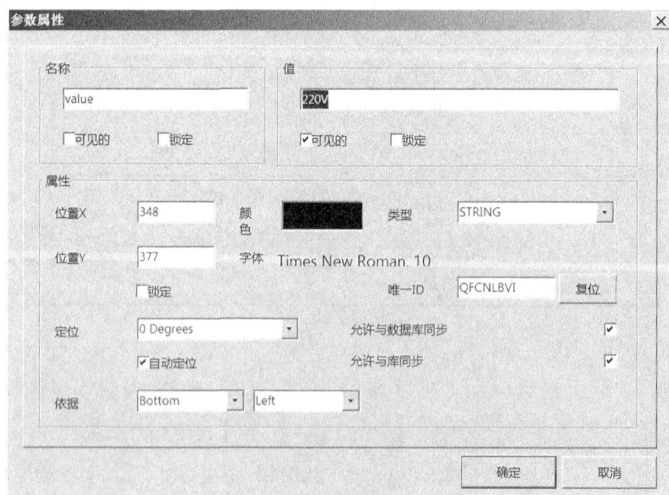

图 1-33　【参数属性】对话框

① 变压器的属性修改。双击变压器 T1，调出其属性对话框，单击 添加(A) (A)... 按钮，调出如

图 1-33 所示的【参数属性】对话框，填入名称"value"、值"220V"并选中【可视的】复选框。变压器的属性对话框填写如图 1-34 所示。

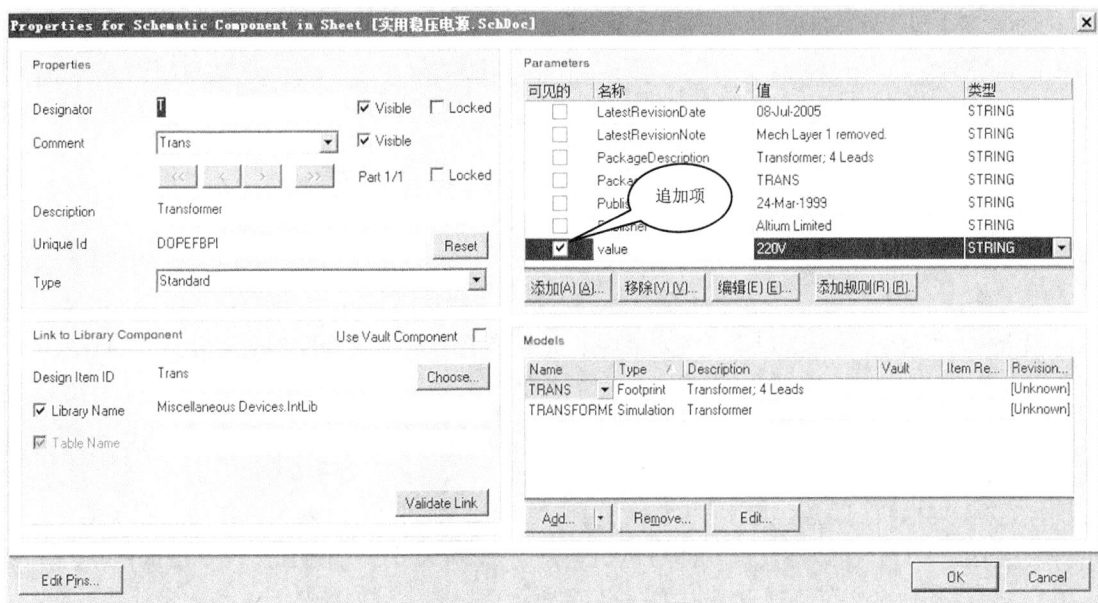

图 1-34　变压器的属性对话框

② 电容 C1 的属性修改。双击电容"C1"，调出其属性对话框，如图 1-35 所示。设置元件标识符（Designator）为"C1"，取消选中【Comment（注释）】下拉列表框后面的【Visible（可视）】复选框，并设置元件参数值为"1000μF/35V"。元件属性全部修改完后电路如图 1-36 所示。

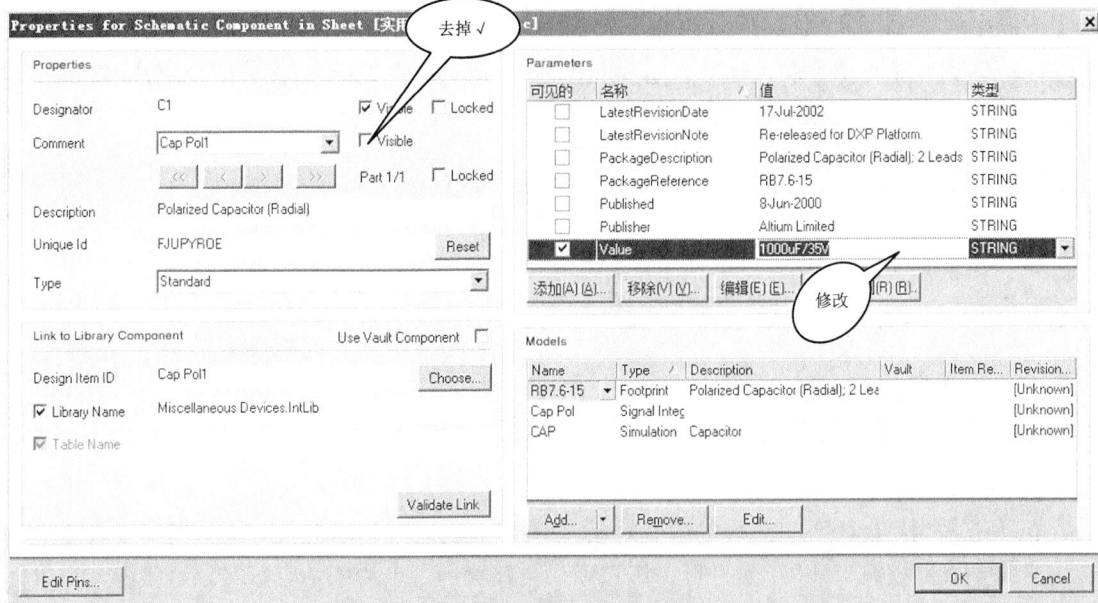

图 1-35　C1 属性对话框的设置

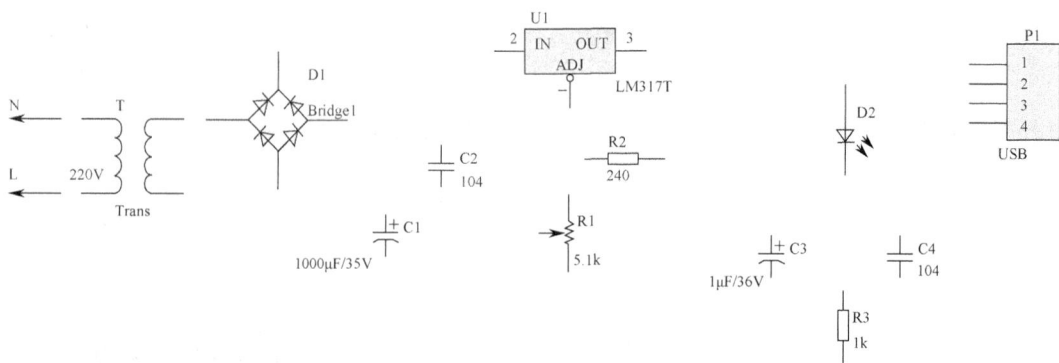

图 1-36　编辑各元器件属性后效果

提示：原理图绘制时需设置元件标识符、元件参数值及其注释是否需要显示等内容。

（5）放置电连接线。

放置电连接线的目的是按照电路设计要求实现网络的电连通。可单击图 1-37 所示的【布线】工具栏上的【Wire】按钮 ≈，或执行【Place】→【Wire】命令，鼠标会变为小"十"字形工作光标，表示处于连线状态。例如，连接 C1、C2 两个电容时，首先移动光标到 C1 元件引脚端点上，单击一次鼠标左键，然后移动光标到 C2 元件引脚端点上，再单击鼠标左键，即可将 C1、C2 的两个引脚连接起来，如图 1-38 所示。依照上述方法放置其他的电连接线。

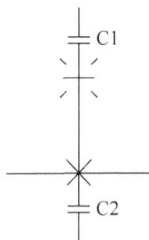

提示：① 执行【View】→【工具栏】→【布线】命令，可打开或关闭【布线】电气工具栏。

② 按【Shift + Space】组合键可以改变电连接线的多种转弯方式。

（6）放置电连接节点。

放置电连接线时系统会自动给出一些节点，如图 1-39 所示，若需要另外放置节点，可执行【放置（Place）】→【Manual Junctions（人工放置节点）】命令，这时"十"字形工作光标上会粘着一个小圆点（即电连接节点），在电路交叉点上单击鼠标左键，即可放置一个电连接节点（注意：应分析电路原理判断是否真的需要放一个节点）。

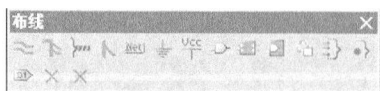

图 1-37　【布线】工具栏　　　　图 1-38　放置导线　　　　图 1-39　节点效果

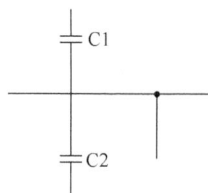

（7）放置电源 VCC、GND。

电源/地是电路图中不可缺少的电气对象。可单击图 1-37 所示的【布线】电气工具栏上的电源按钮 或地按钮 ，"十"字形工作光标上会粘着一个电源或地电气对象，单击一次鼠标左键，即可放置一个电源或地电气对象。

也可以执行【Place（放置）】→【Power Port（电源端口）】命令，"十"字形工作光标上也会粘有一个 对象，此时按【Tab】键，系统弹出如图 1-40 所示的【电源端口】对话框，在【网络】文本框中输入"VCC"（电源）或"GND"（地）网络名称，在【类型】栏选取所需的电源/地的形状，确认后，可以在电路图中放置一个相关的电源或地对象。绘制好的实用电源电路原理图如图 1-41 所示。

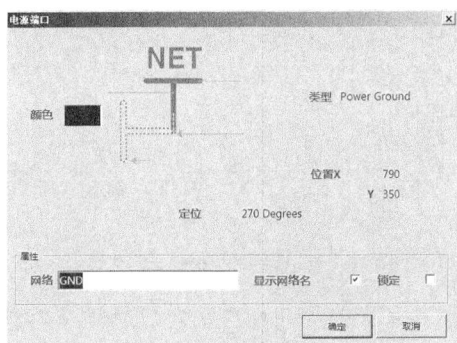

图 1-40　【电源端口】对话框

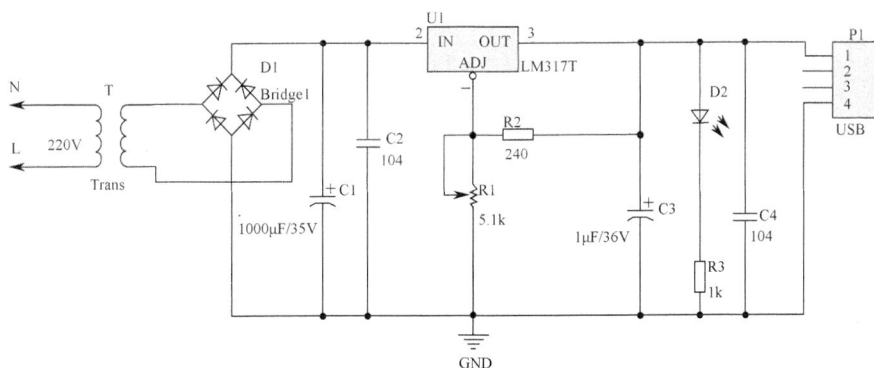

图 1-41　实用电源电路原理图

1.3.2　检测、修改原理图

（1）执行【工程】→【Compile Document 实用稳压电源.SchDoc】命令，系统会自动对该电路进行编译，实际是对电路进行电气规则检测，检测结果放在 Messages 面板中，单击面板控制中心的【System】菜单，调出 Messages 面板，如图 1-42 所示。该信息提示 U1 的 1 脚也许没有输入驱动信号，而本电路是利用 R1、R2 分压来提供 U1 的 1 脚输入驱动信号，所以此处没有问题。

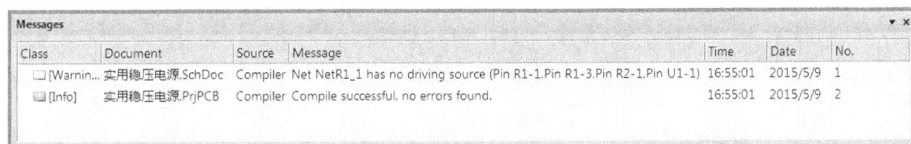

图 1-42　Messages 面板

（2）单击图 1-37 所示的【布线】工具栏中的 ╳ 按钮，在 U1 的 1 脚处放置一个"忽略 ERC检查指示符"，如图 1-43 所示。重新执行【工程】→【Compile Document 实用稳压电源.SchDoc】命令，再次打开系统的 Messages 面板，信息提示电路没有错误。

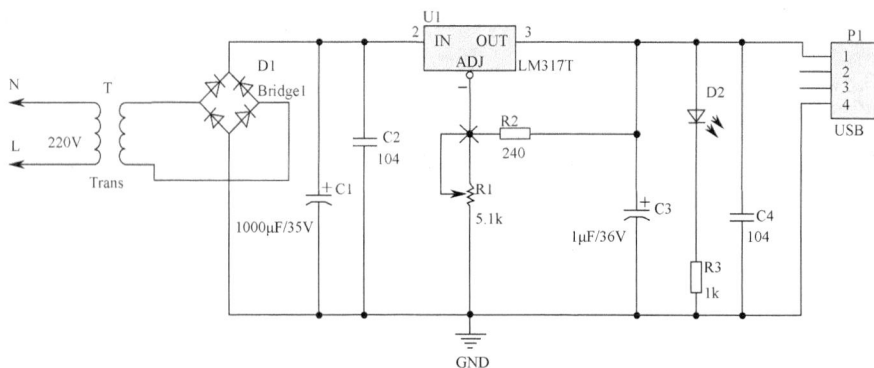

图 1-43　放置忽略 ERC 检查指示符

提示： 不同电路在进行编译时，Messages 面板出现的提示内容不尽相同，请注意看它给出的英文提示，利用自己平时积累的各门课的知识修改电路中的错误。这是一个经验积累的过程，需要大家平时多加练习。

1.3.3　保存、打印原理图

（1）执行【File（文件）】→【保存】命令，或单击工具栏上的 ■ 按钮，可以直接保存电路图到指定的学生目录中。

（2）打印输出电路原理图。

执行【文件】→【页面设置】命令，弹出如图 1-44 所示的原理图打印属性对话框。在该对话框中，可选择打印纸的尺寸和方向，也可根据需要设置合适的缩放比例。单击【预览】按钮，会弹出如图 1-45 所示的打印预览对话框。在该对话框中，显示了原理图的最终打印效果。如果对打印效果满意，可单击【打印】按钮，会弹出如图 1-46 所示的打印机设置对话框，单击【确定】按钮即可进行原理图文件的打印工作。

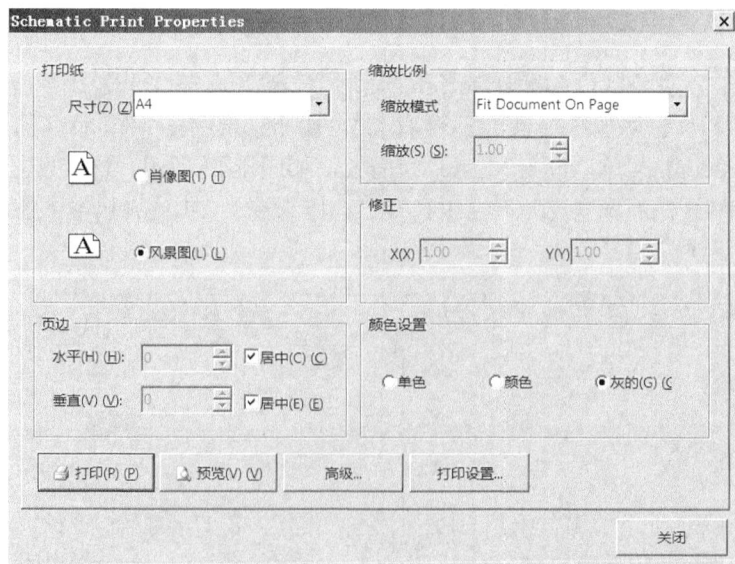

图 1-44　原理图打印属性

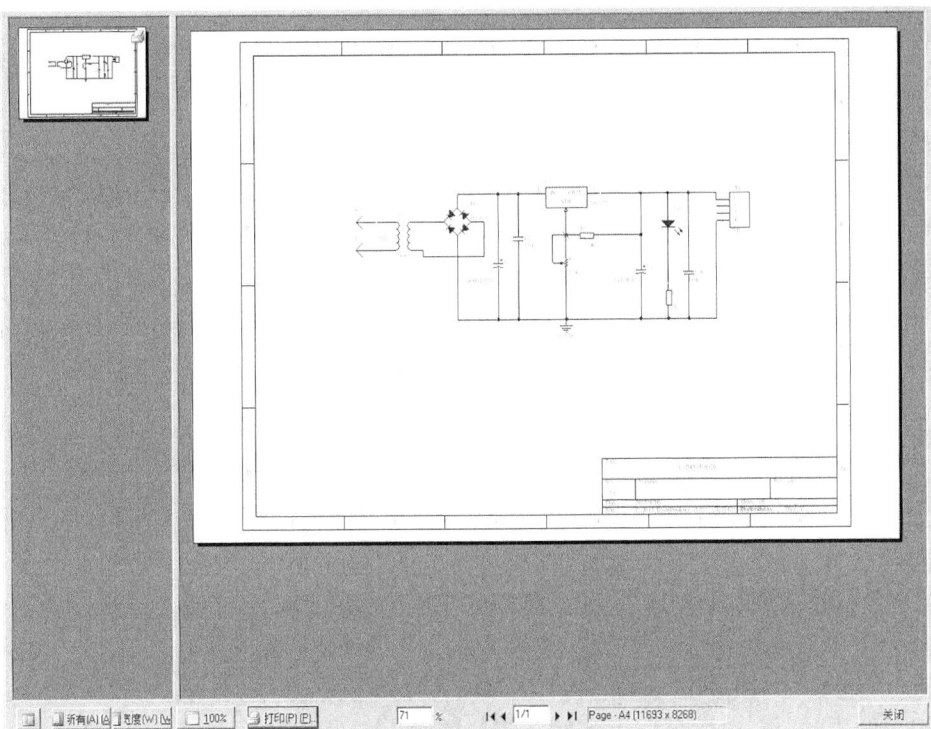

图 1-45　原理图打印预览

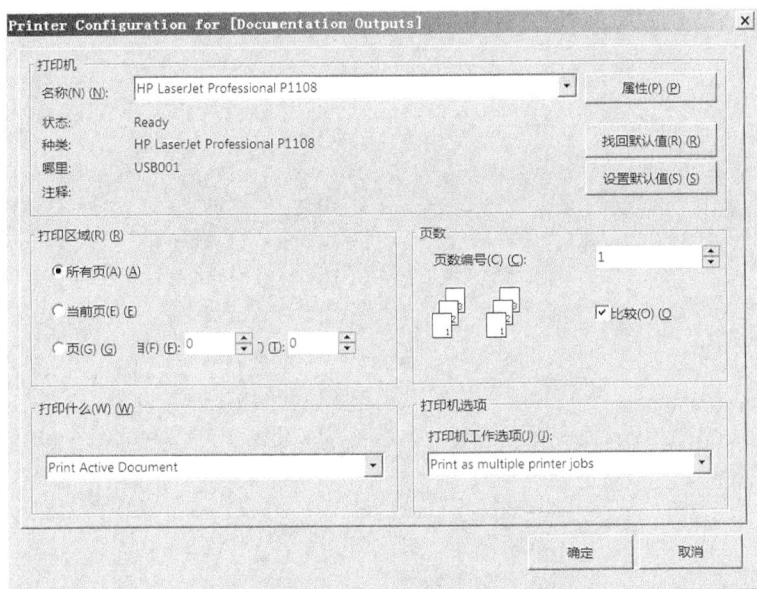

图 1-46　设置打印机

技能链接　镜像、选取、移动、对齐、删除、复制、查找等编辑操作

（1）元件的镜像。大多情况下用【Space】键旋转元件就可以放置元件在图纸上使用了，但有时需要配合元件镜像才能达到放置元件的方向或角度，按【X】键实现水平镜像，按【Y】

键实现垂直镜像，如图 1-47 所示。

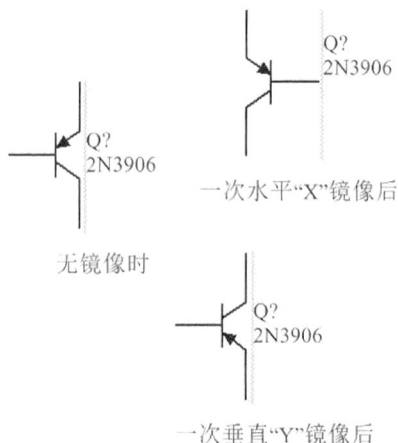

图 1-47　元件镜像前后

（2）元件的选取、移动和取消。在需要选取的区域或元件的右下角按住鼠标左键不松开，此时出现"十"字光标，然后移动鼠标，移至所需选取的区域或元件的左上角才松开鼠标左键，此时虚框内所有元件均为被选中状态；当区域或元件处于被选中状态时，将鼠标移到任何一个被选中的元件图形上，光标变为 ✛ 形状，按住鼠标左键不松开，移动鼠标位置，被选中的对象会跟着一起移动，松开鼠标左键就可以完成区域或元件的移动工作；若要取消选中状态，只需单击图纸的空白处，如图 1-48 所示。

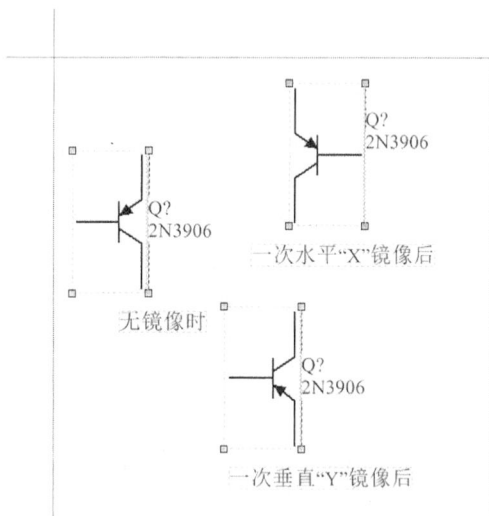

图 1-48　选中的元件

（3）元件的删除、对齐、复制等编辑操作。当区域或元件处于图 1-48 选中状态时，直接按小键盘上的【Delete】键可以实现删除的操作；将鼠标移到被选中的元件图形上，光标变为 ✛ 形状时右击，会出现如图 1-49 所示的快捷菜单，可以实现对被选中的元件复制、剪切、粘贴、对齐等操作。

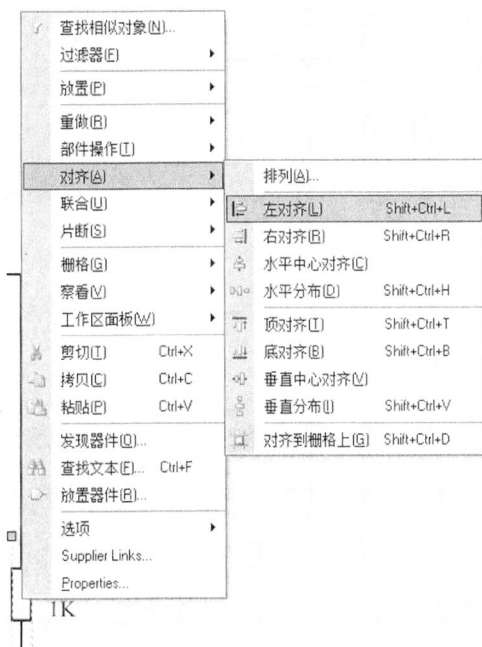

图 1-49　对齐工具

（4）元件的查找及使用。对于不熟悉或根本不知道元器件所在的元器件库名时，可以利用查找法进行。下面以查找"555 元件"为例进行介绍。单击【库】工作面板上的 Search... 按钮，打开【搜索库】对话框，如图 1-50 所示填写相关查找内容，执行【查找】功能，弹出如图 1-51 所示的搜索结果，单击【库】工作面板上的 Place NE555D 按钮，会弹出提示信息对话框，如图 1-52 所示，确认是否将所找到的元件库安装上，建议单击【是（Y）】按钮，安装查找到的元件库即可。

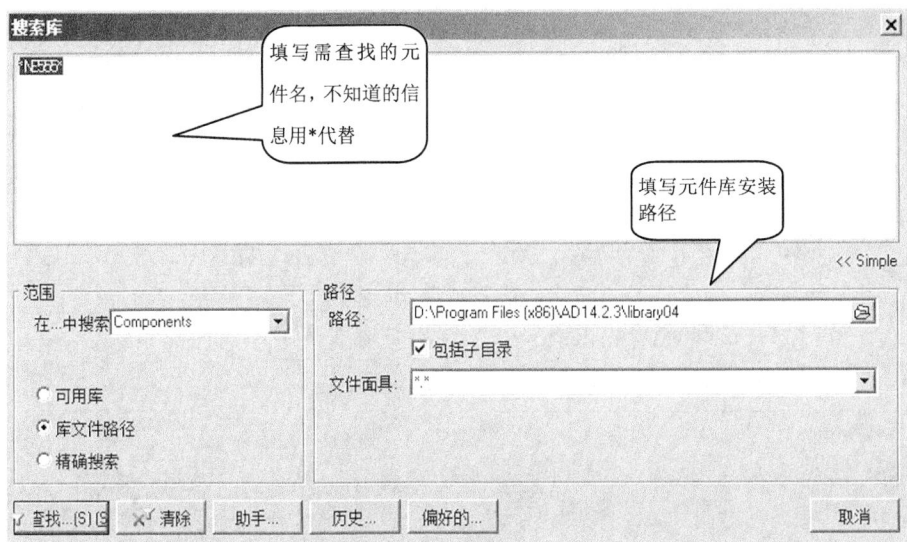

图 1-50　【搜索库】对话框

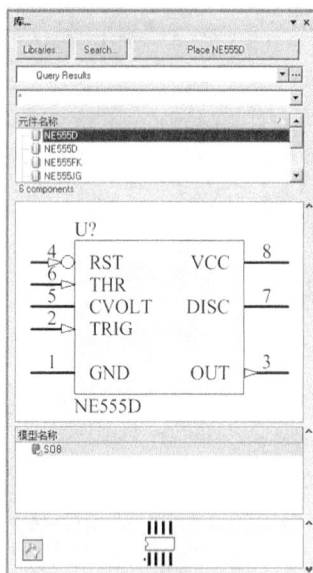

图 1-51　搜索结果

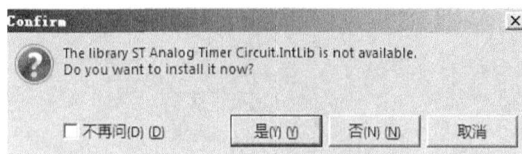

图 1-52　提示信息

实战项目　流水灯电路图

请绘制流水灯电路图，如图 1-53 所示。电路前半部分是 555 多谐振荡器，振荡参数值为：$T_{w1}=0.7R_3C_2$、$T_{w2}=0.7（R_2+R_3）C_2$，后半部分是由 CD4017 组成的十进制计数/分频器，当其输入端 CLK 有连续的时钟脉冲信号输入时，其对应输出端（0、…、9）依次变为高电平，直接控制发光二极管（D1、…、D10）依次发光，每个二极管发光的时间由 555 多谐振荡器控制输出脉冲的周期决定。

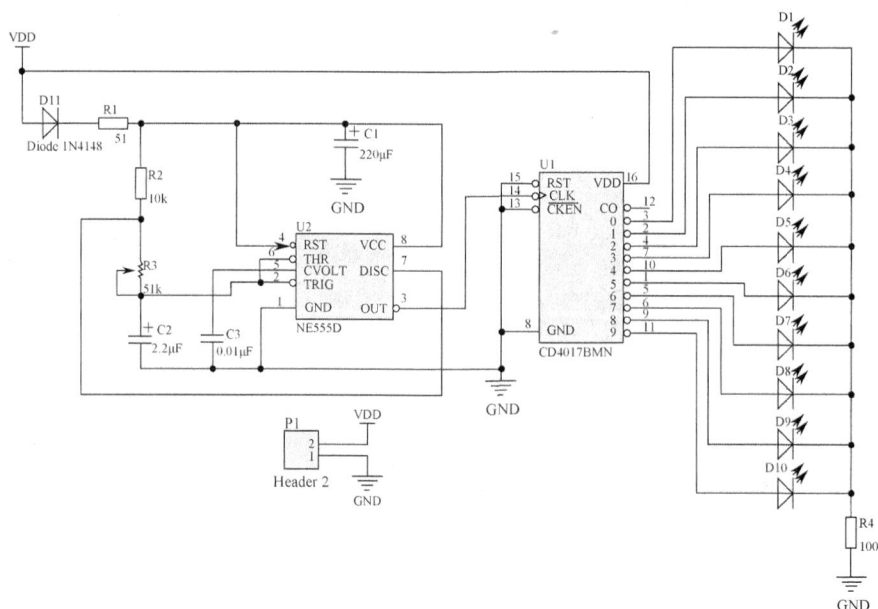

图 1-53　流水灯电路图

流水灯电路参数如表 1-5 所示。

表 1-5　流水灯电路参数

元件编号	元件在库区中参考名称
C1	Cap Pol2
C2	Cap Pol2
C3	Cap
D1，D2，D3，D4，D5，D6，D7，D8，D9，D10	LED1
D11	Diode 1N4148
P1	Header 2
R1，R2，R4	Res2
R3	RPot
U1	CD4017BMN
U2	NE555D
注：元件编号在电路图中具有唯一性	注：利用库中的名称可以查找该元件

照明电路

项目导读

图 2-1 所示是一个照明电路，它由 CS3020 开关型霍尔集成传感器提供开关式的数字输入信号，构成高灵敏度的无触点开关电路，霍尔传感器 CS3020 是利用霍尔效应制作而成的，其输出一个高电平或低电平的数字信号，有磁场时 CS3020 传感器输出为高电平，而没有磁场时 CS3020 传感器输出为低电平，CC4013 构成单稳态延时继电器控制电路，C2 放电时间控制着灯泡点亮时间的长短，电路工作原理简单，实用、可靠、方便。

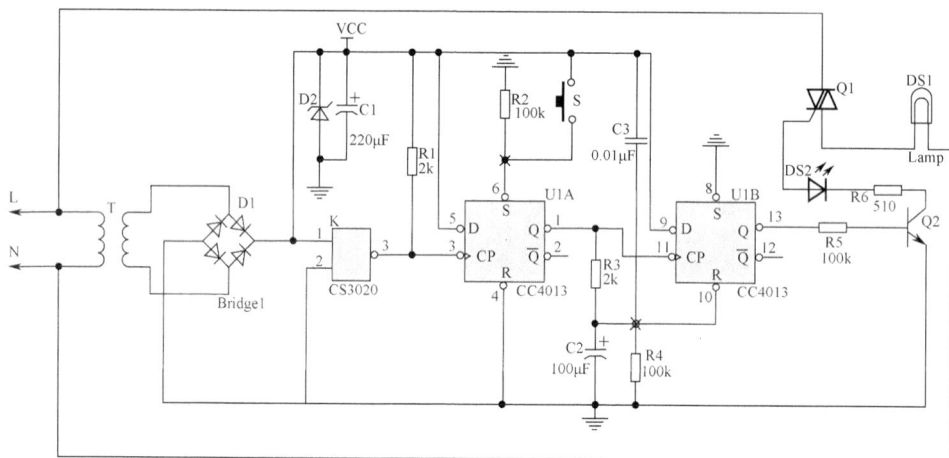

图 2-1 照明电路

教学方式

探究体验式教学，提高学生学习兴趣，教学过程以"教学做"一体化的方式来完成，建议教学学时为 8 个学时。

相关知识

通过项目 1 中稳压电源电路原理图的设计过程可知，原理图的设计过程实际上主要是在图纸上放置各类电子元件的过程。可以将 Protel 原先版本中的元件库也复制到 Altium Designer 2014 软件库中，或者从官网上下载各类元件库文件到软件安装目录中，这些元件库里几乎涵盖了当前所有电子元件制造厂商的产品，但是，对于某些比较特殊的、非标准化的元件、最新的电子元件，有时在软件元件库中还是无法找到自己需要的元件符号，并且这些软件提供的元件原理图符号有可能也不符合我们的具体电路设计需要，所以，有时需要自己创建元件库文件，绘制符合自己需要的原理图符号。本书重点介绍两种符号的制作，即原理图元件库（*.SchLib）及原理图元件符号的设计和 PCB 元件库（*.PcbLib）及相关元件封装图形的设计。

原理图符号代表一个元件引脚电气连接关系，同一个元件的原理图符号可以具有多种不同的图形，但其所包含元件引脚的信息是唯一的，必须保证其正确。为了便于调用、交流和统一管理，在设计原理图符号时，要尽量与系统所提供的库元件原理图符号在形式上、结构上、电气特性上等保持一致。

➜ 项目目标

- 认识原理图元件库编辑器设计环境。
- 绘制原理图元件符号。
- 理解原理图元件符号的各项属性内容。
- 会调用自制元件库绘制相关电路原理图。

任务 2.1　认识系统内置的元件库

1. 打开 Miscellaneous Devices.IntLib 内置元件库

（1）双击桌面上的 Altium Designer 2014 快捷图标，启动 Altium Designer 2014 软件。

（2）执行【文件（File）】→【打开（Open）】命令，弹出【Choose Document to Open（选择文档打开）】对话框，在路径 C：\Program Files\Altium\AD14\Library\Library（Altium Designer 2014 软件安装的位置）中找到 Miscellaneous Devices.IntLib 内置库文件，如图 2-2 所示。

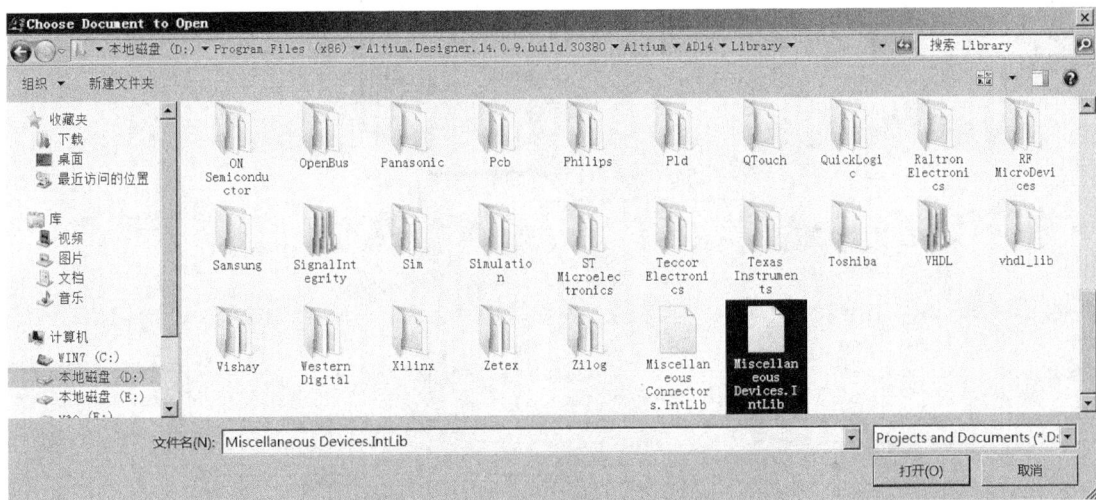

图 2-2　【Choose Document to Open】对话框

（3）双击 Miscellaneous Devices.IntLib 库文件名，弹出如图 2-3 所示的询问对话框，按对话框中的解释意思，单击【摘取源文件】按钮，在图 2-4 所示对话框中单击【确定】按钮。

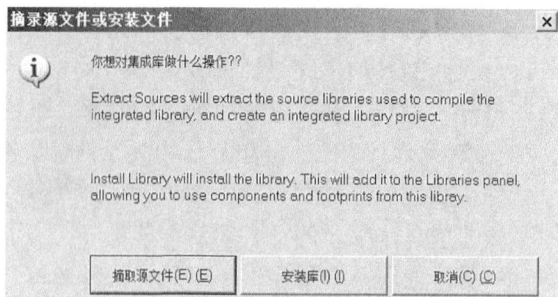

图 2-3　询问对话框

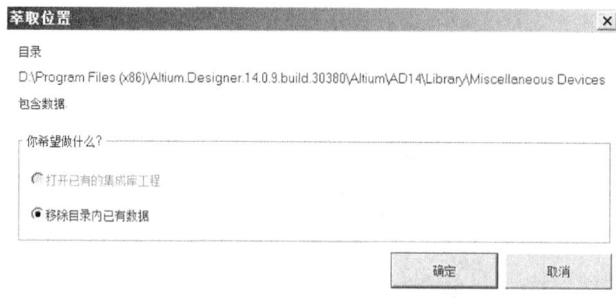

图 2-4　确认摘取元件库

（4）双击 Projects 面板上的 Miscellaneous Devices.SchLib 库文件名，进入原理图库文件的编辑环境，如图 2-5 所示。

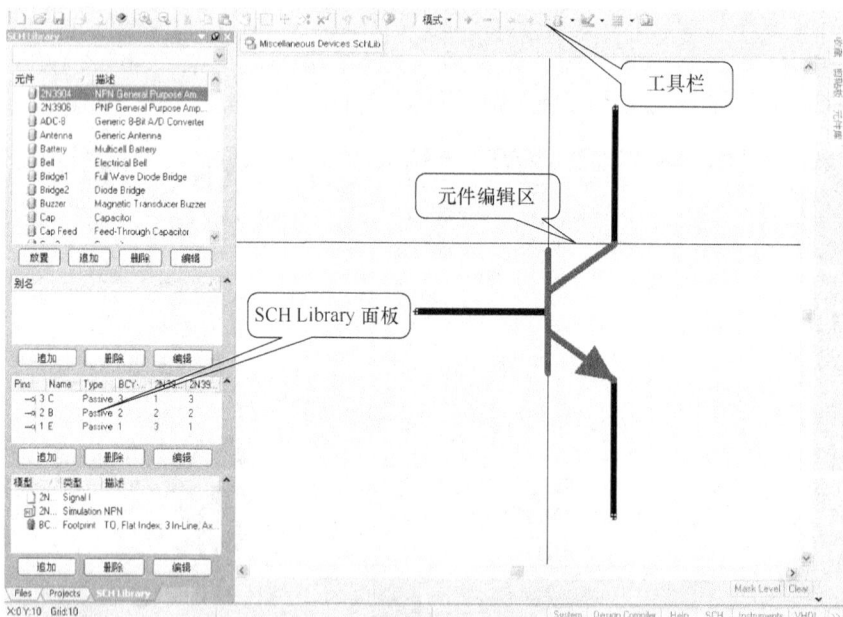

图 2-5　原理图库文件的编辑环境

2．原理图元件库面板

SCH Library 面板是原理图库文件编辑环境中的专用面板，通过该面板可以实现对库元件及其库文件的编辑管理工作，如图 2-6 所示。SCH Library 面板主要由以下几部分组成。

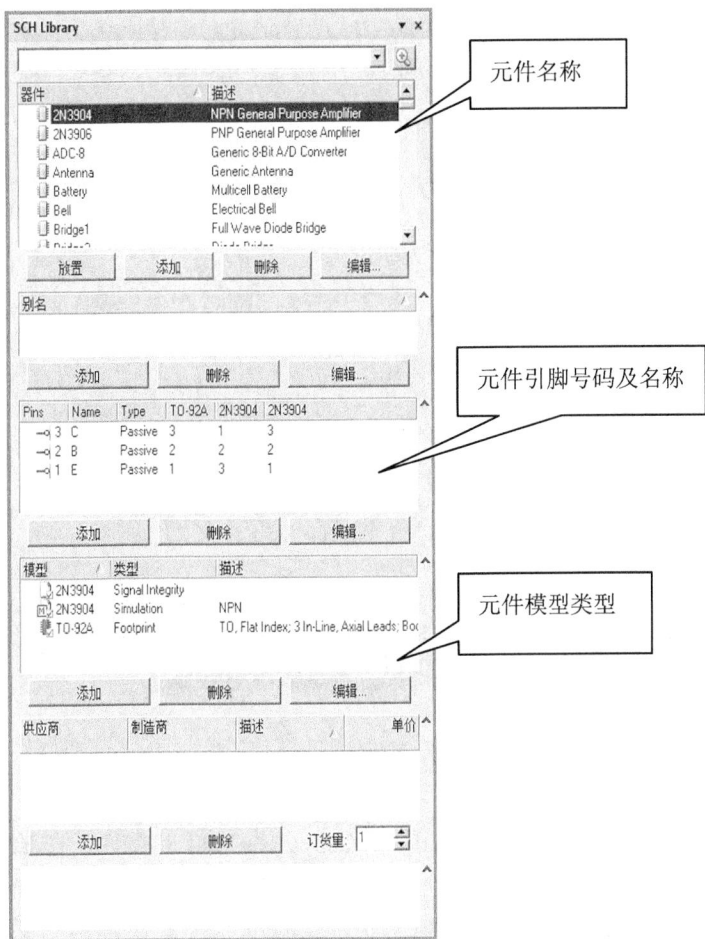

图 2-6　SCH Library 面板

（1）元件名称栏。列出当前原理图库文件中的所有元件名称、元件的相关特性描述。

（2）元件别名栏。列出同一个库元件符号的另外名称。有些元件的功能、封装、引脚形式等信息完全一致，只是生产厂家不同，只需为其中已有的原理图库元件符号添加一个或多个别名即可，没有必要为每个厂家、每个元件都创建一个原理图符号。

（3）元件引脚栏。列出库元件的所有引脚信息及其属性，如引脚名称、号码、电气特性、相关封装的引脚号。

（4）元件模型栏。列出该库元件的相关模型，包括模型文件名称、模型文件类型、模型文件描述等信息。

3. 原理图元件符号的构成

单击 Miscellaneous Devices.SchLib 库中每个元件名称，浏览库中所有元件如图 2-7 所示，会发现库中元件符号的组成规律如下。

（1）一个库文件可以包含多个原理图库元件。

（2）一个元件的每个模块占用一张图纸。

（3）元件编辑区被 X、Y 坐标轴划分为 4 个象限，每个元件符号均放置在编辑区第四象限、靠近坐标原点处。

（4）每个原理图库元件的参考原点均设置在坐标原点。

（5）每个原理图库元件由元件外形、元件引脚两部分组成。

（6）每个原理图库元件的引脚放在栅格上，且引脚标识符均从"1"开始。

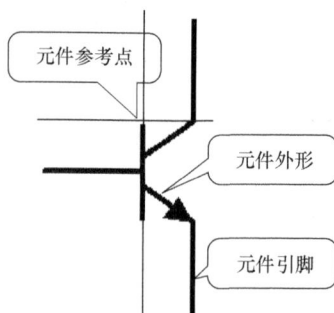

图 2-7　元件符号组成

任务 2.2　创建项目 SCH 自制元件库

2.2.1　SCH 自制元件库文件的创建

（1）打开抽取后的 Miscellaneous Devices.SchLib 文件，在 SCH Library 面板的元件名称栏中找到 Diode 默认的二极管，如图 2-7 所示。

（2）在二极管图形符号的右下角，按住鼠标左键，拖动鼠标画出一个矩形，选中二极管原理图符号，执行【编辑】→【复制】命令，关闭 Miscellaneous Devices.SchLib 库（注意不要保存）。

（3）执行【文件】→【创建】→【库】→【原理图库】命令，新建一个 Schlib1.SchLib 原理图库文件，单击主工具栏中的【粘贴】按钮，在库编辑区粘贴一个二极管原理图符号，如图 2-8 所示。

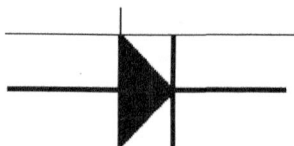

图 2-8　Diode 符号

（4）对准二极管符号的实心三角形区域并双击，调出该实心三角形的属性对话框，取消选中【拖曳实体】复选框，单击【确定】按钮。

（5）执行【工具】→【重新命名器件】命令，在重新命名元件的对话框中输入"D"，并单击【确定】按钮。则在原理图库文件 Schlib1.SchLib 中创建了一个新的二极管原理图符号，如图 2-9 所示。

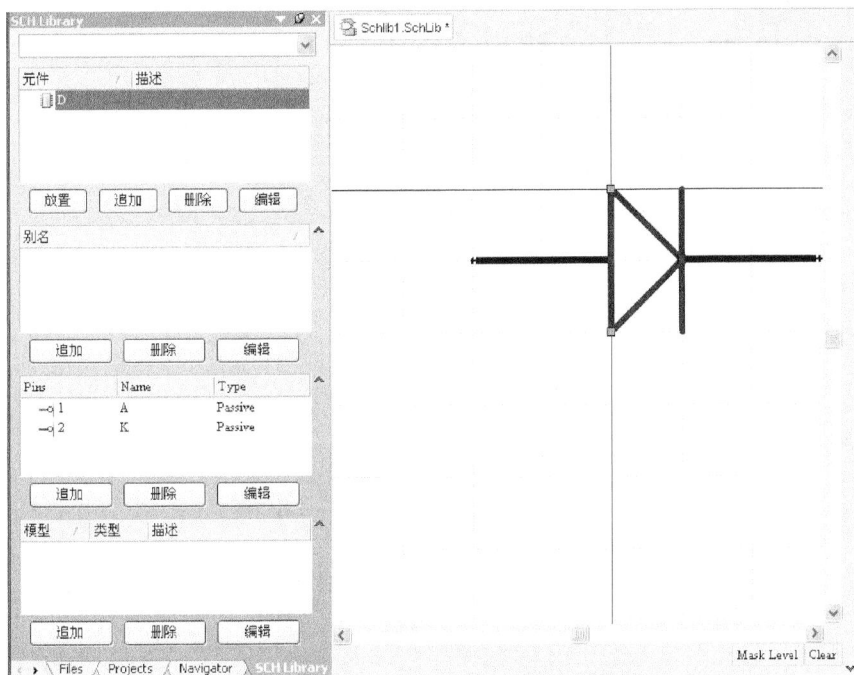

图 2-9　二极管国标符号

（6）在 SCH Library 面板的 D 元件名称栏，单击【编辑】按钮，调出其属性对话框，填写对话框中相关内容，如图 2-10 所示。

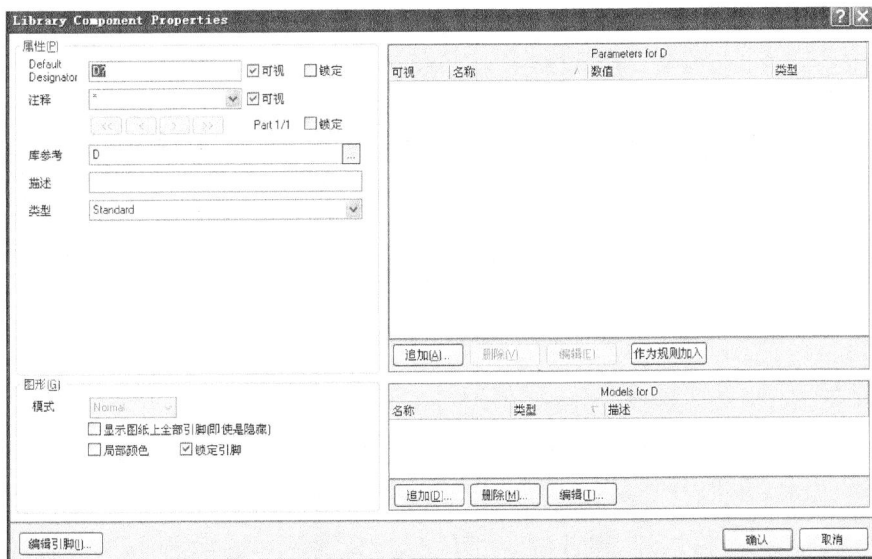

图 2-10　设置新建二极管的属性

（7）右击 Project 面板中的库文件名 Schlib1.SchLib，执行快捷菜单中的【另存为】命令，将库文件 Schlib1.SchLib 保存到 D 盘学生目录中。

提示：把系统库中的元件复制到自己的元件库中后再修改其属性，可以防止不小心损坏系统元件库内容，以免给后面的工作带来不必要的麻烦。

2.2.2 绘制 CS3020 高灵敏度霍尔开关

在网上很容易查到 CS3020 高灵敏度霍尔开关的技术手册（PDF 文件），其磁电转换特性曲线如图 2-11 所示，常用封装类型为 TO-92UA，引脚排列如图 2-12 所示。

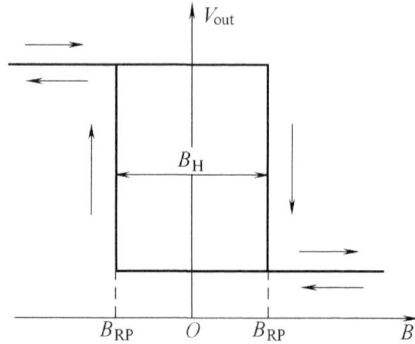

图 2-11 磁电转换特性曲线

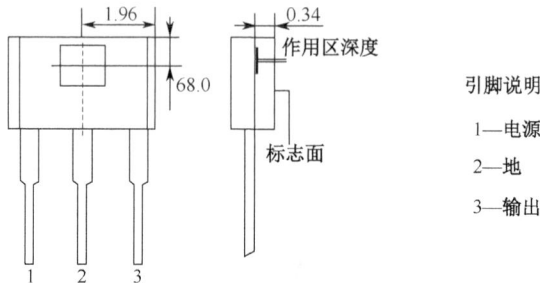

图 2-12 TO-92A 封装及元件引脚说明

（1）展开 SCH Library 面板，库文件 Schlib1.SchLib 中已经有一个 D 元件。

（2）执行【工具】→【新器件】命令，在【New Component Name（新器件名称）】对话框中输入 "CS3020"，如图 2-13 所示，单击【确认】按钮后系统打开一张新的元件编辑图纸。

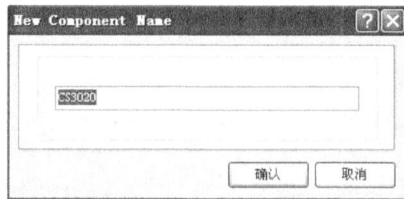

图 2-13 【New Component Name】对话框

（3）执行【工具】→【文档选项】命令，打开【库编辑器工作区】对话框，如图 2-14 所示，检查捕获网格、可视网格值，必须均设置成 "10"，以便和原理图环境相配套，其他参数一般不改变。

（4）执行【放置】→【矩形】命令，则光标变为 "十" 字形，并附有一个矩形。按【Tab】键，打开如图 2-15 所示的【矩形】对话框，将矩形【边缘宽】改为 "Small"、【边缘色】改为深蓝色后，单击【确认】按钮。将矩形移到编辑窗口第四象限内，并使其左上角与坐标原点（X：0，Y：0）重合，单击鼠标左键将矩形的左上角固定，拖动鼠标画出一个 30mil×40mil 的矩形。

图 2-14　【库编辑器工作区】对话框

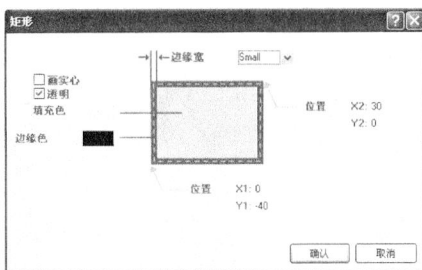

图 2-15　【矩形】对话框

提示：① mil 为英制单位，100mil=2.54mm，系统默认单位为 mil。

② 执行【查看】→【切换单位】命令，可以使系统单位在 mil 和 cm 之间转换。

（5）执行【放置】→【引脚】命令，则光标变为"十"字形，并黏附一个引脚符号。此时，按【Tab】键，可打开【引脚属性】对话框。元件 CS3020 的第一个引脚对应的【引脚属性】对话框设置如图 2-16 所示，单击【确定】按钮后，移动鼠标，放置引脚到适当位置，单击鼠标左键确定。各引脚对应的【引脚属性】对话框的具体输入内容请参照表 2-1。

表 2-1　CS3020 引脚属性

标　识　符	显　示　名　称	电　气　类　型	方　　向	长度/mil
1	VCC	Power	180°	20
2	GND	Power	180°	20
3	VOUT	Output	0°	20

提示：放置引脚时按【Space】键可调整引脚方向，十字光标端朝向外放置。

（6）依照同样的操作，完成另外两个引脚放置和相应属性设置，如图 2-17 所示。

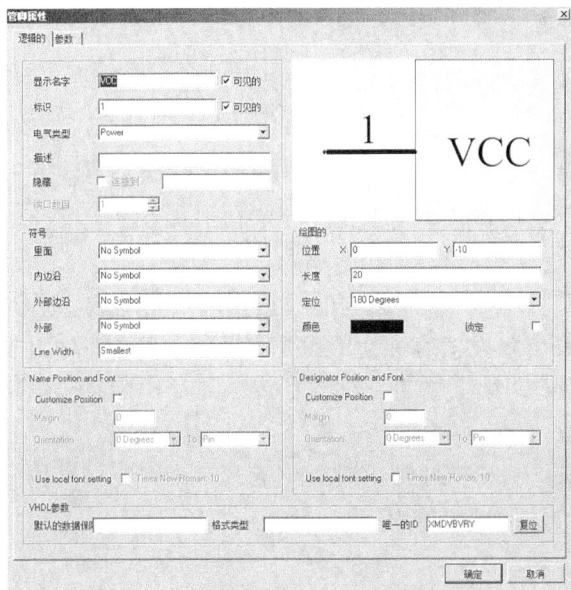

图 2-16　第一个【引脚属性】对话框

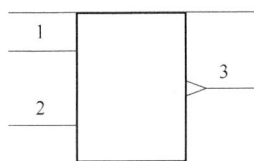

图 2-17　放置全部引脚

提示：元件引脚电气类型共有 8 种，学生应结合前导课程"电路基础"、"模拟电路"、"数字电路"等知识来选取每个引脚的电气类型：Input（输入引脚型）、Output（输出引脚型）、Power（电源引脚型）、Emitter（三极管发射极型）、OpenCollector（集电极开路型）、Hiz（高阻型）、Passive（无源型）、IO（输入输出型）。如果不能确定某一引脚的具体电气特性，也可以将其设置为 Passive（无源型）。

（7）单击鼠标右键取消放置引脚的工作。

（8）双击 SCH Library 面板上元件名 CS3020，打开其属性对话框，在【Designator Default（默认编号）】处输入"K？"，如图 2-18 所示。

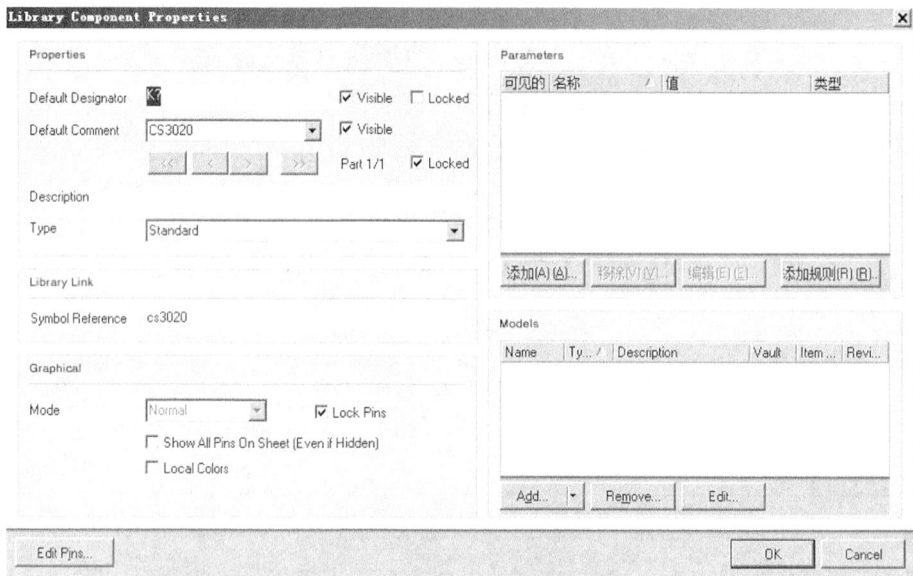

图 2-18　CS3020 属性对话框

（9）单击主工具栏中的【保存】按钮，保存所绘制的 CS3020 元件原理图符号。

2.2.3　绘制多功能模块元器件

提示：在软件元件库 ST Logic Flip-Flop.IntLib 中有 CC4013 的原理图符号，在此只是利用这个元件讲解多功能模块元件的原理图符号制作过程，老师们可以根据教学情况酌情处理。

CC4013 双上升沿 D 触发器，由两个相同的、相互独立的数据型触发器构成（即 CC4013 是一个含有两个功能模块的元器件），每个触发器有独立的数据、置位、复位、时钟输入和 Q 及 $\overline{Q}$ 输出。在时钟上升沿触发时，加在 D 输入端的逻辑电平传送到 Q 输出端。其功能表如表 2-2 所示。

CC4013 元件的顶视图如图 2-19 所示，一般用双列直插式的封装，1～6 脚、8～13 脚分别构成两个 D 触发器，V_{DD}、V_{SS}（GND）为集成电路的电源、地端。

表 2-2　CC4013 功能表

输　　入				输　　出	
CP	D	R	S	Q	$\overline{Q}$
↑	L	L	L	L	H
↑	H	L	L	H	L
↓	×	L	L	保持	
×	×	H	L	L	H
×	×	L	H	H	L
×	×	H	H	H	H

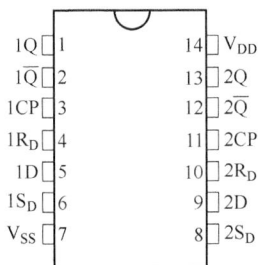

图 2-19　CC4013 元件顶视图（DIP 封装）

（1）展开 SCH Library 面板，库文件 Schlib1.SchLib 中已经有两个元件，即 D 和 CS3020。

（2）执行【工具】→【新器件】命令，输入新元件名称为 CC4013，确认后系统打开一张新的元件编辑图纸。

（3）绘制元件外框。执行【放置】→【矩形】命令，在【矩形】对话框中将【边缘宽】改为【Small】、【边缘色】改为深蓝色后，单击【确认】按钮。将矩形移到编辑窗口的第四象限内，并使其左上角与坐标原点（X：0，Y：0）重合，单击鼠标左键将矩形的左上角固定，拖动鼠标确定矩形为 60mil×60mil。

（4）放置元件引脚。执行【放置】→【引脚】命令，则"十"字形光标上黏附一个引脚，移动鼠标，放置引脚到适当位置，单击鼠标左键确定。依次将 8 个引脚放置完成，如图 2-20 所示。

（5）修改各引脚属性。在图 2-20 中左上方第一个引脚处双击，打开【引脚属性】对话框，修改该对话框中各项参数值，如图 2-21 所示。引脚长度 20mil 不变，其他引脚修改时参照表 2-3 所示进行，各【引脚属性】对话框中【标识符】、【显示名称】文本框后方的【可视】复选框均需选中。CC4013 元件的第一个功能模块原理图符号绘制完后如图 2-22 所示。

（6）新建元件第二个功能模块。执行【工具】→【新部件】命令，SCH Library 面板中元件 CC4013 名称前出现一个"+"，单击"+"展开 CC4013，单击"Part A"则编辑区域显示已经画好的 A 模块（即第一模块）。

（7）单击项目工作面板中 Part B 名称，展开一张空白编辑区，该图纸用于绘制元件 CC4013 的第二个功能模块。

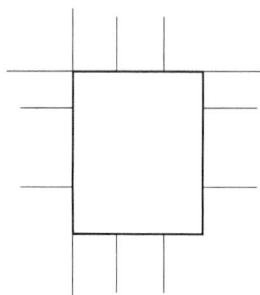

图 2-20　放置元件引脚

图 2-21　【引脚属性】对话框

表 2-3　CC4013A 模块引脚修改参照表

标　识　符	显　示　名　称	电　气　类　型	方　　向	特　殊　设　置
5	D	Input	180°	
3	CP	Input	180°	内部边沿 Clock
4	R	Input	270°	
7	VSS	Power	270°	
2	$\overline{Q}$	Output	0°	
1	Q	Output	0°	
6	S	Input	90°	
14	VDD	Power	90°	

（8）复制第一个功能模块。单击 Part A 名称，回到已经画好的第一个功能模块编辑区，按住鼠标左键框选已绘制好的第一功能模块（图 2-22），执行【编辑】→【复制】命令，或单击工具栏中的【复制】按钮，复制第一个功能模块。

（9）粘贴第一个功能模块。切换到 Part B 模块，执行【编辑】→【粘贴】命令，移动鼠标到坐标原点处单击，将第一个功能模块粘贴到 Part B 编辑区域。

（10）修改 Part B 各引脚属性。双击 Part B 中各引脚，按表 2-4 所示修改引脚属性，CC4013元件 Part B 的原理图符号如图 2-23 所示。

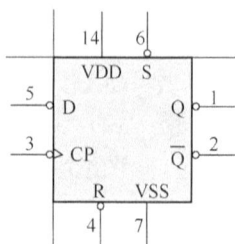

图 2-22　CC4013 的第一模块

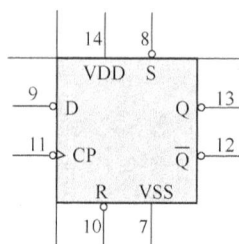

图 2-23　CC4013 的第二模块

表 2-4 CC4013B 模块引脚修改参照表

标 识 符	显 示 名 称	电 气 类 型	方 向	特 殊 指 标
9	D	Input	180°	
11	CP	Input	180°	内部边沿 Clock
10	R	Input	270°	
7	VSS	Power	270°	
12	$\overline{Q}$	Output	0°	
13	Q	Output	0°	
8	S	Input	90°	
14	VDD	Power	90°	

（11）隐藏 Part A、Part B 两模块的电源正、负引脚。分别进入第一功能模块、第二功能模块中，双击 VDD、VSS 引脚，打开【引脚属性】对话框，选中【隐藏】复选框，将【端口数目】均改为"0"，隐藏两个模块的 VSS 按图 2-24 所示设置，隐藏两个模块的 VDD 引脚按图 2-25 所示设置。

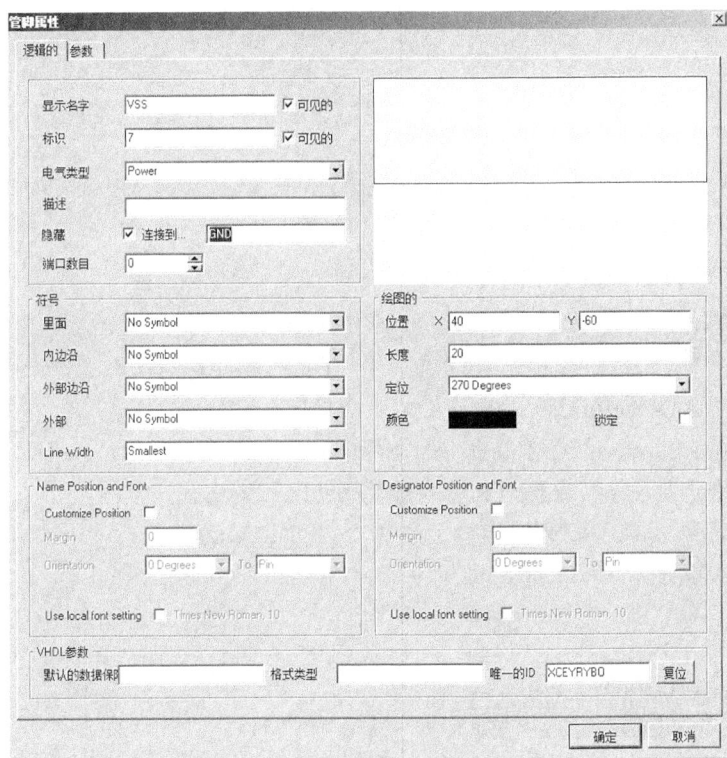

图 2-24 地引脚隐藏设置

提示：

① VDD、VSS 隐藏设置两个模块要分别进行。

② VDD、VSS 引脚后，可以调整一下 R、S 引脚在两个模块中的位置，以便更美观。

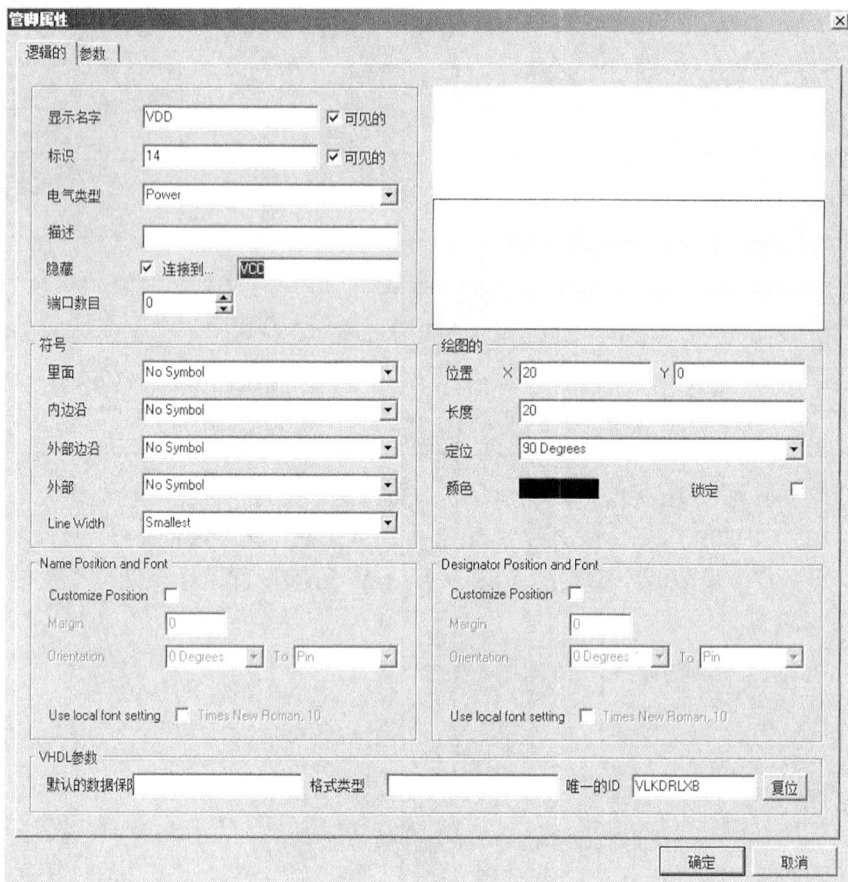

图 2-25　电源引脚隐藏设置

（12）单击工具栏【保存】按钮 ，保存所绘制的元件 CC4013 的原理图符号。双击元件名 CC4013，打开元件属性对话框，在默认编号（Default Designator）处填上"U？"。

（13）右击 SCH Library 面板上的库文件 Schlib1.SchLib，在弹出的快捷菜单中选择【另存为】命令，将自建库 Schlib1.SchLib 存放到"照明电路"目录中。此时自建元件库 Schlib1.SchLib 中已含有 3 个自制元件，即 D、CS3020、CC4013，如图 2-26 所示。

任务 2.3　绘制照明控制电路

2.3.1　绘制电路及编译

1．调用自制元件库

（1）打开"照明电路.PRJPCB"项目，右击 Project 面板中的该项目名称，在弹出的快捷菜单中执行【追加新文件到项目

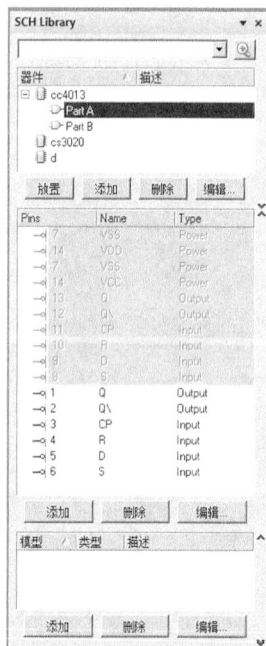

图 2-26　自制元件库中的元件

中】→【Schematic】命令，新建一个空白的 Sheet1.SchDoc 原理图文件。

（2）右击 Sheet1.SchDoc 原理图文件名，在弹出的快捷菜单中执行【另存为】命令，将其另存到"项目 2"目录中，改名为"照明电路"。

（3）在原理图环境中打开【库】工作面板，你会发现上一任务中自己创建的元件库 Schlib1.SchLib 已经成为当前可用的元件库，如图 2-27 所示。

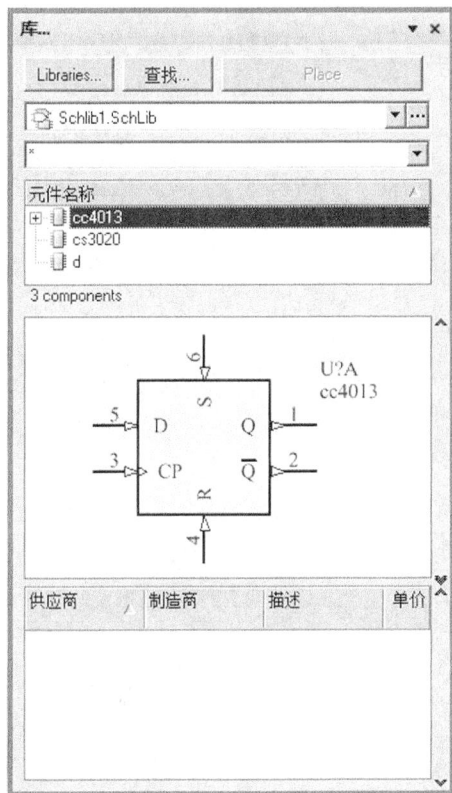

图 2-27　添加库 Schlib1.SchLib

2. 绘制照明电路原理图并编译

（1）双击"照明电路.SchDoc"文件名，进入原理图工作环境。

（2）设置图纸。执行【设计】→【文档选项】命令，在【图纸选项】选项卡中设图纸为"A4"，在【参数】选项卡中设置【Title】为"照明电路"、【SheetNumber】为"1"、【SheetTotal】为"1"。按项目 1 的方法填写并显示标题栏中相关内容。

（3）双击 Schlib1.SchLib 元件库名，单击 Place cs3020 按钮取出 CS3020 元件，按【Tab】键，调出【CS3020 属性】对话框，在【Designator】处填写"K"，单击下方的【Add】按钮，在弹出的【添加新模型】对话框中添加新模型，如图 2-28 所示，然后单击【确定】按钮，再单击【浏览】按钮，在打开的【浏览库】对话框中的"Miscellaneous Devices.IntLib"中找到封装类型名"TO-92A"，如图 2-29 所示，最后单击【确定】按钮后，【CS3020 属性】对话框修改成如图 2-30 所示的样书。依照此方法，分别在图纸中放置 CC4013 的两个模块符号，并分别给它们添加 DIP-14 封装类型，如图 2-31 所示。

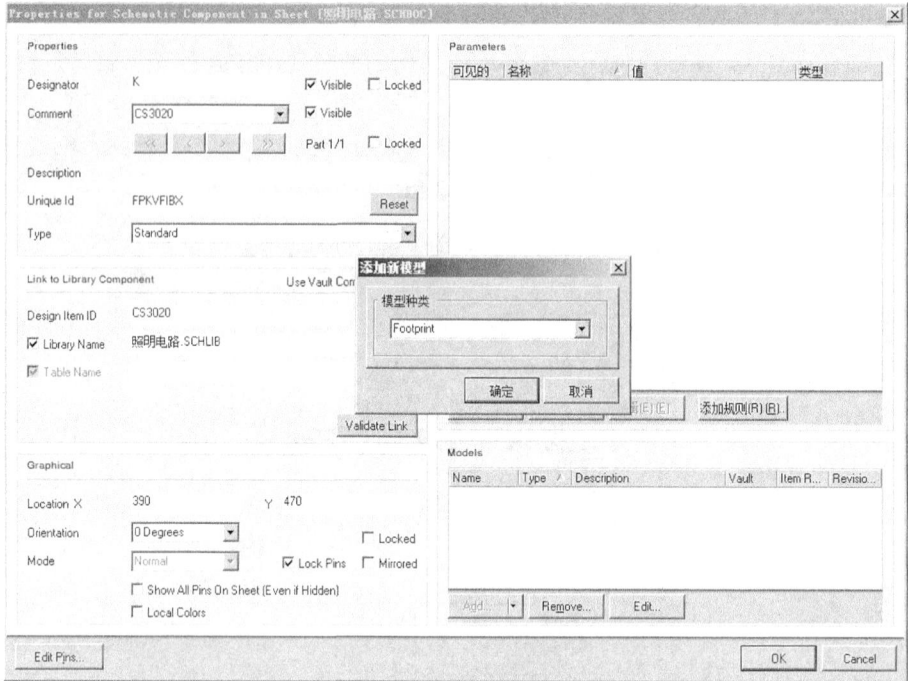

图 2-28　添加封装模型

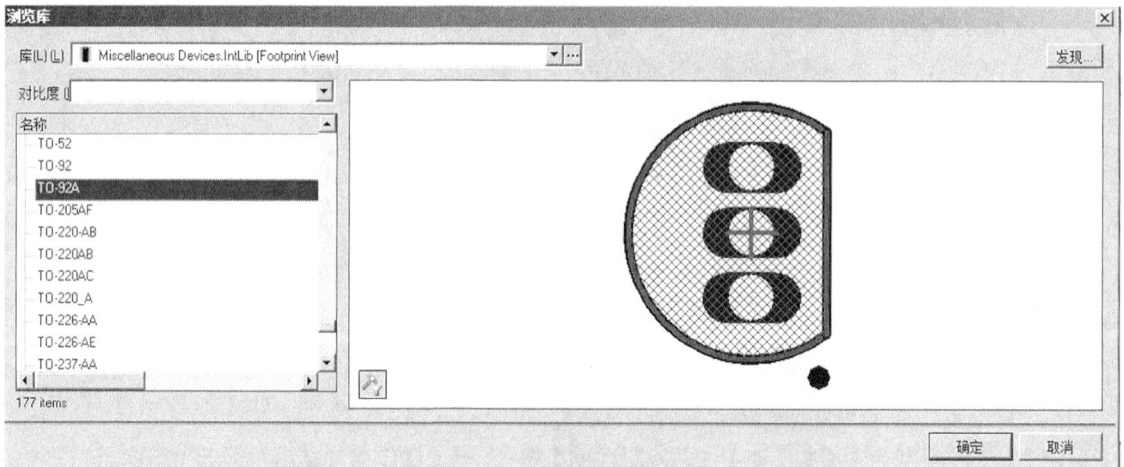

图 2-29　TO-92A 封装模型

（4）放置其他的元器件原理图符号。

在图 2-27 中调整当前元件库分别为 Miscellaneous Devices.IntLib、Miscellaneous Connectors.IntLib，将其他元件从这两个库中取出来，放置在图纸中，并修改各元件属性。在打开修改 CC4013 元件属性对话框时，要考虑到最大限度地降低产品成本，应尽量用完每个集成电路中的所有功能模块，减少集成电路元器件的使用个数，如图 2-31 所示，电路图中第二个 CC4013 元件的功能模块号为"Part 2/2"。综观全局调整各个元件的位置，照明电路中所有元器件在图纸上的放置如图 2-32 所示。

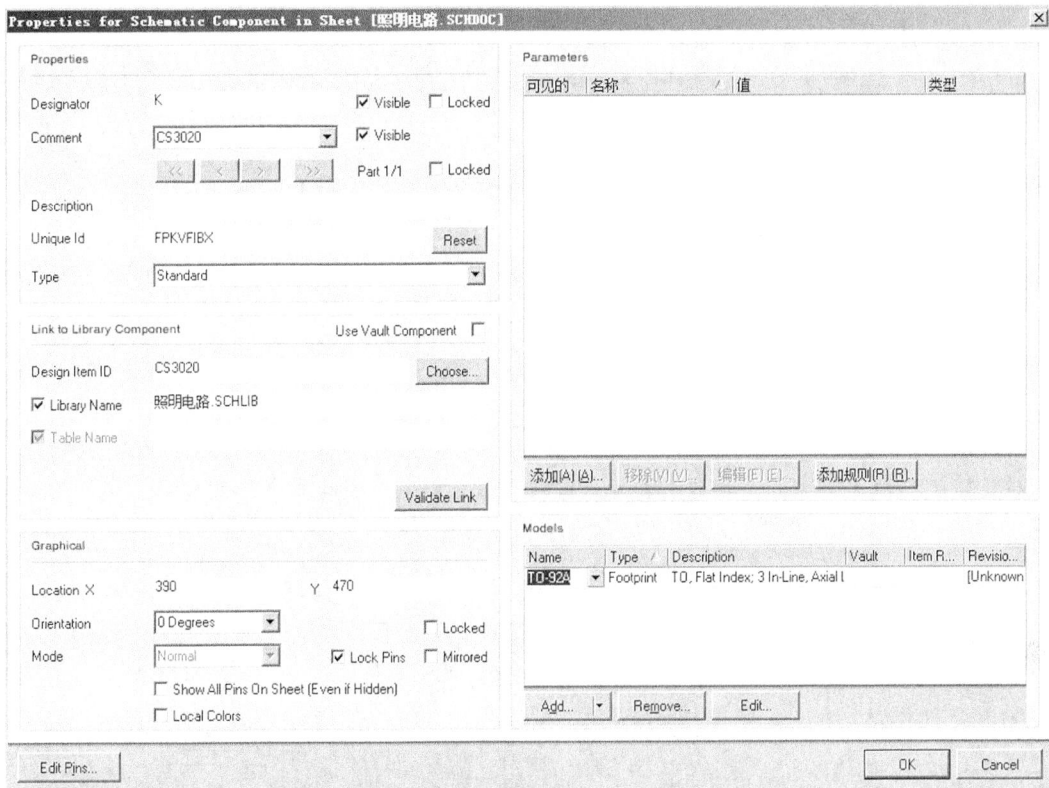

图 2-30　CS3020 元件添加上 TO-92A 封装模型

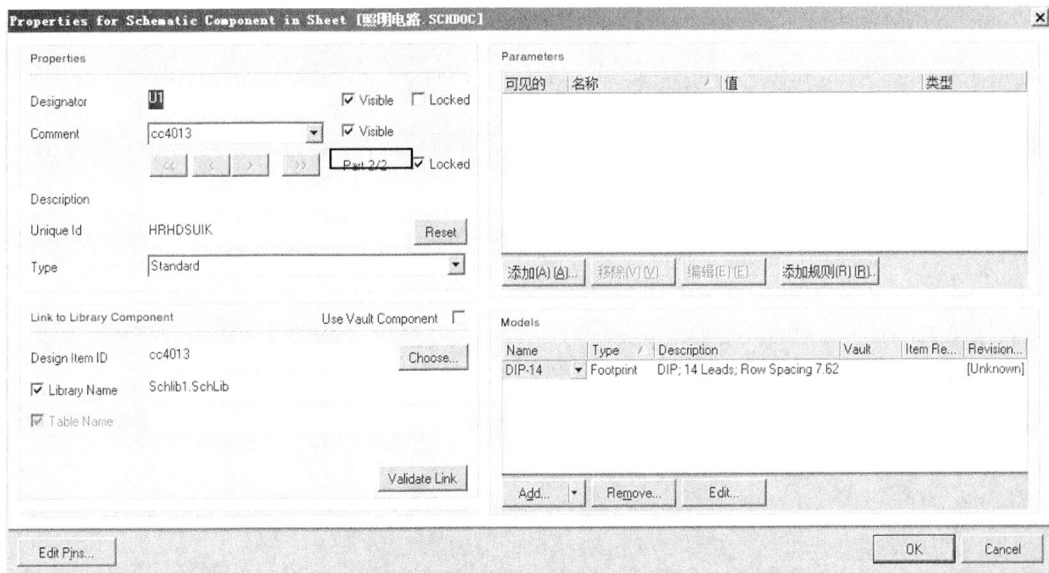

图 2-31　CC4013 的第二个功能模块

　　提示： 在图 2-31 中，【Part】后分数含义：分母 "2" 代表 CC4013 元件有两个功能模块，分子 "2" 表明当前为元件的第二个模块，在原理图中即字母 "B" 表示。

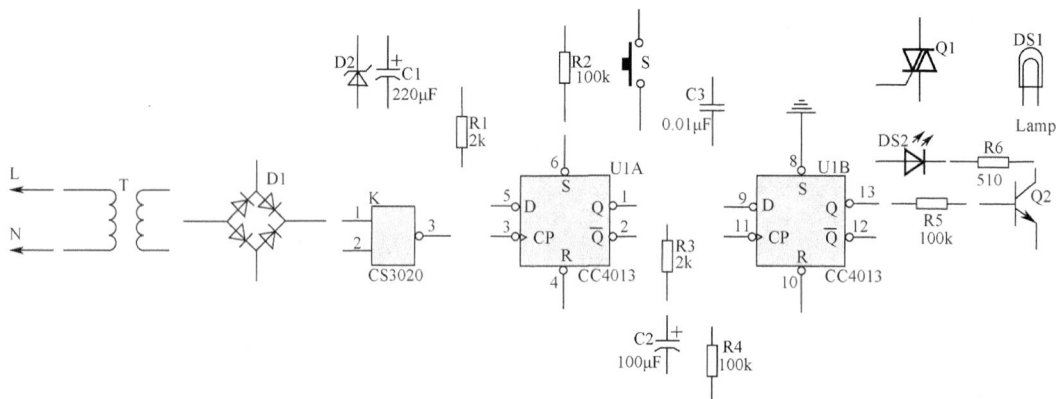

图 2-32　放置元件

（5）按照项目 1 的方法，取消所有元件的注释显示，并放置电路的电连接线、电连接节点、电源和地等电气对象，绘制成功的照明电路图如图 2-33 所示。

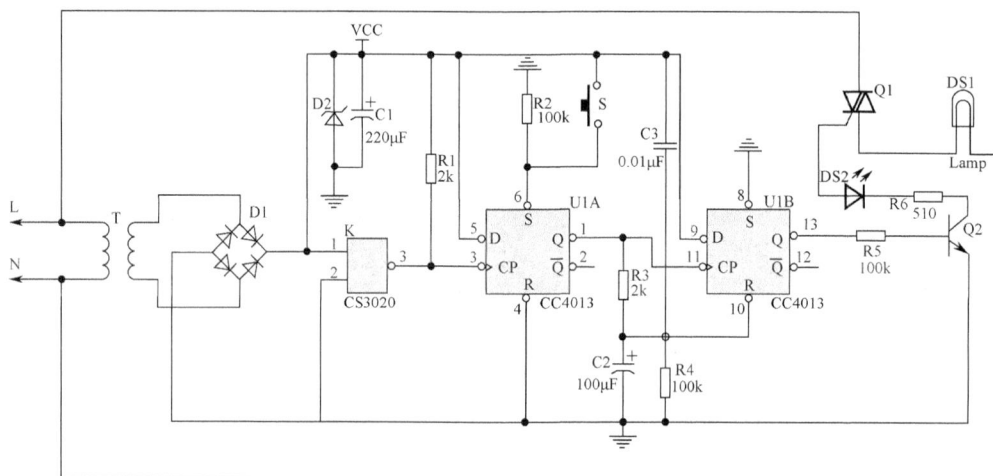

图 2-33　绘制成功的照明电路

（6）编译、保存电路图。

执行【工程】→【Compile Document 照明电路.SCHDOC】命令，Messages 面板中显示出警告，如图 2-34 所示。分析警告信息后，考虑电路的工作原理，可以在警告信息提示的电路处放置忽略 ERC 检测指示符，如图 2-35 所示。

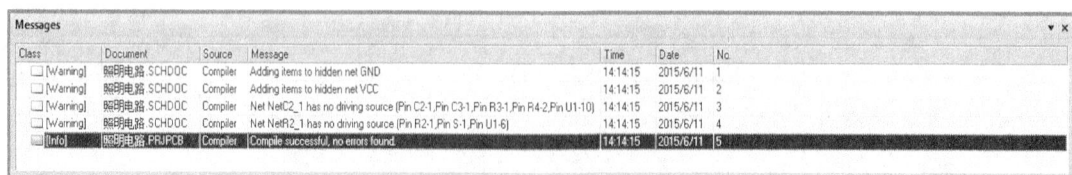

图 2-34　电路检测编译后结果

再次执行【工程】→【Compile document 照明电路.SCHDOC】命令，Messages 面板如图 2-36 所示，说明电路正确。单击原理图工具栏中的【保存】按钮 保存当前文档。

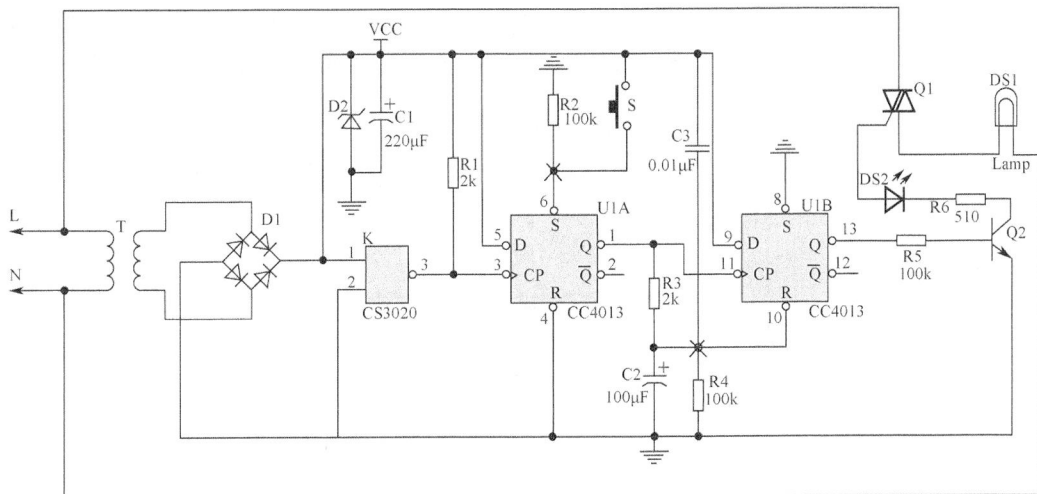

图 2-35　在电路图中放置忽略 ERC 检测指示符

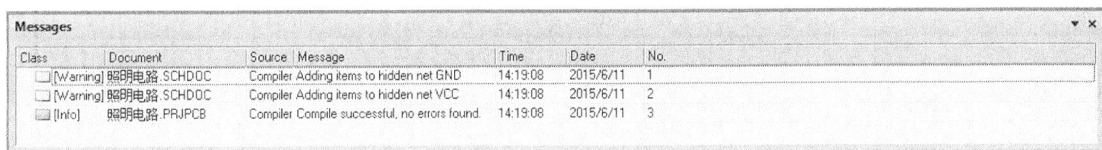

图 2-36　Messages 面板

2.3.2　创建项目原理图元件库

多数情况下，同一个原理图中，所用到的元件由于功能、类型等多方面的不同，可能来自于多个不同的库文件。这些库文件中，有系统提供的集成库文件，也有用户自己创立的原理图库文件，非常不利于项目元件的管理，所设计的电路图移植性很差，不利于用户之间的信息交流。所以有必要为项目的原理图创建一个个性化的原理图元件库，集中管理该电路原理图中所用到的元器件，为项目的统一管理提供方便。

（1）在原理图编辑环境中，执行【设计】→【生成原理图】命令，则系统自动在本项目中生成相应的原理图库文件，并弹出如图 2-37 所示的提示信息，告诉用户，当前项目的原理图库"照明电路.SCHLIB"已经创建完成，共添加了 14 个元件。

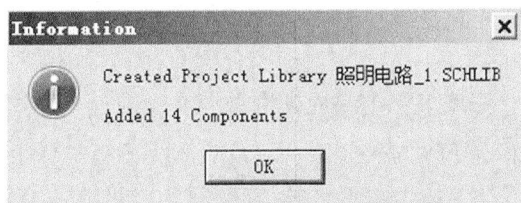

图 2-37　提示信息

（2）单击【OK】按钮，则系统自动切换到原理图库文件编辑环境中。在 Projects 面板上，"照明电路.PRJPCB"项目下的 Libraries 文件夹中，已经多了一个原理图库文件"照明电路.SCHLIB"。

（3）如图 2-38 所示，在 SCH Library 面板的原理图符号名称栏中，列出了所创建的原理图中的全部元件，其中包含了该项目的电路原理图中所有用到的元件及其相关信息。

图 2-38　照明电路.SCHLIB

技能链接一　修改元件属性并更新相关电路原理图

创建了个性原理图元件库以后，就可以很方便地对该项目电路原理图中的元件进行编辑、修改。例如，当用户想对一张或多张电路原理图中涉及的同一个元件进行编辑、修改时，不需要到每张电路原理图中逐一编辑、修改这个元件，而只需要在原理图个性元件库中修改相应的元件即可。

（1）打开 SCH Library 面板，双击"照明电路.SCHLIB"原理图库文件名。

（2）单击 Lamp 元件名，库元件编辑区展开该元件原理图符号，如图 2-39 所示。

（3）按住鼠标左键画一矩形框，将该元件原理图符号的右边蓝色图形选中，如图 2-40 所示，执行【编辑】→【清除】命令，删除被选中的图形。

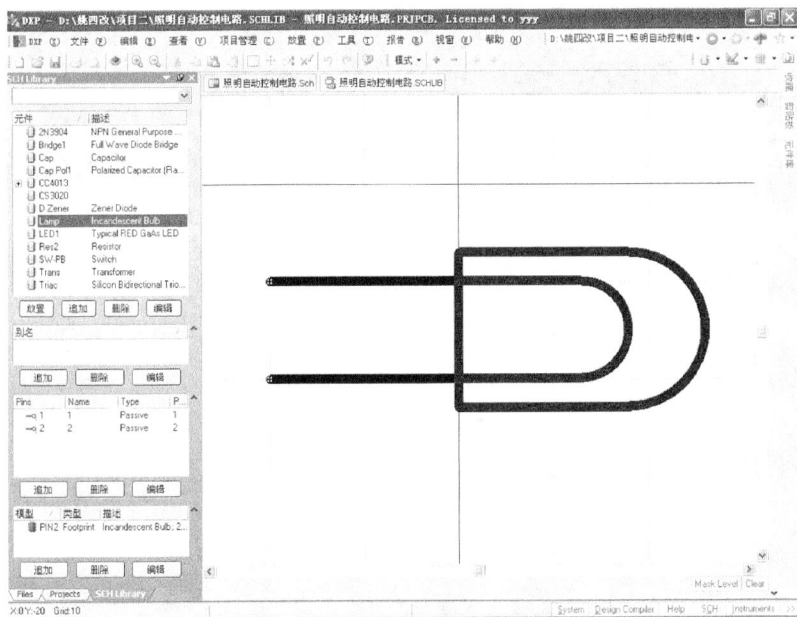

图 2-39　Lamp 元件

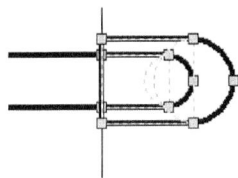

图 2-40　选中 Lamp 元件外框

（4）移动其中一只引脚，注意十字工作光标朝外，使两个引脚间相距"4"个网格并在一条直线上。

（5）执行【放置】→【椭圆】命令，确定圆心、半径、起点、终点，画一个半径为"2"个网格的圆饼，双击这个圆饼，将【板的宽度】改为"Small"，且取消【拖曳实体】前的"√"，如图 2-41 所示。

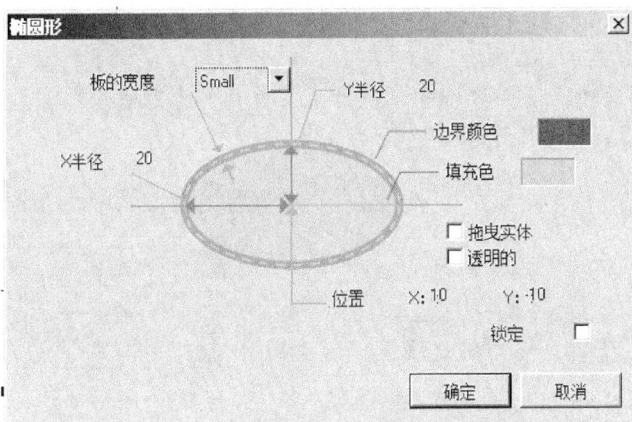

图 2-41　取消椭圆的【拖曳实体】的"√"

（6）在图纸的空白处右击，调出快捷菜单，选择【文档选项】功能，如图 2-42 所示，调出【库编辑器工作台】对话框，将【捕捉】的值修改为"1"，如图 2-43 所示。

（7）执行【放置】→【直线】命令，在圆中再画一个"×"，画完后请立即将图 2-43 中的【捕捉】的值修改为"10"，画好的 Lamp 元件符号如图 2-44 所示，注意保存。

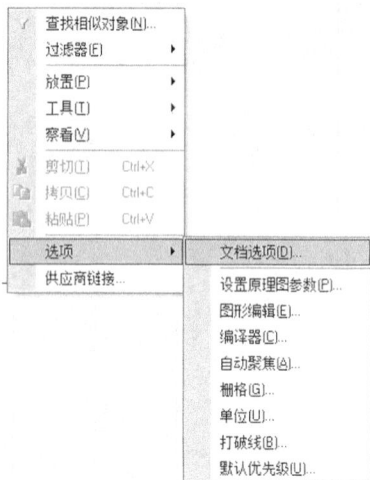

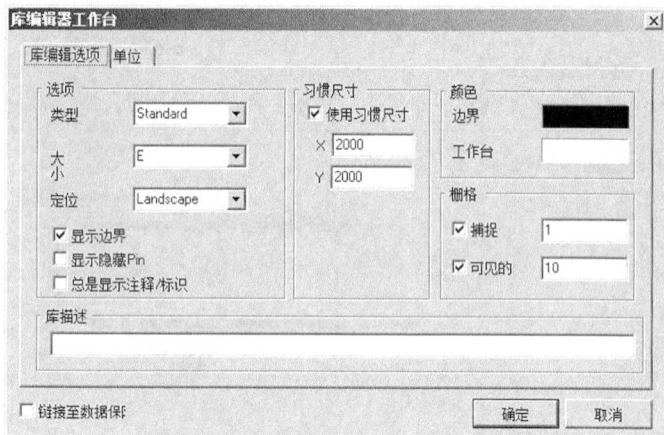

图 2-42　快捷菜单　　　　　　　　　　图 2-43　修改【捕捉】的值为"1"

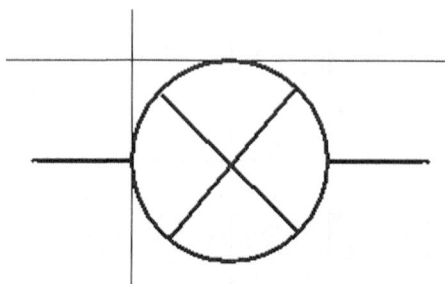

图 2-44　画好的 Lamp 元件符号

提示：画线时，通过按【Shift+Space】组合键可改变所画线转弯的方式，有 5 种，如图 2-45 所示。

（8）在原理图库编辑器工作环境中，执行【工具】→【更新原理图】命令，出现更新信息如图 2-46 所示，更新原理图中 Lamp 的元件符号。

图 2-45　直线转弯方式　　　　　　　　图 2-46　更新信息

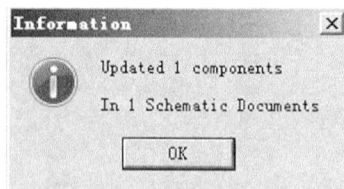

（9）打开"照明电路原理图.SCHDOC"文件，重新调整、连接好 Lamp 元件，将图 2-35 的原理图变为图 2-47 所示的原理图。

（10）执行【工程】→【Compile Document 照明电路.SCHDOC】命令，Messages 面板中信息如图 2-48 所示，前两条信息是软件自动对隐藏的 VCC、GND 进行了电气连接，电路编译没有错误，元件更新成功。

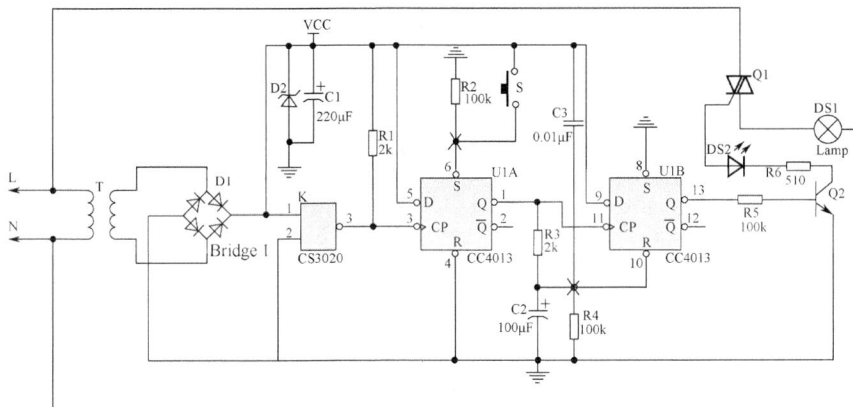

图 2-47　调整好以后的照明电路原理图

图 2-48　Messages 面板信息

技能链接二　创建和调用 SCH 个性模板

Altium Designer 2014 软件里有很多 SCH 模板，但用户有时还是想有个自己的个性模板，创建自己个性 SCH 模板的步骤如下。

1. 制作个性标题栏

（1）创建一个空白的原理图 SCH 文件。

（2）在图纸的空白处右击，执行【选项】→【文档选项】命令，调出【文档选项】对话框如图 2-49 所示，取消选中【标题块】复选框，将【捕捉】值改为 "5"，选中【使用自定义风格】复选框，定制一个宽 "900"、高 "700" 的图纸。

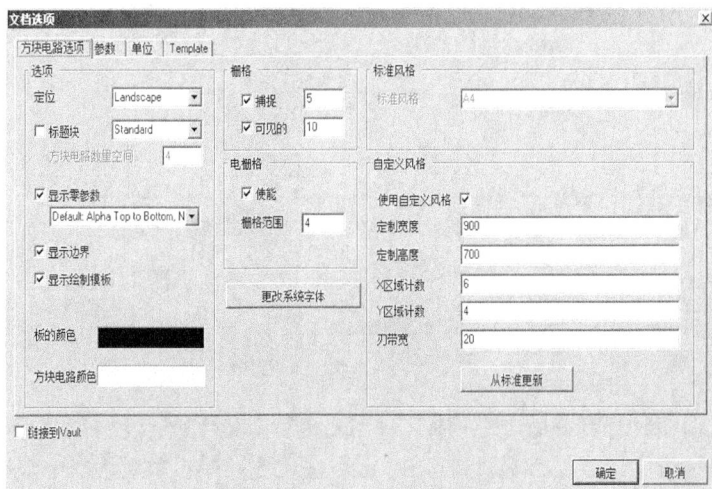

图 2-49　【文档选项】对话框

（3）单击【实用】工具栏中 图标的下三角，用绘制直线工具 在图纸右下角绘制标题栏式样，如图 2-50 所示。

（4）执行【放置】→【文本字符串】命令，按【Tab】键，调出【标注】对话框，填入各项文字内容，如图 2-51 所示。图 2-50 是设计好的个性标题栏。

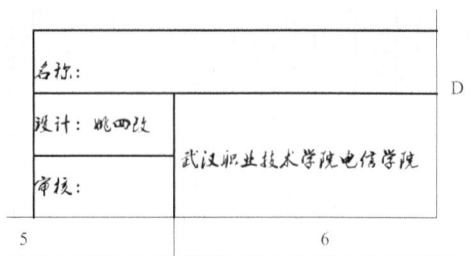

图 2-50　个性标题式样

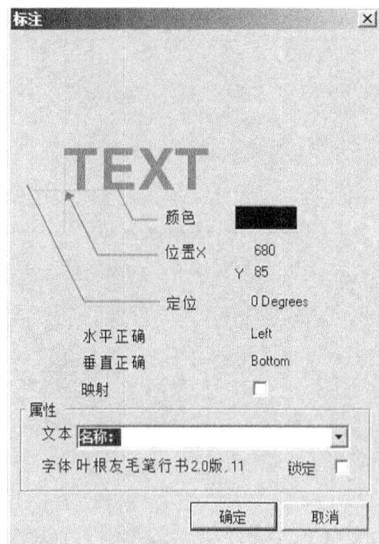

图 2-51　填写相关内容

2. 个性模板的保存及调用

（1）执行【文件】→【另存为】命令，将个性模板存在自己的文件夹中，在文档另存对话框中修改【文件名】为"97.SchDot"、【保存类型】为"*.SchDot"，如图 2-52 所示。

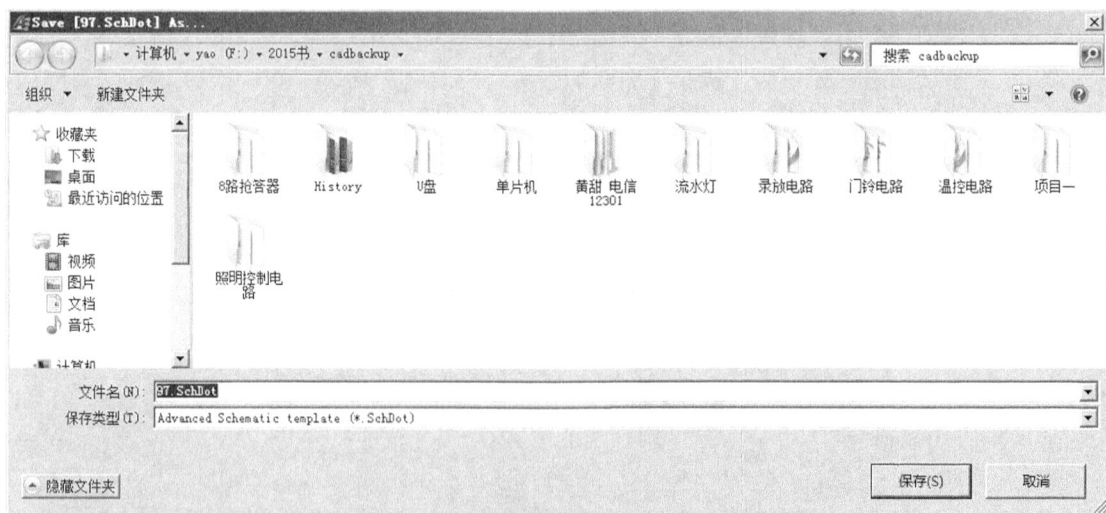

图 2-52　个性模板的保存

（2）在设计原理图时若要调用个性模板，只需要执行【设计】→【项目模板】→【Choose a File】命令，在弹出的对话框中选取文件名"97.SchDot"，在【更新模板】对话框中根据自己使用情况选取相关项，一般采用默认项，单击【确定】按钮，如图 2-53 所示；在随后弹出的【Information】

对话框中也单击【OK】按钮，如图 2-54 所示，图纸随之变成了自己设计的图纸样式。

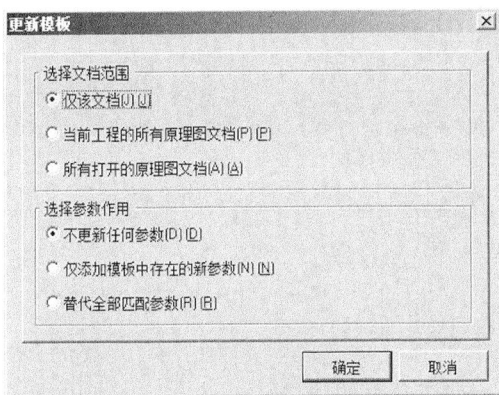

图 2-53　【更新模板】对话框

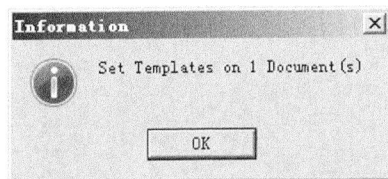

图 2-54　【Information】对话框

实战项目　简易录放音电路

图 2-55 是由 ISD1400 语音芯片构成的录放电路，在网上输入"ISD1400.PDF"就可查到 ISD1400 语音芯片的使用手册，这个电路是芯片厂家推荐的录放电路。在百度中可以搜到贺忠海等发表在 2000 年第 2 期《电子与自动化》杂志上的"语音芯片 ISD 及其应用"一文，详细介绍了录放电路的工作原理，请学生课前自行阅读。图 2-56 是 ISD1400 的 DIP 封装顶视图，NC 代表该引脚空置不用。

请绘制出图 2-55 所示语音录放电路图，并创建语音芯片元件 ISD1400 原理图元件符号，调用自己的个性 SCH 模板。

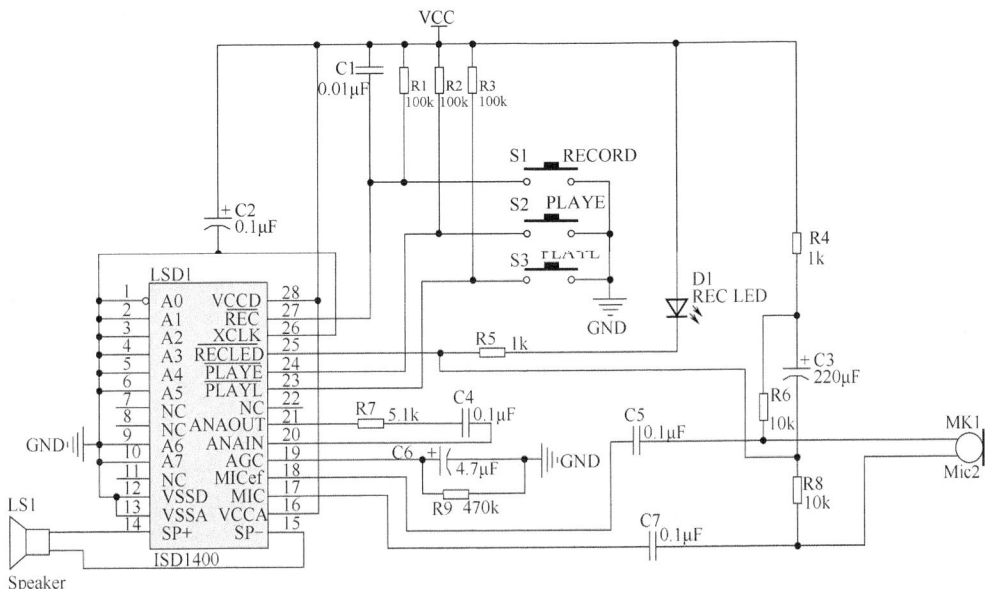

图 2-55　ISD1400 语音录放电路

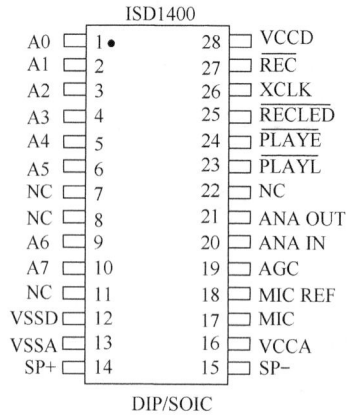

图 2-56 ISD1400 语音芯片引脚排列图

稳压电源单面 PCB 板设计

项目导读

本项目的任务是将项目 1 设计的稳压电源电路（图 3-1）设计成单面 PCB 板图，如图 3-2 所示，有条件的学校可以让学生做出 PCB 实物，增强学生学习计算机辅助设计印刷电路板的兴趣，也为他们日后的各类大学生电子设计大赛、课业设计、毕业设计等打下坚实的基础。

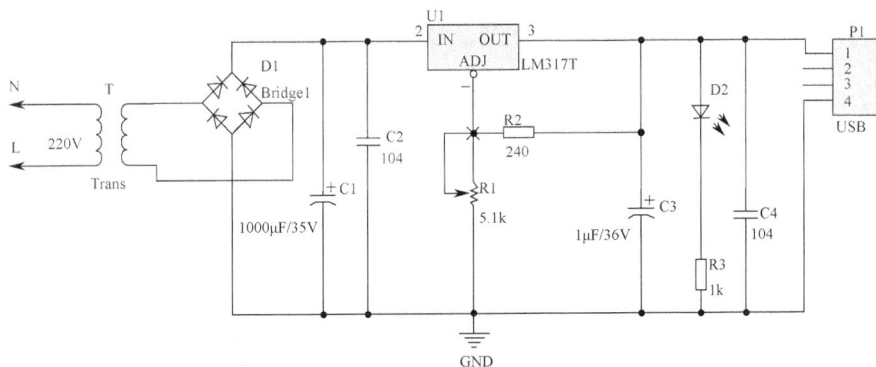

图 3-1　稳压电源电路

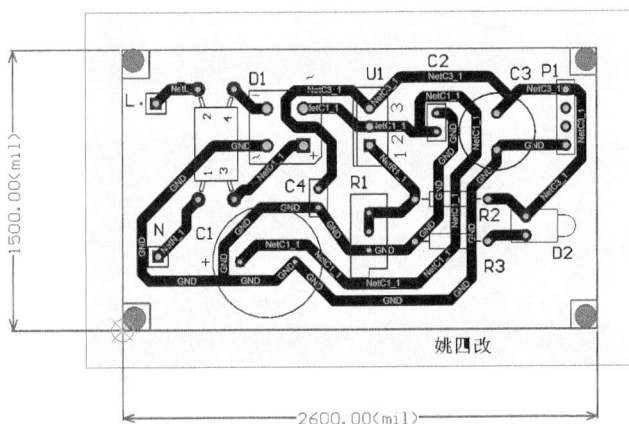

图 3-2　稳压电源单面板

值得提醒的是，学生设计出来的稳压电源单面 PCB 板图在细节上或多或少会与笔者这里展示的有所区别，没有必要跟书中的一模一样，只要符合 PCB 制板对布局、布线通用要求和特定的制成工艺技术要求就可以。

教学方式

采用项目引领，任务驱动，可以将设计出来的稳压电源实物展示给学生，以提高学生学习兴趣，增强学生学习的目的性，教学过程以"教学做"一体化的方式来完成，先在计算机上设计好稳压电源单面 PCB 板图，教师评价其优劣，学生加以改进，老师发给每位学生一个大小合适单面覆铜板，学生业余时间在实验室里亲自动手制作稳压电源单面 PCB 板实物，建议 6 个学时，业余制作课时不定。

相关知识

1. 元件的封装类型

元件封装类型是为了实际元器件在印制电路板上焊接、安装、维护服务的，必须保证在印制电路板上给该元器件预留足够位置空间，焊盘形状大小要保证元器件引脚插得进去、焊盘与元件引脚一一对应、焊盘间距与元件引脚间距保持一致等。一个封装类型对应一个封装名称，元件封装类型包含了元件的外形长宽尺寸、焊盘尺寸、引脚信息（名称、数量、长短、间距、电气特性）等基本信息。在 Altium Designer 2014 的环境中，绘制电路原理图所用的每个元件基本都有一种默认的封装类型。

每张原理图中的每个元件都必须含有元件封装相关信息，即在原理图中双击任何一个元器件，其元件属性对话框右下角【Models】部分都应含有 Footprint 模型，且其前面的模型名称不能为空，如图 3-3 所示，选取元件封装时尽量符合以下条件。

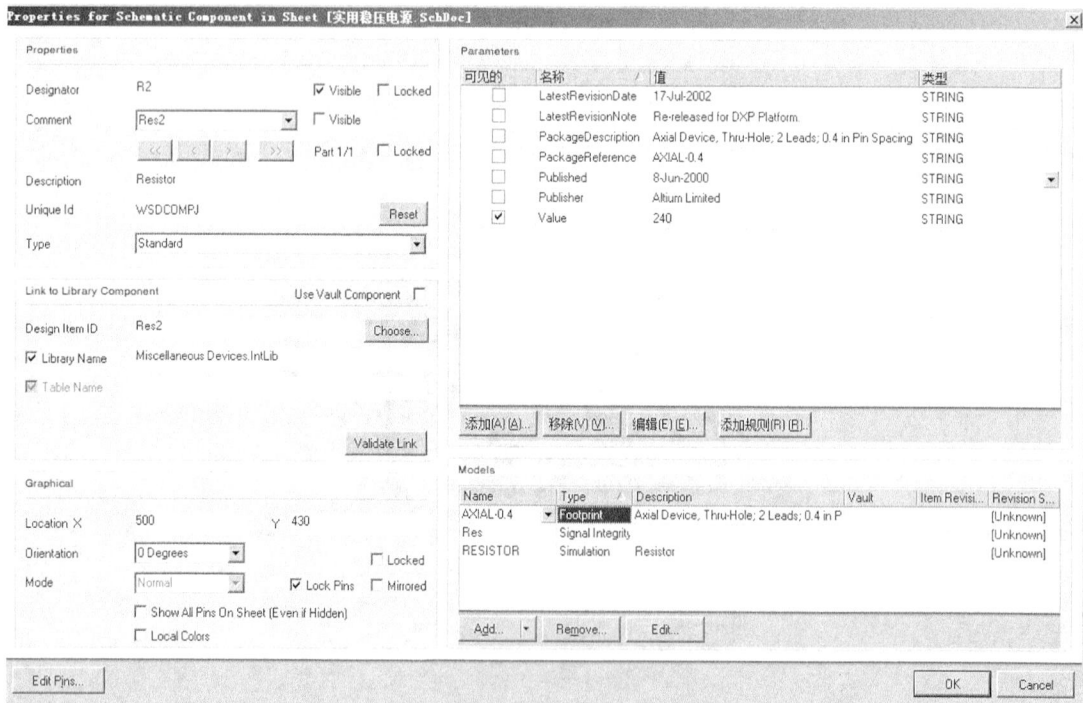

图 3-3　元件属性对话框

（1）选择市面上容易购买到的封装形式（元件型号）。

（2）尽量选择价格便宜的封装形式。选择便宜的封装形式是以保证性能为前提的，如果一味考虑产品成本而不能保证产品性能，则会导致产品返修率过高，从而增加维修成本。

（3）结合外壳机箱大小和散热要求选择合适的封装形式。

（4）选择组装方便、焊接可靠的封装形式。

（5）选择方便测试和维修的封装形式。

2. 元件布局

根据电路原理图，按照信号走向逐个安排各电路元器件的位置，以电路核心元器件为中心，其他元器件围绕电路核心元器件进行布局。信号的流向一般从左到右或从上到下，元器件放置相互平行或垂直排列，整体要求整齐、美观、紧凑，模拟部分元件与数字部分元件尽量分开，高频信号与低频信号尽量分开，输入信号和输出信号尽量分开。

（1）元器件距印制电路板边缘的距离。一般情况下，元器件距印制电路板边缘的距离至少等于板厚。如果印制电路板需要使用导轨槽进行流水线插件、贴片、波峰焊或回流焊，则所有元器件应放置在离板子边缘约 5mm 处。

（2）元器件布局层面。在通常条件下，所有元器件均应放置在印制电路板的同一面上，只有在顶层元器件过密时，才能将一些高度有限并且发热量小的器件，如贴片电阻、贴片电容、贴片 IC 等放在底层。

（3）元器件布局顺序。首先放置装配时对位置要求较高的元器件，如电源插座、指示灯、开关、连接件等，放置好后用软件的"锁定"功能将其锁定，使之以后不会被误移动，然后放置特殊元器件和大的、重的元器件，如发热元器件、变压器、IC 等，最后放置小器件，如电阻、电容、二极管等。

（4）特殊元器件布局。高频电路中元器件连线尽可能短，尽量加大高电位差元器件引脚间的距离，带有高电压的元器件尽量放置在人手不易触及的位置，发热元器件应远离热敏元器件，重量过大的元器件应该有支架固定或不安装在印制板上。

提示：对于电位器、可变电容器、可调电感线圈或微动开关等可调元器件的布局，应考虑整机的结构要求。机外调节的元器件要与调节旋钮位置相对应，机内调节的元器件应放置在印制电路板上便于调节的地方。

📍 项目目标

在项目 1 实用稳压电源电路的基础上设计其印刷电路板图，亲自动手做出自己的第一块 PCB 板。实用稳压电源电路板制作技术指标要求如下。

（1）单面板，电路板尺寸为 3000mil×1900mil，禁止布线区与板子边沿的距离为 200mil。

（2）电路图中所有元器件均采用插针式封装。

（3）焊盘之间允许走一根铜膜导线，最小间距为 30mil。

（4）最小铜膜导线宽度为 60mil，导线拐角为 45°。

（5）对 PCB 进行设计规则检查。

（6）在四角放置 4 个安装孔，孔径为 120mil。

任务 3.1 元件封装类型

3.1.1 浏览系统元件封装库

（1）打开集成元件库。执行【文件】→【打开】命令，打开路径 AD14.2.3\Library 中的集成库文件"Miscellaneous Devices.IntLib"，如图 3-4 所示，出现【摘录源文件或安装文件】对话框如图 3-5 所示，单击【摘取源文件】按钮。

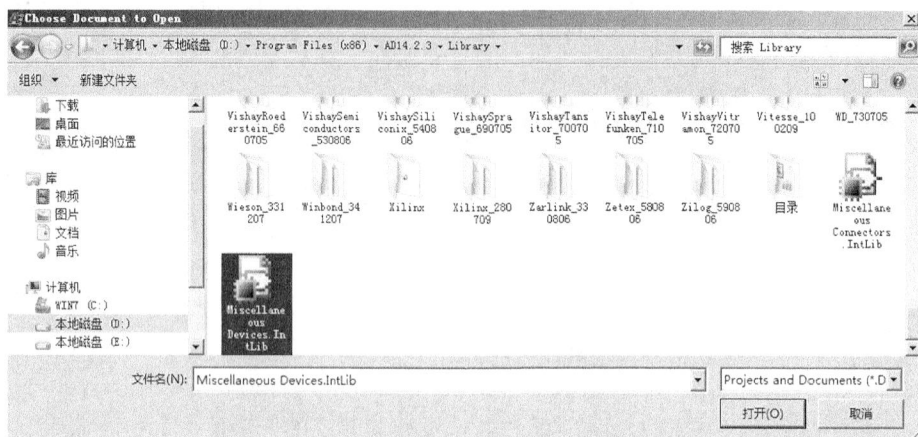

图 3-4 【Choose Document to Open】对话框

（2）打开项目工作面板，库文件 Miscellaneous Devices. LibPkg 中包含有两个文件，如图 3-6 所示。双击 Miscellaneous Devices.PcbLib 文件名，系统打开如图 3-7 所示封装库环境。

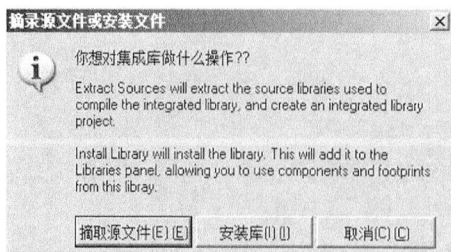

图 3-5 【摘取源文件或安装源文件】对话框

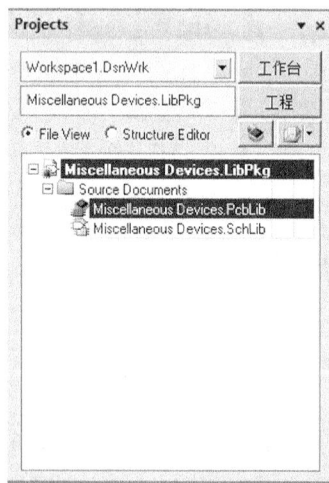

图 3-6 摘取后项目工作面板显示

（3）在图 3-7 中单击左侧的 PCB Library 工作面板，拉动滚动条，单击每一个封装名称，浏览 Miscellaneous Devices.PcbLib 中所有封装类型。

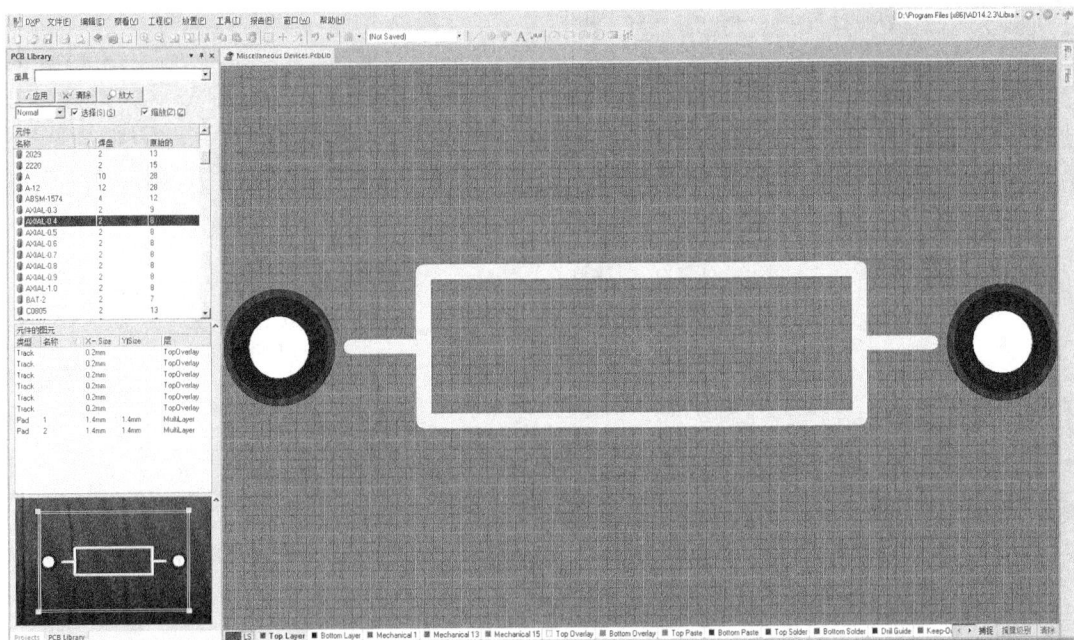

图 3-7　浏览 PCB 封装库

PCB Library 工作面板由 3 部分组成，即屏蔽、元件、图元。屏蔽部分一般不用改变；元件栏部分给出了封装的名称、焊盘个数、图元组成个数；图元栏给出组成该封装的具体图元，而▉▉则指定了该封装形式的具体参考点位置。

提示：① 所有的封装形式均由焊盘、图元、参考点组成。

② 红色焊盘的封装为表面贴装式封装形式，适用于回流焊生产工艺；灰色焊盘的封装为插针式封装形式，适用于波峰焊生产工艺。

3.1.2　检查电路图中各元件的封装形式

（1）执行【文件】→【打开工程】命令，打开项目 1 "实用稳压电源.PrjPCB"，项目中所绘制的"实用稳压电源.SchDoc"也一同被打开。

（2）双击电路图中的第一个元件"N"，弹出【元件属性】对话框，如图 3-8 所示，其 Footprint 栏有 "PIN1" 封装类型（不能空白）。单击右下角【Edit】按钮，弹出如图 3-9 所示【PCB 模型】对话框，这个 "N" 元件有 PIN1 封装类型名、能打开看得见封装形状且符合我们要求，所以单击右下角【确定】按钮保留下这个封装类型。

依次检查完稳压电源电路中的所有元器件，这个电路简单，电路中所有元件均有默认的封装名、每个封装要能打得开、看得见、且符合我们要求。

在此电路中要特别注意元件 R1 的元件引脚与其封装类型的引脚关系。在电路原理图中双击电阻 R1，打开其属性对话框，单击 Edit Pins... 按钮，选中数量列，如图 3-10 所示，单击【确定】按钮后电路原理图 3-1 中电阻 R1 的 3 个引脚就可显示出来，如图 3-11 所示，而 R1 的封装指定的是 VR5，如图 3-12 所示，二者没有对应起来，直接使用电路板会有问题。此时需要修改 R1 原理图中的引脚顺序，依然要打开 R1 属性对话框，单击 Edit Pins... 按钮，调出元件引脚编辑器，修改元件引脚标识，如图 3-13 所示。这样就可保证 SCH 与 PCB 中引脚一一对应了。

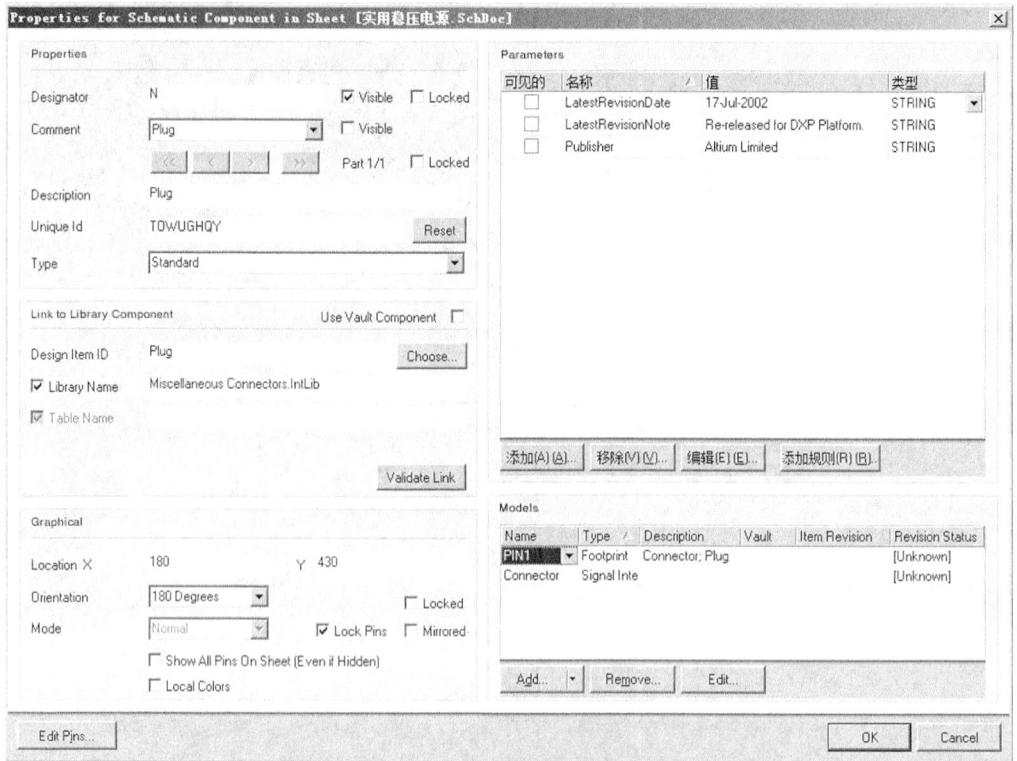

图 3-8　【元件属性】对话框

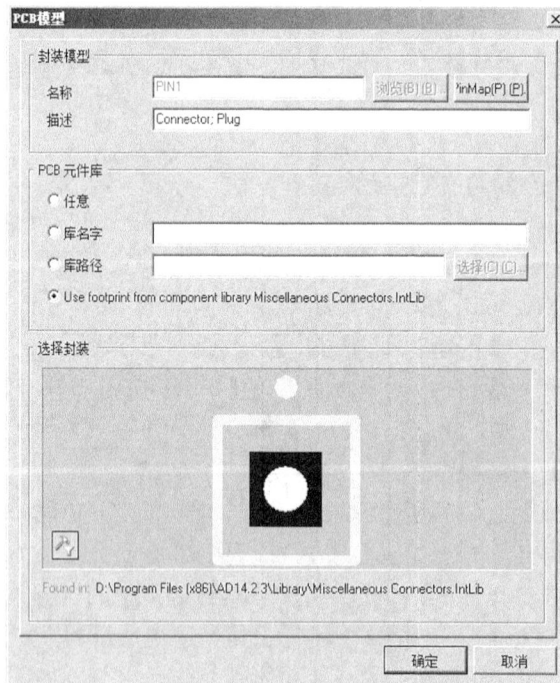

图 3-9　【PCB 模型】对话框

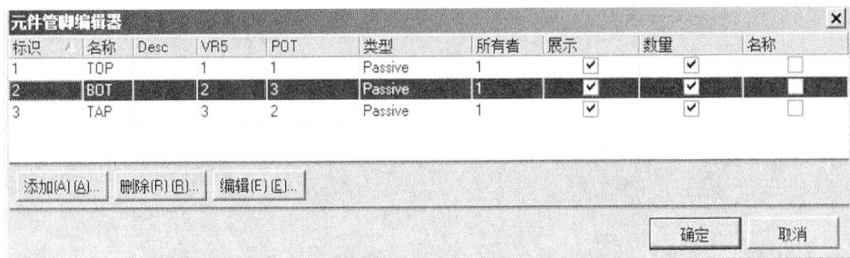

图 3-10　R1 的引脚修改前

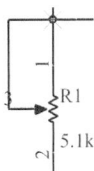

图 3-11　R1 引脚号　　　　　　　　　　图 3-12　VR5 封装引脚号

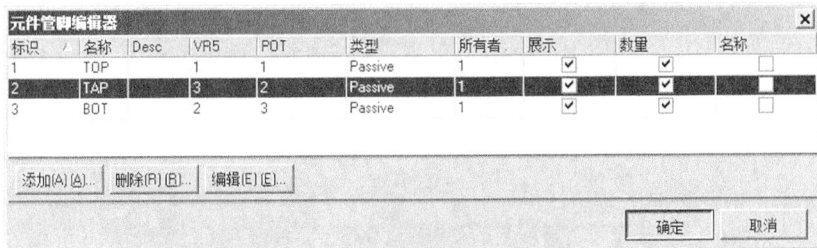

图 3-13　修改 R1 原理图的引脚号

任务 3.2　自动规划印刷电路板形状

（1）执行【文件】→【打开工程】命令，打开项目 1 文件"实用稳压电源.PrjPCB"。

（2）单击【Files】工作面板，单击☆按钮收起一部分工作面板内容，选择【Files】工作面板最下面的"PCB Board Wizard"选项，启动 PCB 板向导功能，如图 3-14 所示。

（3）选择电路板单位。单击图 3-14 中的【下一步】按钮，进入【选择板单位】页面，如图 3-15 所示。系统提供两种单位：一种是英制，即 mil；另一种是公制，即 cm。

（4）选择电路板配置文件。单击图 3-15 中的【下一步】按钮，进入【选择板剖面】页面，如图 3-16 所示。Altium Designer 2014 提供了很多种工业制板的规格，用户可以根据自己的需要进行选择。这里选择"Custom"选项，自定义电路板的配置文件。

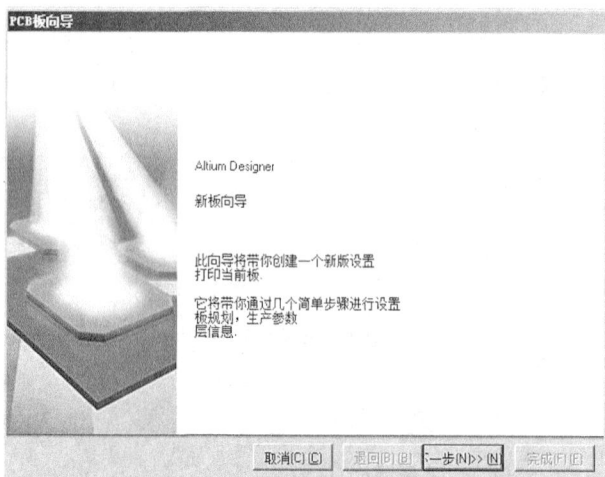

图 3-14　启动的 PCB 板设计向导

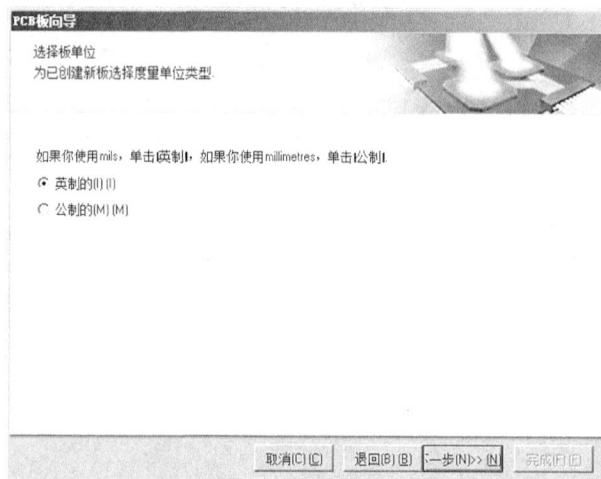

图 3-15　【选择板单位】页面

图 3-16　【选择板剖面】页面

（5）选择电路板详情。单击图 3-16 中的【下一步】按钮，进入【选择板详细信息】页面，输入板子尺寸、元件与板子边的距离，选中【尺寸线】复选框，按照图 3-17 所示进行设置。

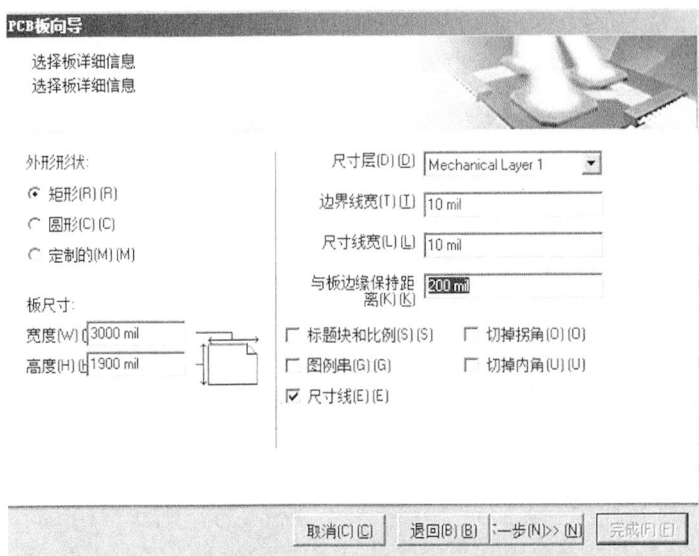

图 3-17　【选择板详细信息】页面

（6）选择电路板层。单击图 3-17 中的【下一步】按钮，进入【选择板层】页面，单面板只有一个信号层[底层（Bottom Layer）]，所以请按图 3-18 所示进行设置。

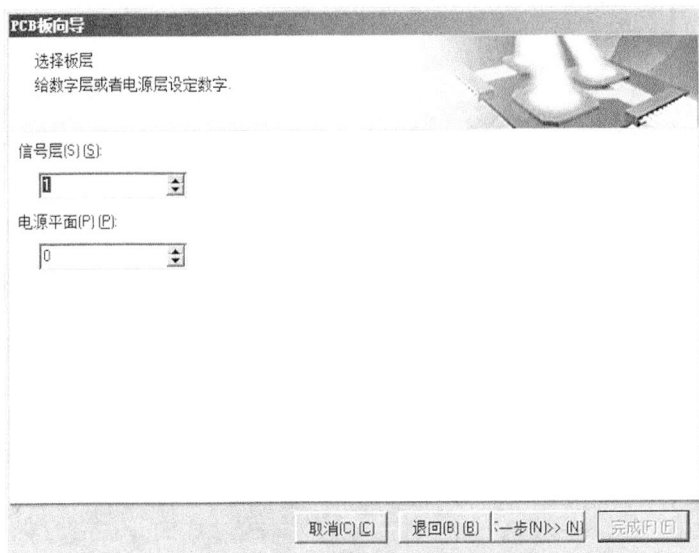

图 3-18　【选择板层】页面

（7）选择过孔风格。单击图 3-18 中的【下一步】按钮，进入【选择过孔类型】页面，因为前面制板技术要求电路中所有元件均采用插针式元件，又是单面板，所以按照图 3-19 所示进行设置。

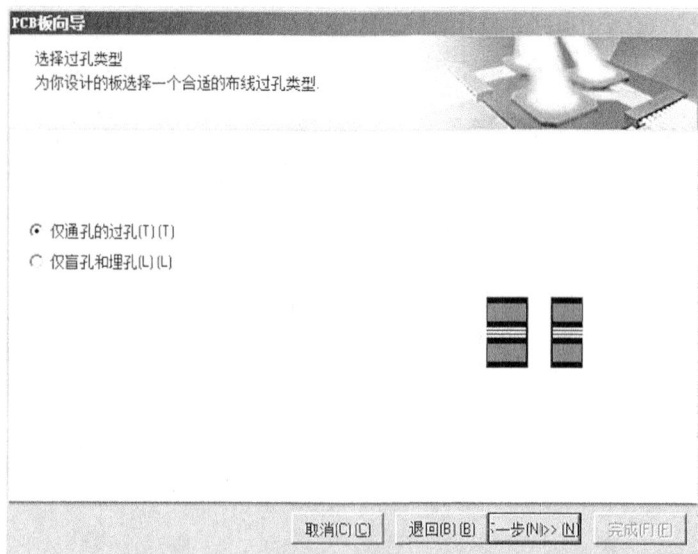

图 3-19　【选择过孔类型】页面

提示：盲孔和埋孔只可能在多层板中存在。

（8）选择元器件和布线逻辑。单击图 3-19 中的【下一步】按钮，进入【选择元件和布线工艺】页面，按照前面的制板技术要求，其参数的设置如图 3-20 所示。焊盘之间允许走一根铜膜导线，满足 PCB 设计技术条件的要求。

图 3-20　【选择元件和布线工艺】页面

（9）选择导线和过孔尺寸。单击图 3-20 中的【下一步】按钮，进入【选择默认线和过孔尺寸】页面，按照前面制板技术要求的第三、四条，其参数的设置如图 3-21 所示。

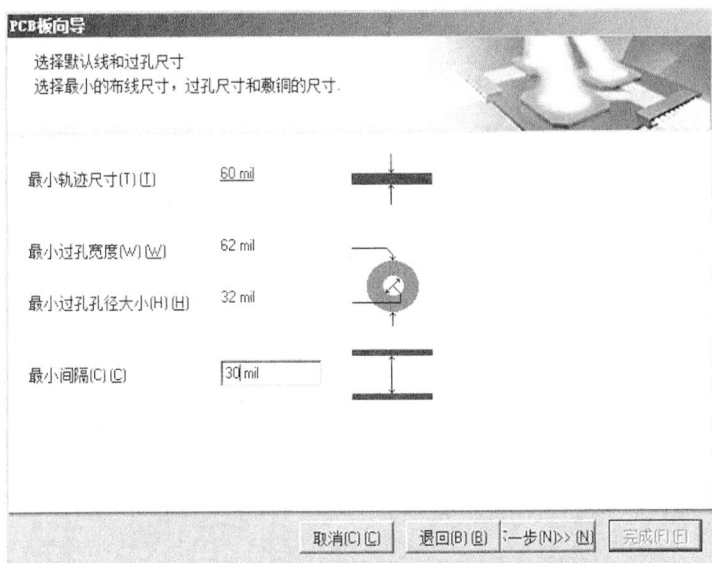

图 3-21 【选择默认线和过孔尺寸】页面

（10）完成 PCB 的创建。单击图 3-21 中的【下一步】按钮，进入图 3-22 所示的页面完成电路板规划。单击【完成】按钮，从项目工作面板可以看到成功新建了一个 Free Documents（自由文档）PCB 文件，如图 3-23 所示。

图 3-22 【电路板向导完成】页面

（11）将新建 PCB 文件追加到工程中。用鼠标对准新建 PCB 文件名，按住左键不松开，将该 PCB 文件拖到"实用稳压电源.PrjPCB"工程中再松开鼠标左键，并对新建 PCB 文件进行"另存为"操作，完成电路板的自动规划工作，如图 3-24 所示。

提示：必须将项目文件、电路原理图文件和 PCB 文件保存在同一路径中的项目文件夹中。

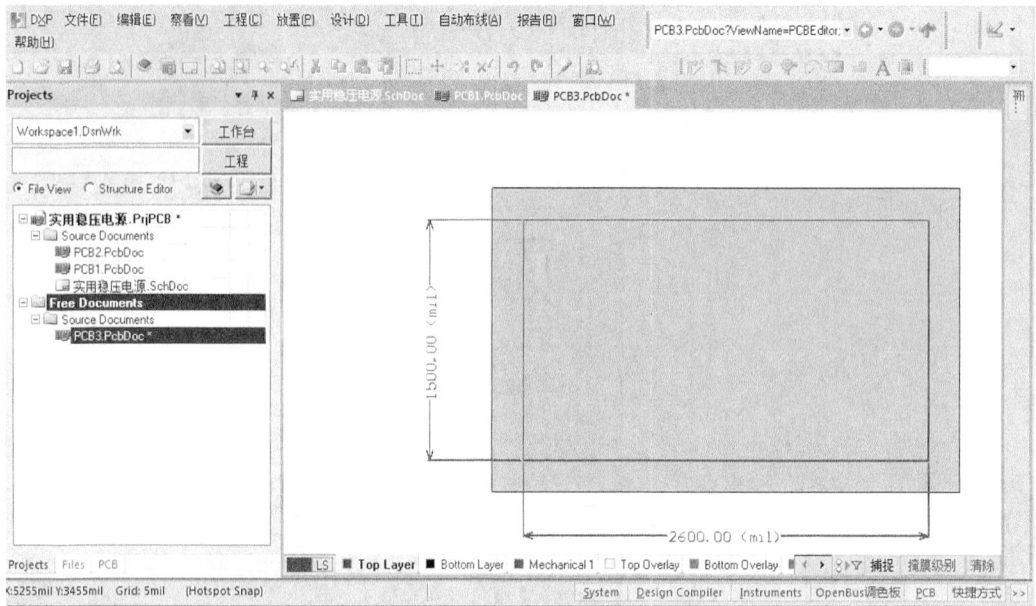

图 3-23　新建的 PCB 文件

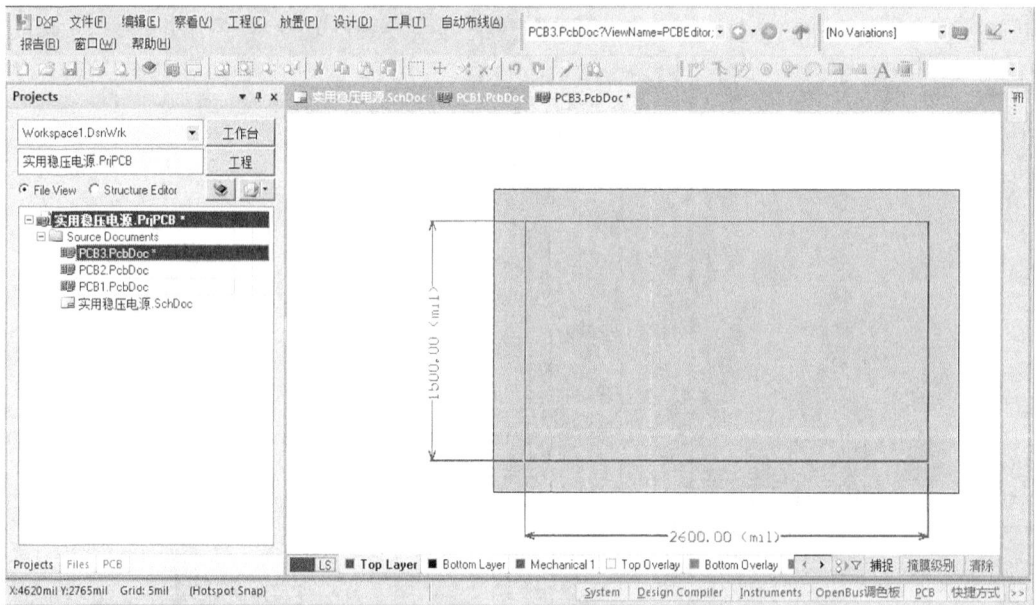

图 3-24　追加到工程并保存

任务 3.3　设置 PCB 环境参数

1. 设置图纸参数

对准新建 PCB 板右击，弹出如图 3-25 所示的快捷菜单，执行【跳转栅格】→【栅格属性】命令，弹出【栅格属性】对话框，按照如图 3-26 所示，将栅格步进值 X 和 Y 值改为 "10mil"，显示增效器改为 "2×栅格设置"，如图 3-26 所示。

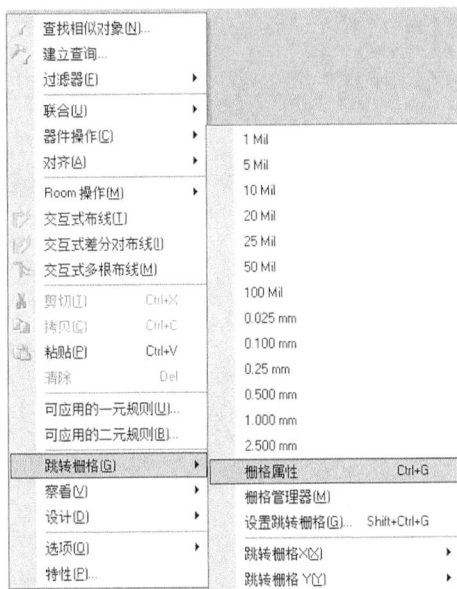

图 3-25　执行【栅格属性】命令

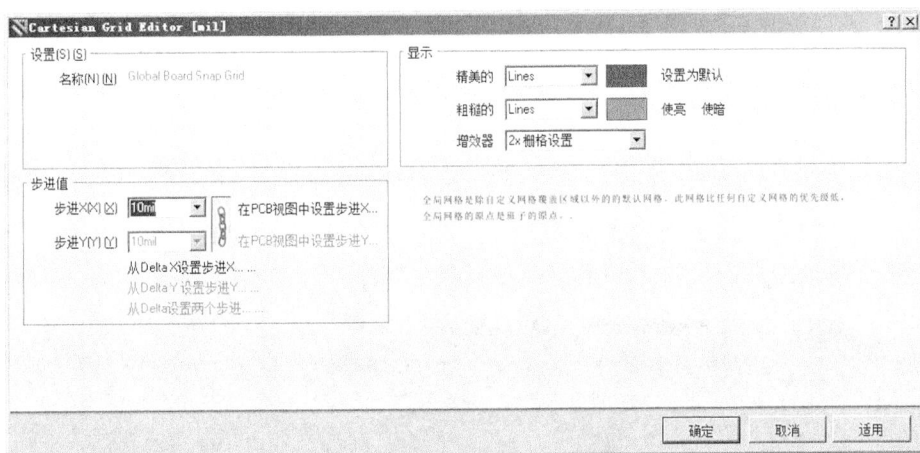

图 3-26　【栅格属性】对话框

2．设置板层和颜色

（1）执行【设计】→【板层颜色】命令，弹出【视图配置】对话框，机械层只用"机械 1"层，取消两个有关 DRC 后的"√"，加上"Pad Holes"、"Via Holes"后的"√"，其他不变，如图 3-27 所示。

（2）单击【确定】按钮后 PCB 设计环境的板层显示如图 3-28 所示。鼠标单击板层名可改变当前板层，用键盘上的【+】、【－】键也可改变当前板层。

3．设置系统参数

（1）执行【工具】→【优先选项】命令，弹出【参数选择】对话框，PCB 相关参数可以由该对话框的【PCB Editor】选项来设置，在 PCB 设计中经常需要将某一元器件固定在 PCB 板的某一位置上，所以最好将【参数选择】对话框中【General】页的【保护锁定的对象】复选框选上，如图 3-29 所示。

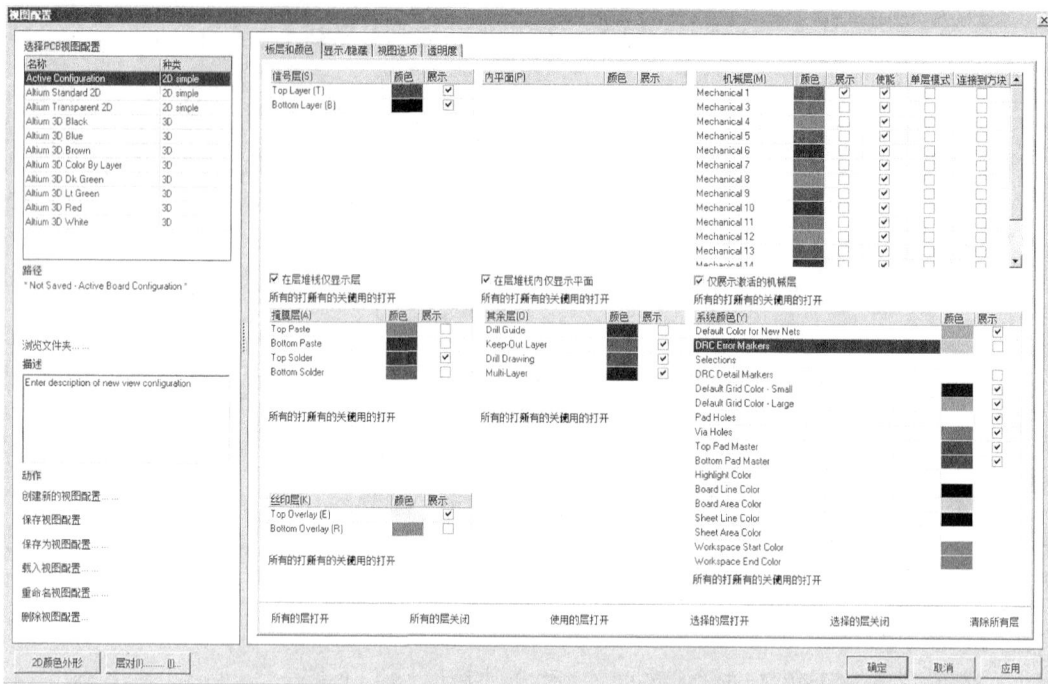

图 3-27 【视图配置】对话框

图 3-28 显示板层

（2）在图 3-29 所示【参数选择】对话框中，【PCB Editor】选项的【True Type Fonts】页的【置换字体】内容改为"@仿宋"或其他自己喜欢的字体，如图 3-30 所示。

图 3-29 【参数选择】对话框 1

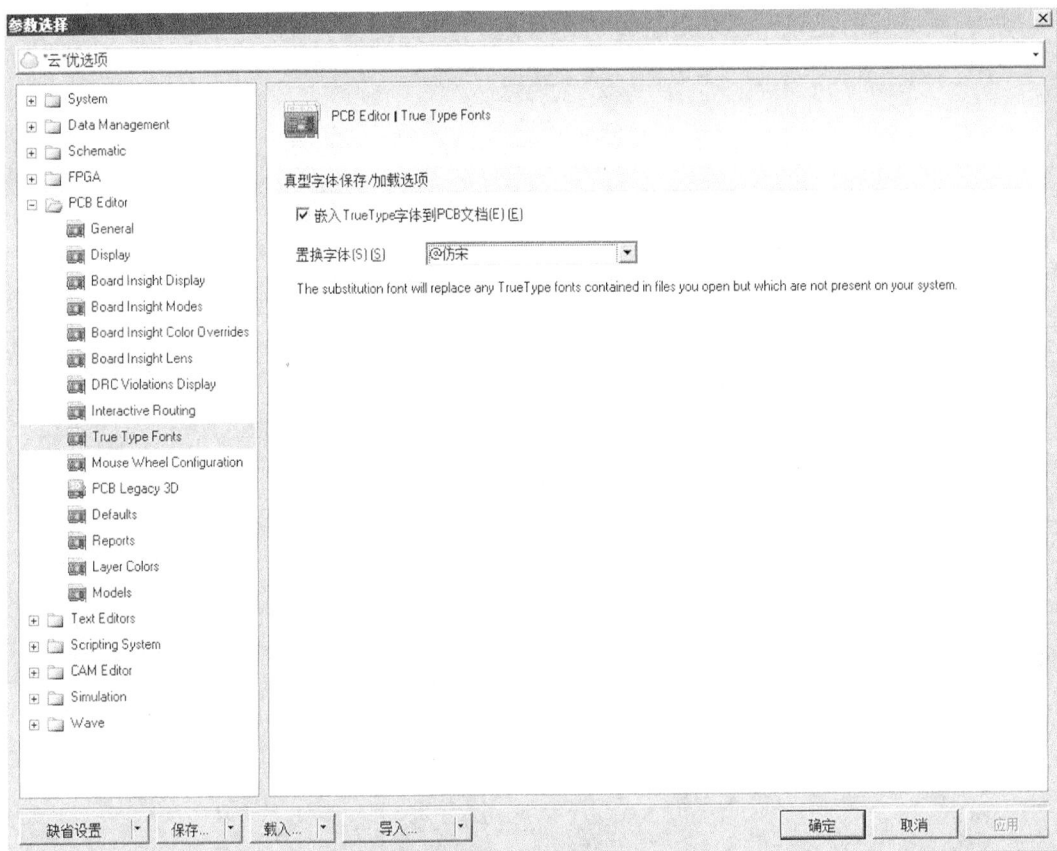

图 3-30　【参数选择】对话框 2

提示：一般情况下，其他各选项内容均可采用默认设置。

（3）在 PCB 设计过程中坐标原点一般要设定并显示出来，执行【编辑】→【原点】→【设定】命令，"十"字形工作光标移到 PCB 板左下角处单击就确定了坐标原点位置。

任务 3.4　实用稳压电源 PCB 单面板设计

3.4.1　将原理图封装和网络关系载入到 PCB 中

（1）将"实用稳压电源.PcbDoc"设为当前文档。

（2）执行【放置】→【字符串】命令，此时按【Tab】键调出如图 3-31 所示的对话框，填上自己的名字，选中粗体，单击【确定】按钮，工作光标上就会粘有自己名字的字符串，用【+】或【－】键将"Top Overlay"设为当前层，在板子右下角处放置自己名字的字符串，如图 3-32 所示。

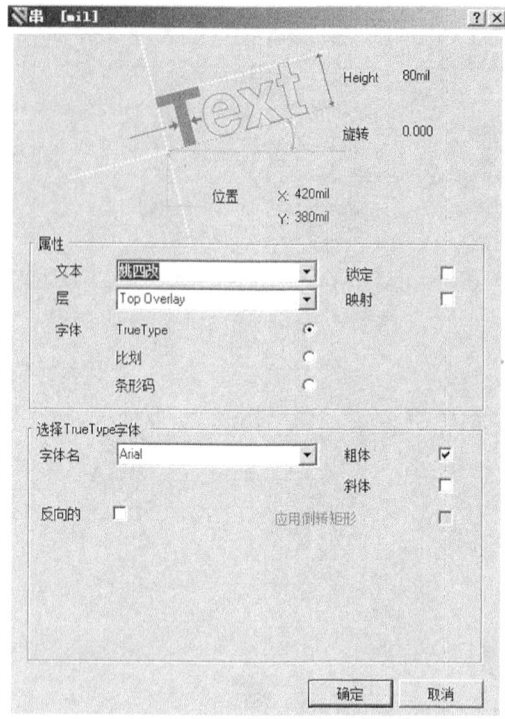

图 3-31　【串】对话框

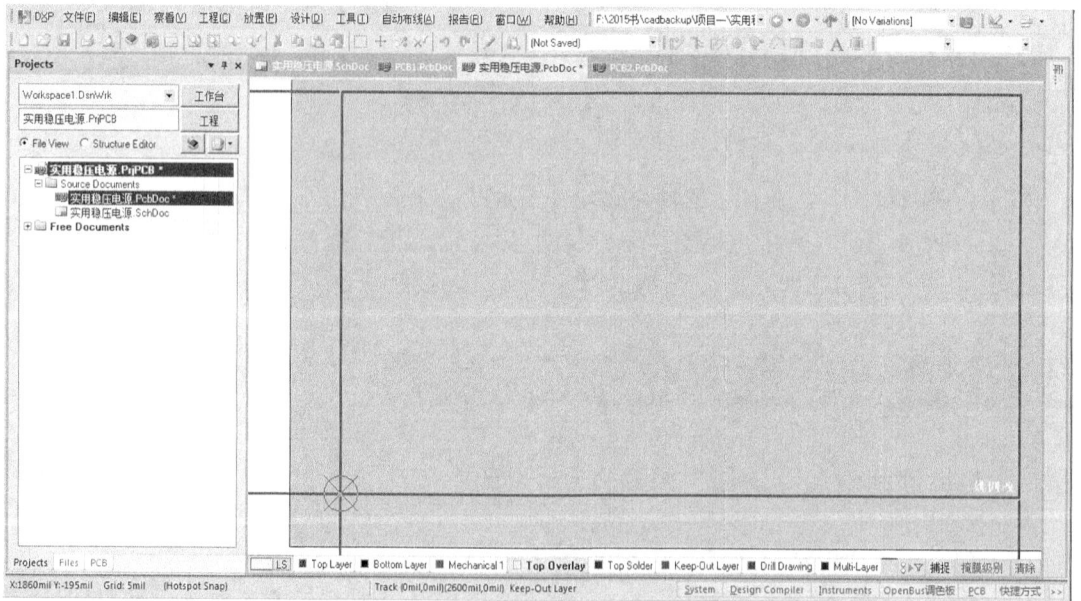

图 3-32　放置字符串

（3）执行【设计】→【Import Changes From 实用稳压电源.PRJPCB】命令，弹出【工程更改顺序】对话框，如图 3-33 所示。

（4）单击【生效更改】按钮，在【检查】列下面就会出现一列 ✅（若有 ❌，一般情况下请认真检查原理图中相关元器件封装类型 Footprint 是否有误），再单击【执行更改】按钮，系统将稳压电源电路中的元件、网络全部载入到当前 PCB 文件中，此时【工程更改顺序】对话框中的【完成】列也会出现一列 ✅，如图 3-34 所示。

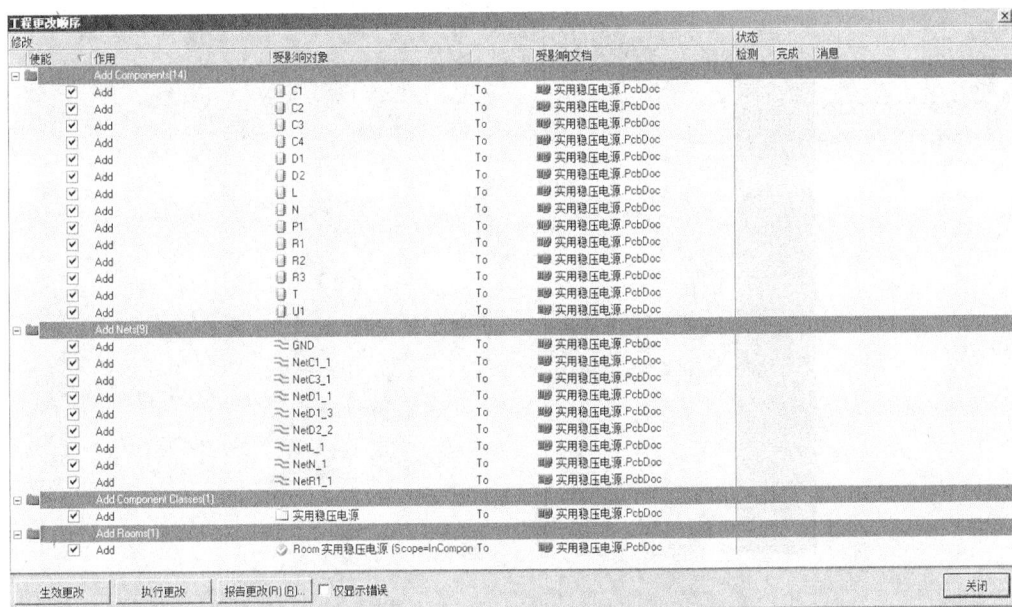

图 3-33　【工程更改顺序】对话框

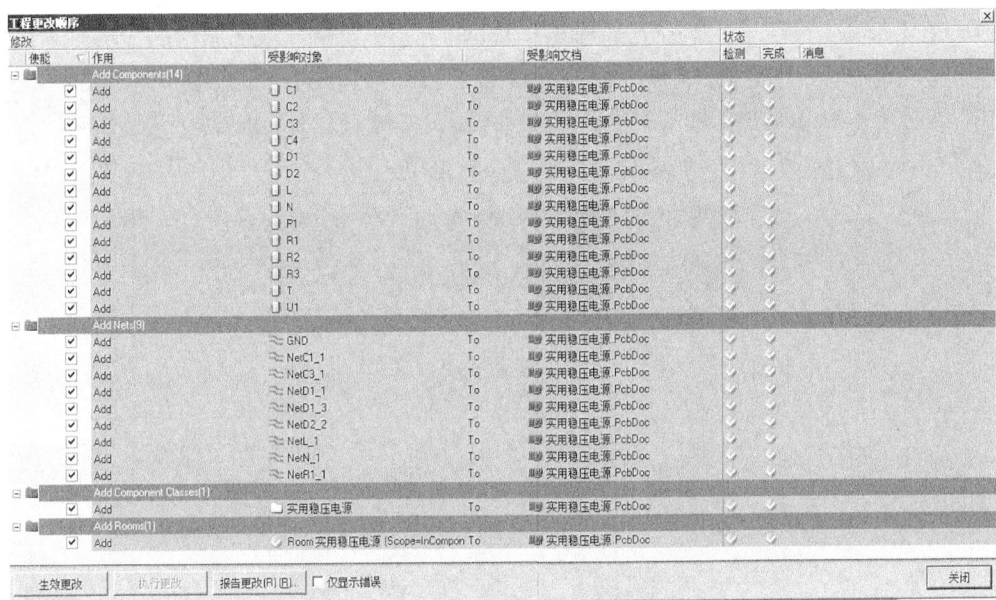

图 3-34　载入项全部正确的【工程更改顺序】对话框

（5）单击【关闭】按钮，关闭【工程更改顺序】对话框，"实用稳压电源.PcbDoc"如图 3-35 所示。

提示：① 图 3-35 中焊盘之间用"飞线"表明元器件间的电连接，即电路中的网络关系。

② 打开原理图文件"实用稳压电源.SchDoc"，执行【设计】→【Update PCB Document 实用稳压电源.PcbDoc】命令，同样可以完成封装和网络表的载入工作。

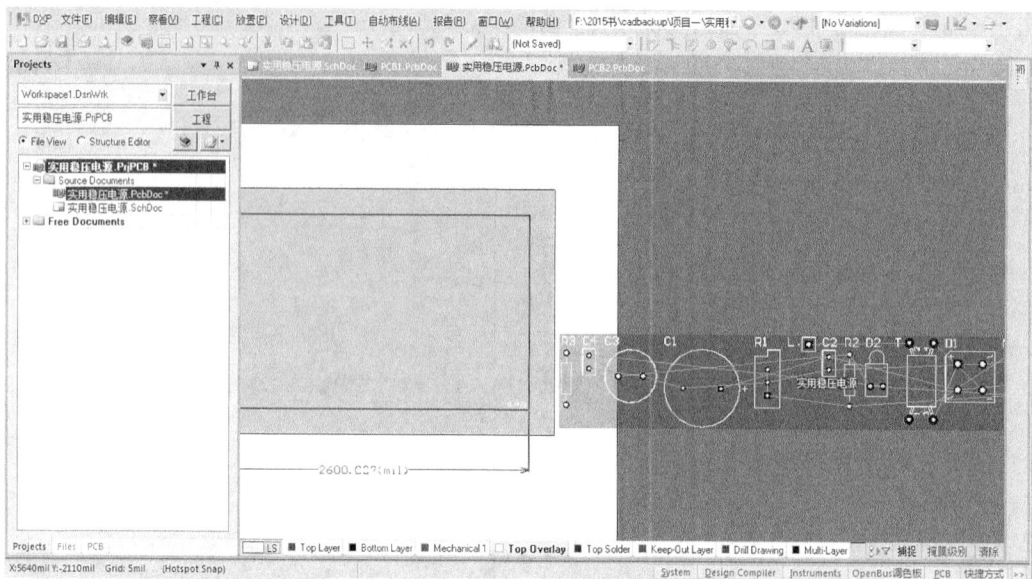

图 3-35　载入封装和网络关系完成

3.4.2　手动布局

（1）单击 Room 空间空白处，按小键盘上【Delete】键可删除 Room 空间。

（2）按照前面学过的布局原则，光标依次对准 L、N、T、D1、P1 五个元件，按住鼠标左键不松开，此时按【Tab】调出如图 3-36 所示的对话框，选中【锁定】复选框，再将它们移动到电路板相关位置后松开鼠标左键，防止这些大的、输入、输出元件位置被误动，如图 3-37 所示。

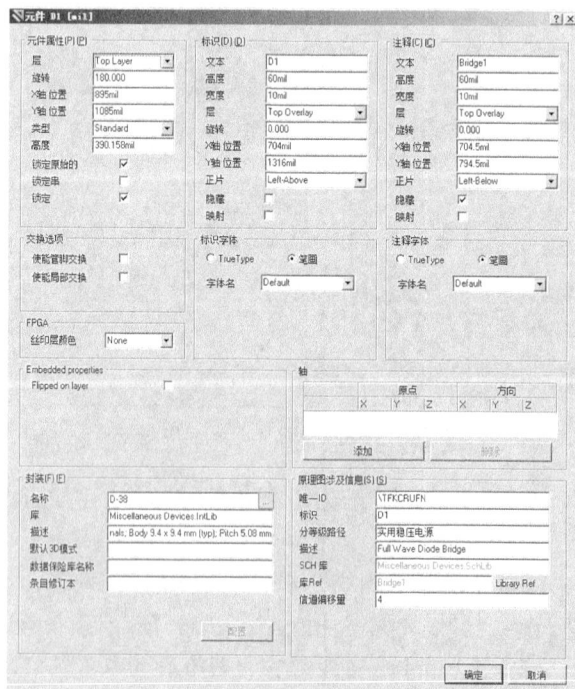

图 3-36　【元件 D1】属性对话框

（3）结合实用稳压电源原理图布局电路图中其他元器件的位置，这些元件布局时最好不要锁定，元器件布局时的飞线要短、顺畅，最终实用稳压电源电路 PCB 板手动布局的结果如图 3-38 所示，所有元器件引脚离 PCB 板边缘的距离 3mm 以上，满足布局原则。

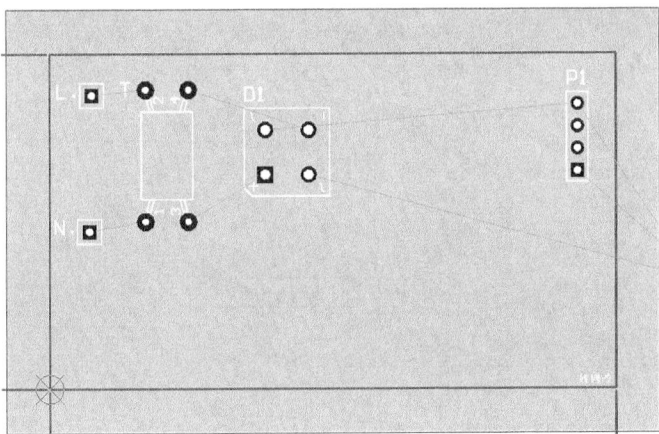

图 3-37　锁定元件

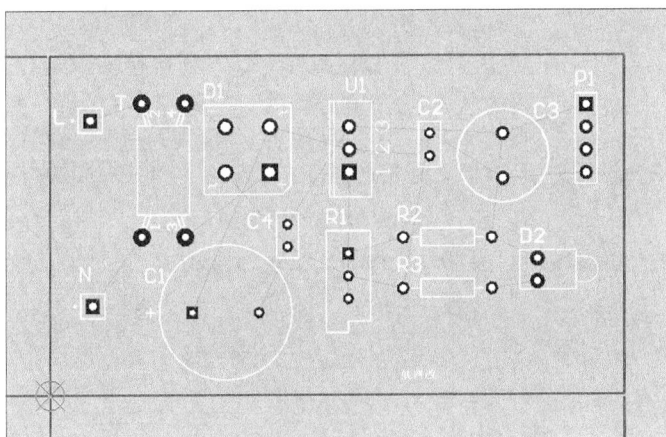

图 3-38　手动布局

（4）目前已满足设计的技术指标：电路板尺寸为 3000mil×1900mil，禁止布线区与板子边沿的距离为 200mil，电路图中所有元器件均采用插针式封装，满足了设计技术指标 1 和 2 的要求。

提示： 元器件布局时可用【Space】键进行四个方位旋转、用【X】键进行水平镜像或【Y】键进行垂直镜像，调整元器件放置过程中的位置。

3.4.3　单面自动布线

（1）执行【设计】→【规则】命令，弹出【PCB 规则及约束编辑器】对话框，展开设计规则中的电气绝缘值，已设定为"30mil"，满足了设计技术指标第三个条件的要求，如图 3-39 所示。

（2）图 3-40 中线宽已设定为"60mil"，图 3-41 中布线转角已设定为"45°"，满足了设计技术指标第四个条件的要求；图 3-42 中布线板层只选中底层（Bottom Layer）上布电线，满足了设计技术指标第一个条件单面板的要求。

图 3-39　设置绝缘间隔

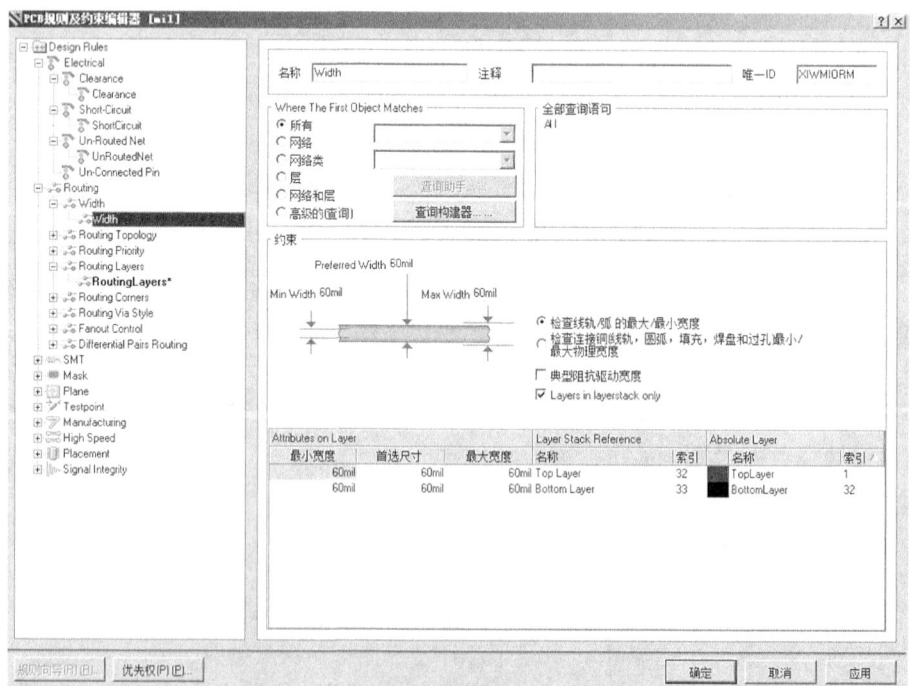

图 3-40　所有布线宽度设定为"60mil"

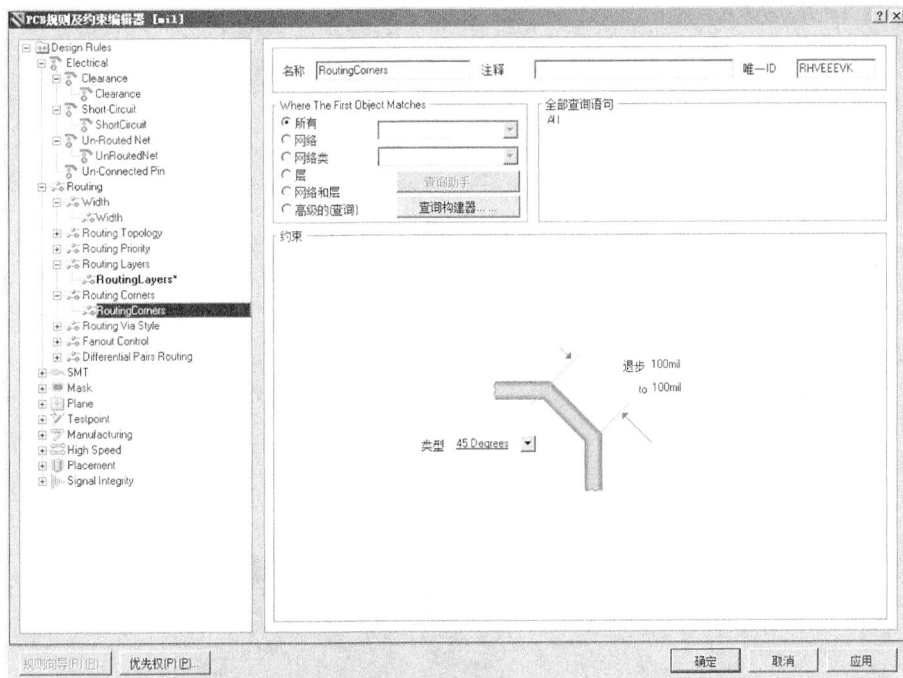

图 3-41　布线转角设置

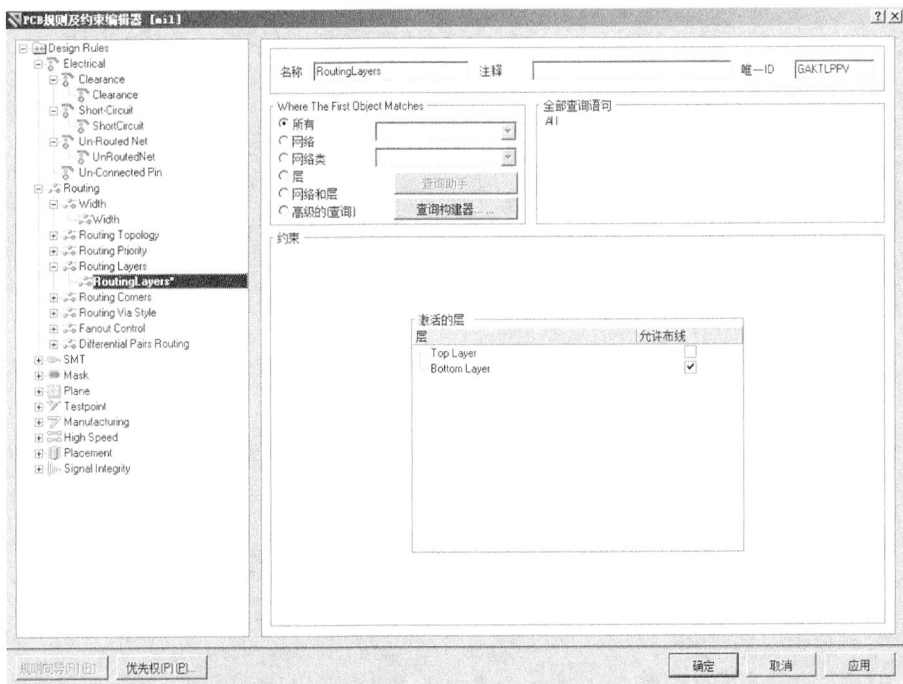

图 3-42　只在底层（Bottom Layer）上布线

（3）图 3-43 中设置丝印层到焊接掩模间距为"2mil"。

（4）执行【自动布线】→【全部】命令，弹出【Situs 布线策略】对话框，如图 3-44 所示，选中布线后取消冲突，其他用默认值，单击【Route All】按钮，系统开始布线，一般需要几十秒钟的时间才能完成。布线完成后的电路板如图 3-45 所示，其相关信息如图 3-46 所示，最后一行

Failed 信息为 0，所有网络均已布通且均布置在底层（Bottom Layer）上，完成单面板布线要求。

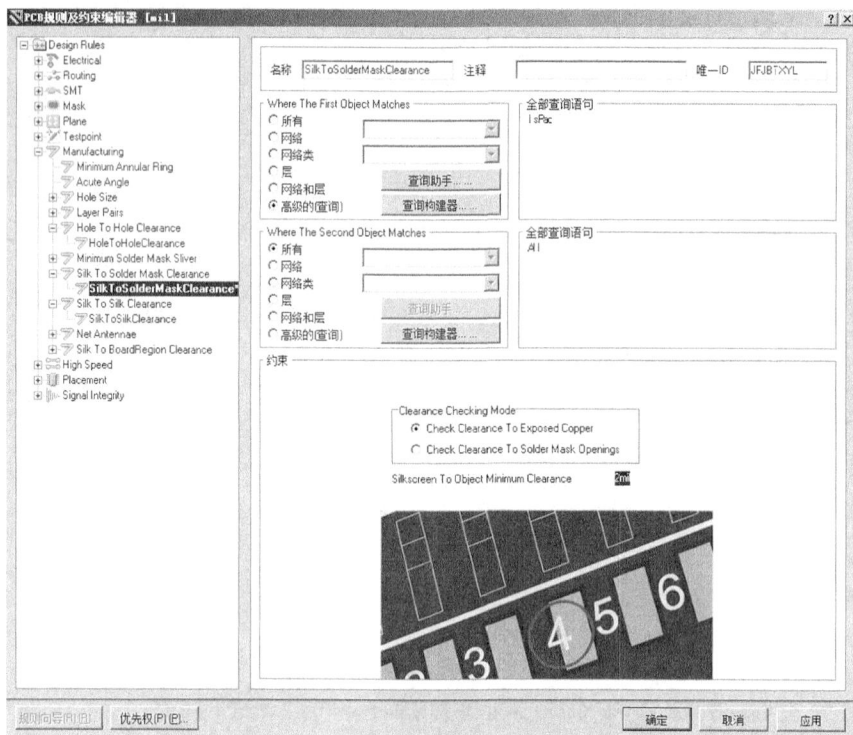

图 3-43　丝印层到焊接掩模间距

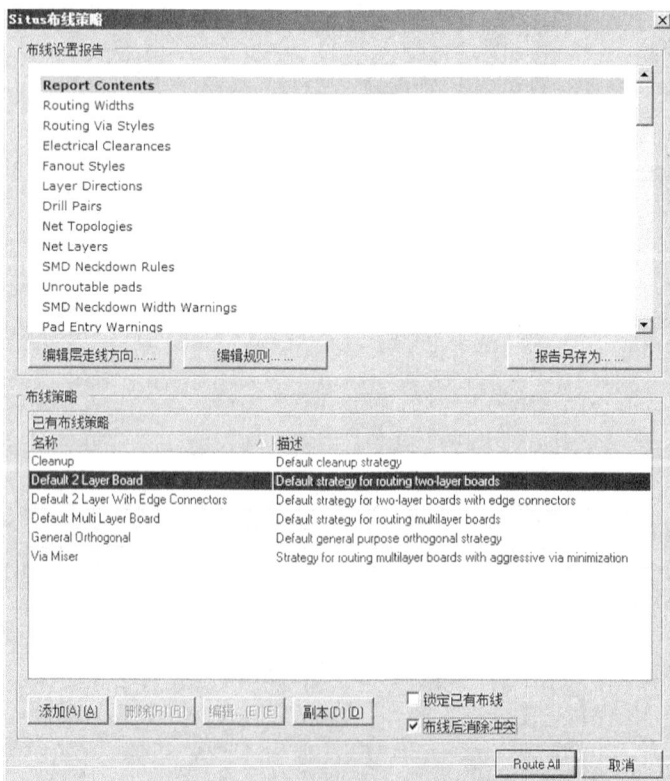

图 3-44　【Situs 布线策略】对话框

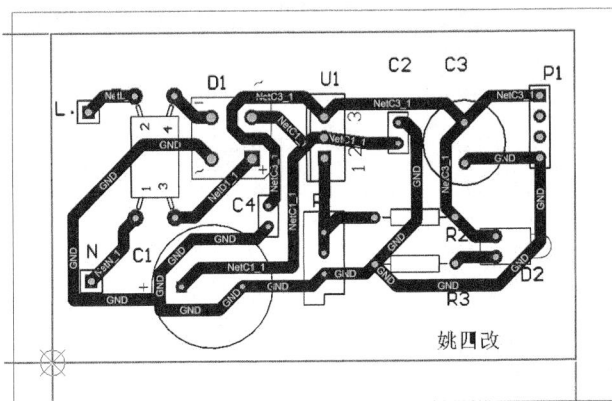

图 3-45　布线完成后的电路板

图 3-46　相关信息

（5）对 PCB 进行设计规则检查。执行【工具】→【设计规则检查】命令，弹出【设计规则检查】对话框，如图 3-47 所示，单击【运行 DRC】按钮，执行 PCB 简单规则检查。系统自动产生一个文件"Design rule check-实用稳压电源.html"，从文件内容可以看出有 11 个违反设计规则的地方，即丝印层间距有 11 个地方，如图 3-48 所示。

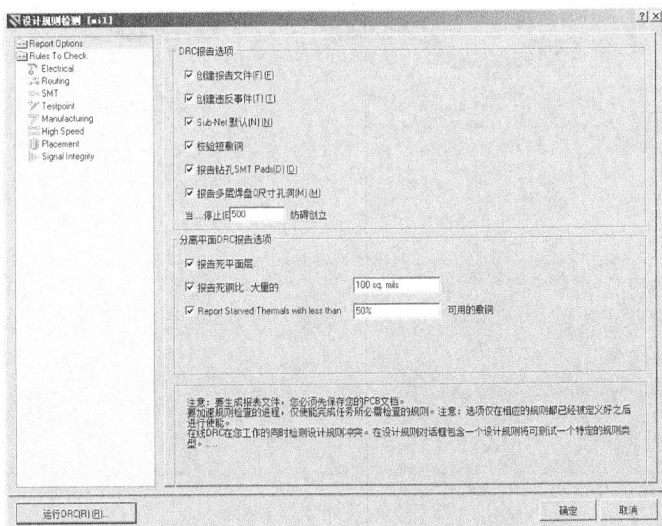

图 3-47　【设计规则检查】对话框

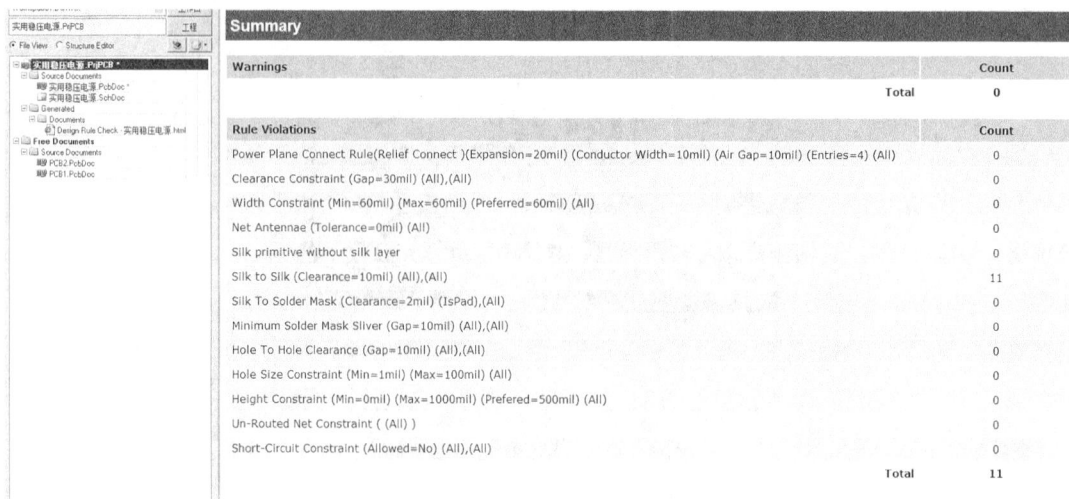

图 3-48 检测出错内容

（6）检查所有丝印层文字（黄色），将压在铜电线上的丝印层文字移开，实用稳压电源的 PCB 板图如图 3-49 所示。保存后再次执行【工具】→【设计规则检查】命令，在弹出的对话框中单击【运行 DRC】按钮，再次对该 PCB 规则进行检查，如图 3-50 所示，说明 PCB 布线基本符合预先设定的布线规则。满足 PCB 技术第 6 个条件的要求。

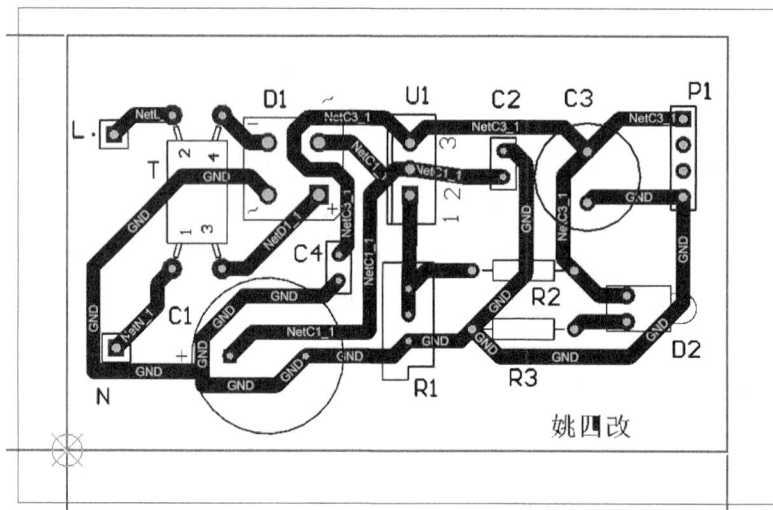

图 3-49 移动丝印层文字

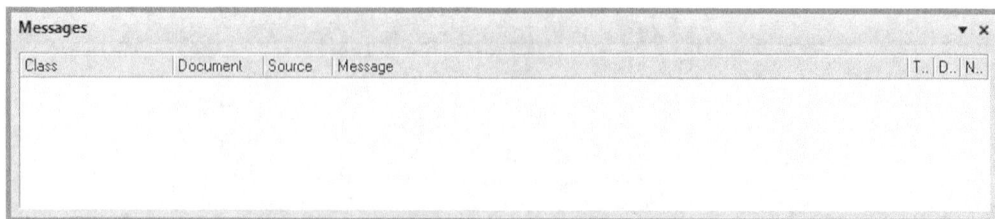

图 3-50 再次检测结果

3.4.4　PCB 板后期处理

（1）放置 4 个安装孔。执行【放置】→【过孔】命令，按【Tab】键调出【过孔】对话框，将孔尺寸、直径改为"120mil"，如图 3-51 所示，四个安装孔放置后 PCB 板如图 3-52 所示。满足 PCB 技术指标第五个条件的要求。

图 3-51　设置安装孔参数

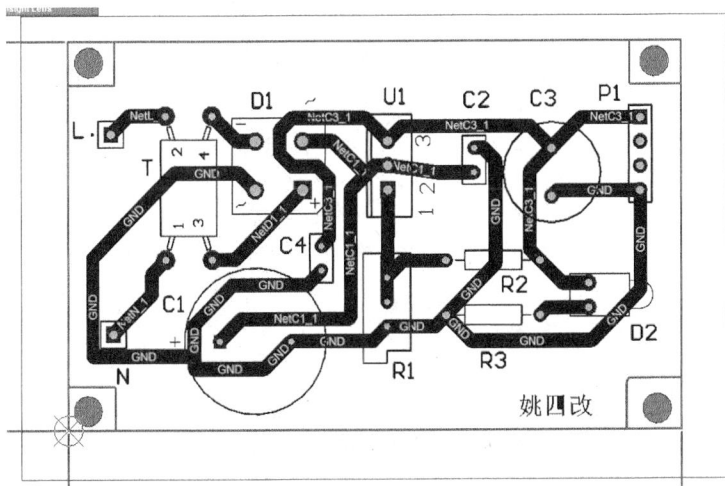

图 3-52　在板子四周放置安装孔

（2）优化布置的电线。在图 3-52 中，需要手动修改夹角小于 90 度的相邻两根布线。删除相关布线，执行【放置】→【交互式布线】命令，将工作板层改为"Bottom Layer"，重新手工布置这几根电线，修改好以后 PCB 电路板如图 3-53 所示。

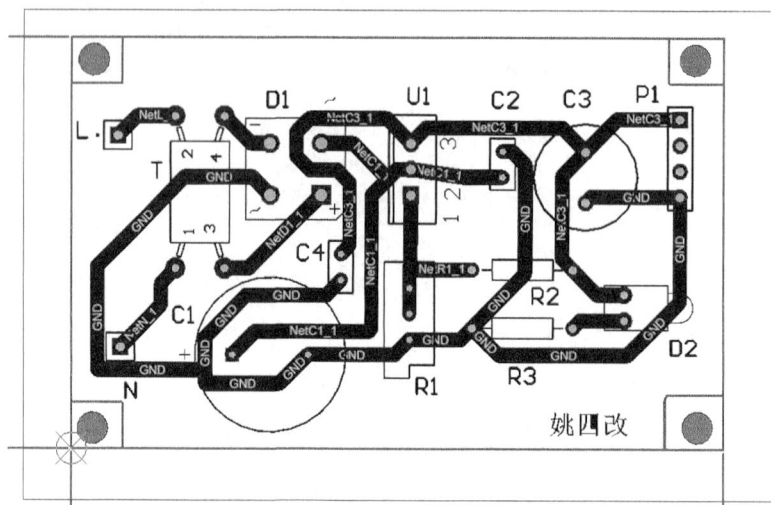

图 3-53 手动修改布线

技能链接 打印输出 PCB 板图

（1）执行【文件】→【页面设置】命令，调出【页面设置】对话框，按图 3-54 所示设置其中各项内容：【缩放模式】设置成"Scaled Print"，按 1.0（原图大小）比例打印，单色（黑白）、水平、垂直方向边距为"100mil"。

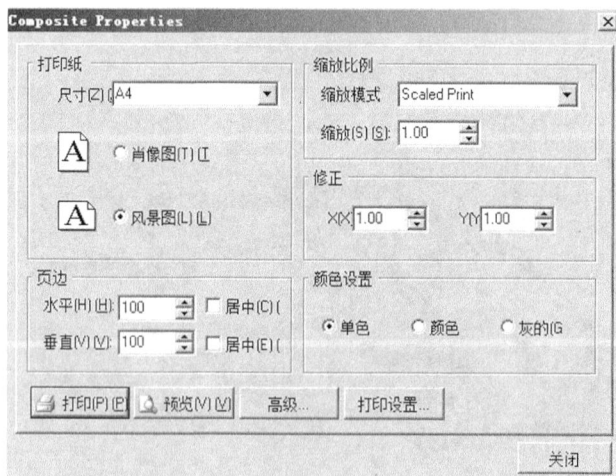

图 3-54 【页面设置】对话框

（2）单击图 3-54 中的【高级】按钮，调出【PCB 打印属性】对话框，对准【Name】栏 Top Layer 板层名称右击，在弹出的快捷菜单中执行【Delete】命令，删除 Top Layer 等层，即不打印删除的板层，只留下两个打印板层 Multi-Layer、Bottom Layer，按图 3-55 所示设置其中各项内容，单击【OK】按钮，关闭该对话框。

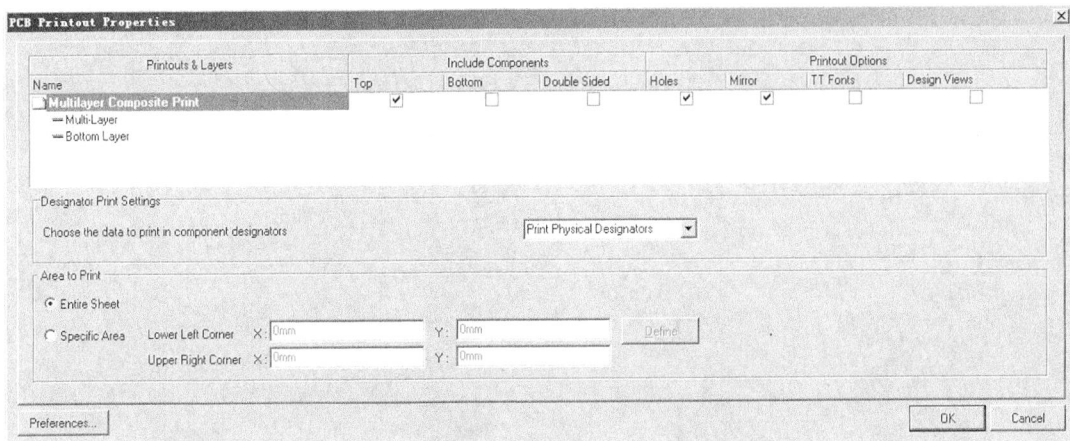

图 3-55　打印底层图的【PCB 打印属性】对话框

提示：自己手工制作 PCB 板时，打印的底层图形必须是镜像图，也就是图 3-55 中需要加上 "Mirror" 的 "√"。

（3）执行【文件】→【打印预览】命令，调出【打印预览】对话框，如图 3-56 所示。若满意则单击【打印】按钮进行 PCB 文档的打印工作。

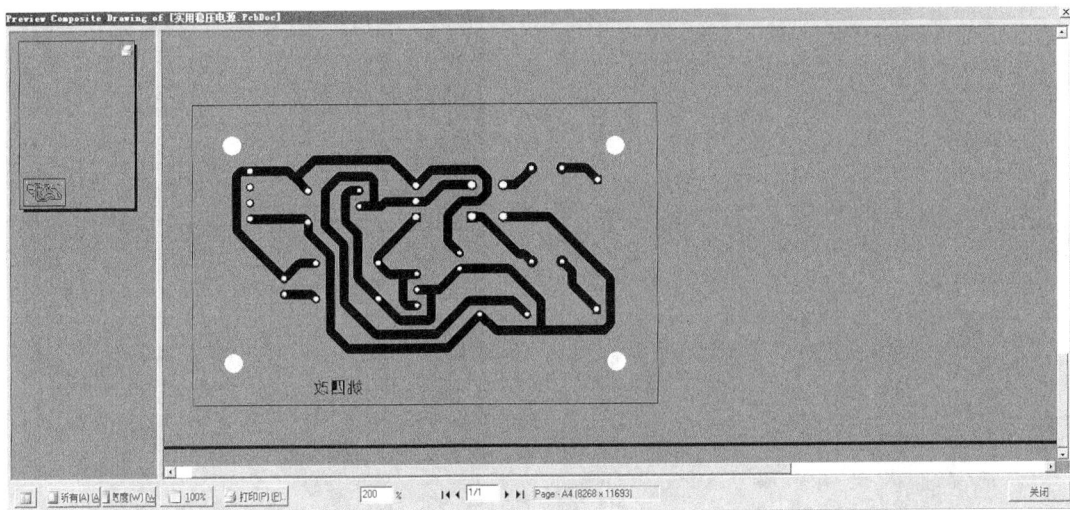

图 3-56　底层打印预览

（4）再次单击图 3-54 中的【高级】按钮，调出【PCB 打印属性】对话框，删除图 3-55 中打印的两个板层。对准【Name】栏空白处右击，调出如图 3-57 所示的快捷菜单，执行【Insert Layer】命令，在弹出如图 3-58 所示的【板层属性】对话框中选择想打印的板层，打印顶层图时【PCB 打印属性】对话框中的参数设置如图 3-59 所示。

（5）执行【文件】→【打印预览】命令，调出【打印预览】对话框，如图 3-60 所示。若满意则单击【打印】按钮进行顶层文档的打印工作。

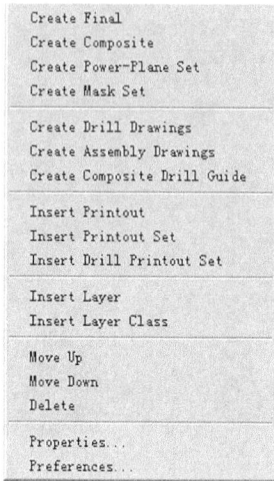

图 3-57 快捷菜单

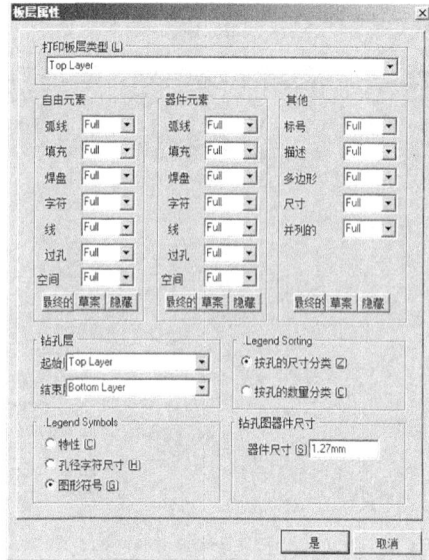

图 3-58 【板层属性】对话框

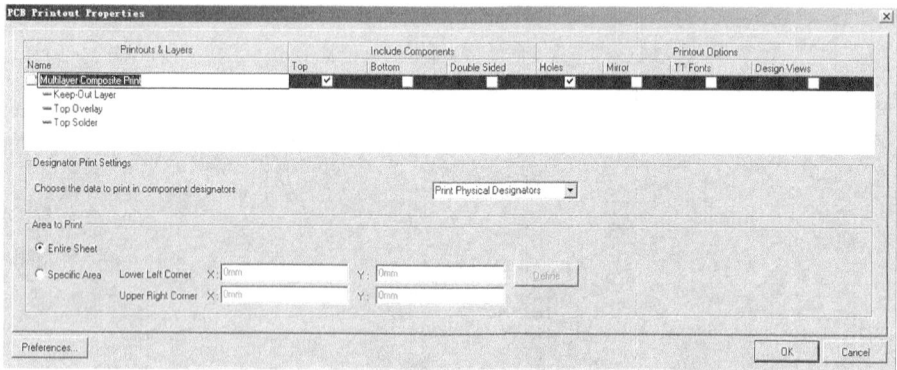

图 3-59 打印顶层图的【PCB 打印属性】对话框

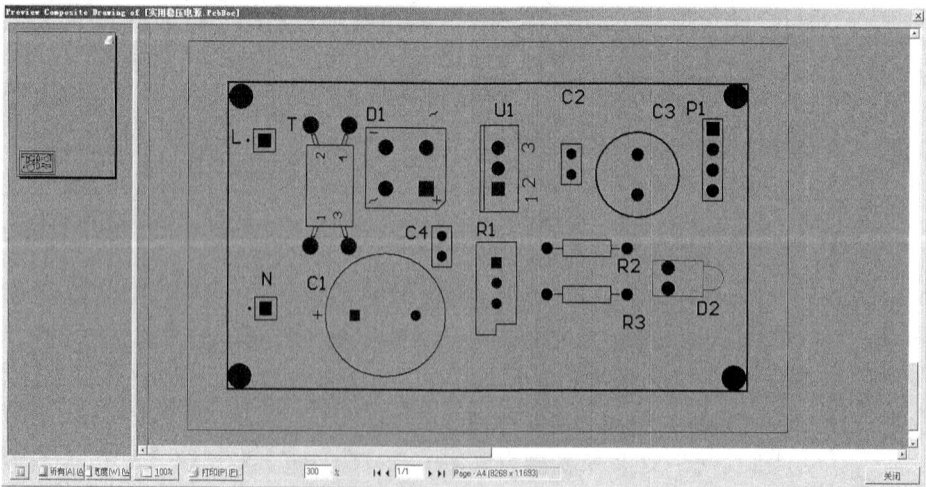

图 3-60 顶层打印预览

实战项目一　实用门铃单面板设计

如图 3-61 所示，请将该实用门铃电路设计成单面 PCB，类似图 3-62 所示，技术指标要求如下。

（1）单面板，电路板尺寸为 2400mil×1700mil，禁止布线区与板子边沿的距离为 200mil。

（2）最小间距为 20mil。

（3）最小铜膜导线宽度为 20mil，电源、地线的铜膜导线宽度为 50mil，导线拐角为 45°。

（4）优化布线修改夹角小于 90°的同面铜膜导线，执行【工具】→【泪滴】命令，加固细铜膜导线与焊盘间连接。

（5）对 PCB 进行设计规则检查。

（6）在四角放置 4 个安装孔，孔径为 120mil。

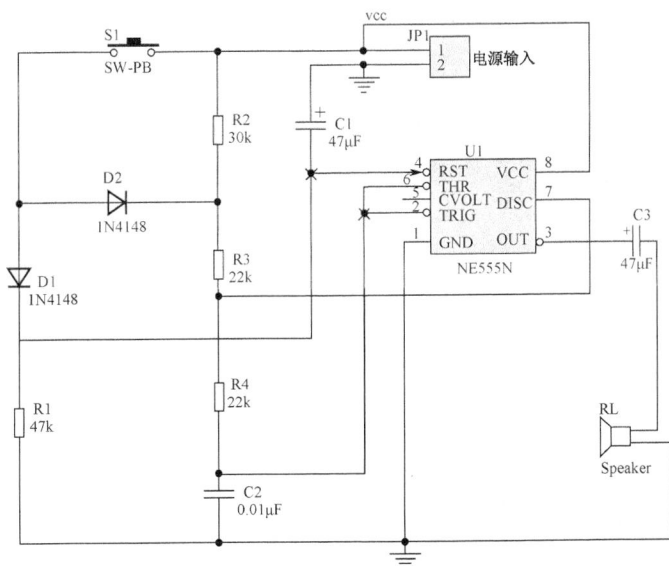

图 3-61　实用门铃电路

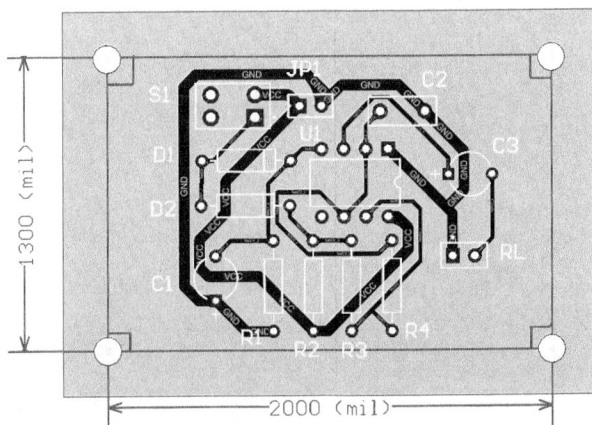

图 3-62　实用门铃电路的单面 PCB 板

实战项目二 流水灯的单面 PCB 板设计

如图 3-63 所示,请将该流水灯电路设计成单面 PCB,技术指标要求如下。

(1) 单面板,电路板尺寸为 2400mil×3400mil,禁止布线区与板子边沿的距离为 200mil。

(2) 最小间距为 20mil。

(3) 最小铜膜导线宽度为 40mil,导线拐角为 45°。

(4) 适当使用跳线设计电路板图(参阅书后附录),优化 PCB 电路板。

(5) 对 PCB 进行设计规则检查。

(6) 在四角放置 4 个安装孔,孔径为 120mil。

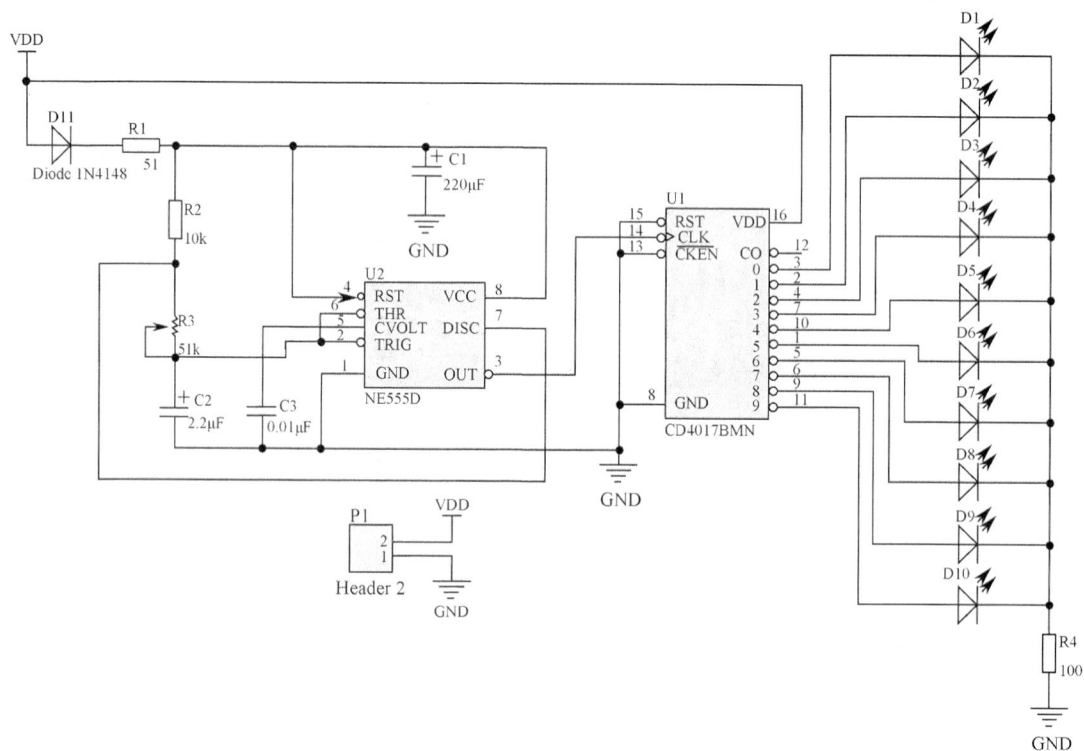

图 3-63 流水灯电路图

照明电路双面印制板设计

项目导读

本项目是在项目 2 绘制的照明电路原理图（图 4-1）的基础上进一步完善我们的设计工作，将帮助学生如何将电路原理图设计出 PCB 双面板图，且向 PCB 板生产厂家输出相关的制造文件。

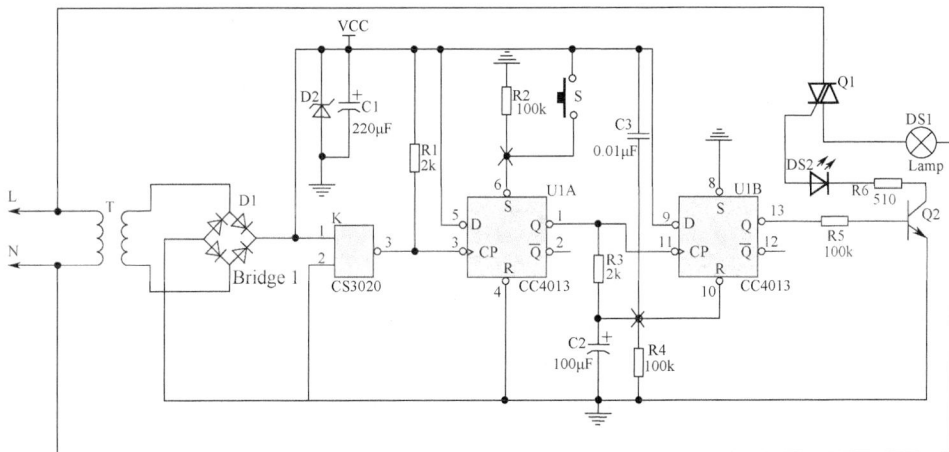

图 4-1　照明电路原理图

教学方式

教学过程以"教学做"一体化的方式来完成，建议 8 个学时，学生课后还需要用业余时间将项目完成。

相关知识

1. 覆铜板种类

覆以铜箔的绝缘层压板称为覆铜箔层压板（Copper Clad Laminates，CCL），简称覆铜板。它是用腐蚀铜箔法制作印制电路板的主要材料，主要起电气互联、绝缘和元器件支撑的作用，对电路中信号的传输速度、能量损耗和特性阻抗等有很大的影响。因此，印制电路板的性能、品质，制造中的可加工性、技术水平、成本、可靠性、稳定性等，在很大程度上取决于覆铜板的质量。

覆铜板一般是用增强性材料（玻璃布、玻璃毡、浸渍纤维纸等），浸以树脂胶黏剂，通过烘干、裁剪、叠合成坯料，然后覆上铜箔，用钢板做模具，在热压机中经高温、高压成型制成的。覆铜板的种类很多，目前我国大量使用的覆铜板种类如表 4-1 所示。

表 4-1　常见的覆铜板种类

覆铜板名称	覆铜板标称厚度（mm）	铜箔厚度（μm）	覆铜板特点
酚醛纸基覆铜板	1.0、1.5、2.0、2.5、3.2	18、35、70	价格低，阻燃强度低，易吸水，耐高温性能差
环氧纸基覆铜板	1.0、1.5、2.0、2.5、3.2	18、35、70	价格高于酚醛纸板，机械强度、耐高温和潮湿性较好
环氧玻璃布覆铜板	0.2、0.3、0.5、1.0、1.5、2.0、3.0	18、35、70	性能优于环氧酚醛纸质板，且基板透明
聚四氟乙烯覆铜板	0.25、0.3、0.5、0.8、1.0、1.5、2.0	18、35、70	价格高，介电常数低，介质损耗低，耐高温，耐腐蚀
聚酰亚胺挠性覆铜板	0.2、0.5、0.8、1.2、1.6、2.0	9、18、35、70	可挠性、质量轻

2．工作层

PCB 印制电路板设计中各个工作层的含义，如表 4-2 所示。

表 4-2　工作层

工 作 层	作 用
信号层	用于放置与信号有关的电气对象，如元件和布线等。最多可提供 32 个信号层，即 Top Layer（顶层）、Bottom Layer（底层）和 Mid-Layer 1～Mid-Layer 30（中间层）
内部电源/接地层	用于布置电源线和接地线，往往用作大面积的电源或地。最多可提供 16 个内部电源/接地层，即 Internal Plane 1～ Internal Plane 16
机械层	用于确定电路板的形状、轮廓、尺寸，可放置元件尺寸等重要信息。最多可提供 16 个机械层，即 Mechanical 1～Mechanical 16
阻焊层/助焊层	用于确保电路板上不需要刷锡的地方不被镀锡，从而保证电路板运行的可靠性。其中 Top Solder 和 Bottom Solder 分别为顶层阻焊层和底层阻焊层，Top Paste 和 Bottom Paste 分别为顶层锡膏防护层和底层锡膏防护层
丝印层	用于放置元件的轮廓、编号和其他文本信息。其中，Top Overlay 和 Bottom Overlay 分别为顶层丝印层和底层丝印层
其他层	Drill Guide（钻孔方位层）和 Drill Drawing（钻孔绘图层）：主要是为制造电路板提供钻孔信息，该层是自动计算的
其他层	Keep-Out Layer（禁止布线层）：主要用于绘制电路板的电气边框，即指定放置元件和布线的区域 Multi-Layer（多层）：代表所有的信号层，在它上面放置的元件会自动地放到所有的信号层上，所以可以通过 Multi-Layer 将焊盘快速地放置到所有的信号层上

3. 印制电路板设计的一般步骤

印制电路板设计的一般步骤如图 4-2 所示。

（1）设计电路原理图。

设计电路原理图是 PCB 印制电路板设计的先期准备工作。

（2）制作元器件封装。如果元器件封装在系统封装库中无法找到，则需自行建立元器件封装库并设计元器件封装，以备后续 PCB 印制电路板设计中使用。

（3）规划电路板。印制电路板规划，主要包括覆铜板类型、布线层数及物理尺寸、元器件封装形式、电路板与外界的接口形式、接插件封装形式及安装位置、印制电路板安装方式等。

（4）设置工作参数。工作参数主要包括图纸网格类型及其大小、板层参数、系统参数等。参数设置是一次性完成的，在后续的设计工作中几乎不用修改。

（5）安装元器件封装库。在载入电路网络表之前，必须加载上所有元器件封装所在的封装库。

（6）载入网络表。将所有元器件编号、封装形式、参数及元器件各引脚间的电连接关系载入到 PCB 文件中，为布局和布线操作做准备。

（7）布局。在布局之前，需要设置布局规则，主要包括 Room 空间定义、元器件间距、元器件放置板层等相关参数的设置。布局即是合理地安排各元器件在印制电路板上的位置。

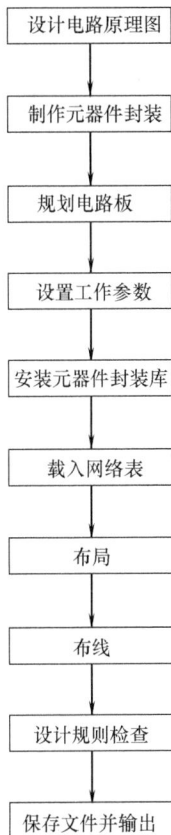

图 4-2　印制电路板设计的一般步骤

（8）布线规则设定及布线。在对印制电路板布线之前，需要设置布线规则，主要包括各类安全间距、各类布线宽度设置、布线板层确定、布线拐角模式等布线规则设定，软件自动布线器会按设定好的规则自动进行布线工作，紧扣技术条款来设计 PCB 实物。

（9）PCB 板优化处理。一般先让软件自动布线，后手动优化处理布线。优化处理分为以下 3 个方面。

① 线的优化，同面两根布线的夹角必须大于等于 90°。

② 泪滴优化，对所有焊盘、过孔追加圆形的泪滴，增强大焊盘到细电线的过渡。

③ 大面积覆铜优化，单面板只需要对底层覆铜优化，双面及四层以上板需要对顶层和底层两面同时覆铜优化。

（10）设计规则检查。为确保 PCB 板图符合设计规则、网络连接正确，需进行设计规则检查。如果检查出有违反设计规则的地方，则需要对前期布局或布线进行调整，直到符合设计规则为止。

（11）保存文件并输出。放置固定 PCB 板的安装孔，印制电路板的设计完成后，应对文件进行保存并输出。

项目目标

设计出照明电路的双面 PCB 板图，如图 4-3 所示，检查优化后会输出相关制作 PCB 文件，送到外面专业 PCB 制板厂制作照明电路双面板实物（利用学校的实验实训经费，全班也可以分几个 PCB 文件版本）。学生也可以改为自己感兴趣的电路的 PCB 板实物制作，鼓励学生把 PCB 板焊接出来调试成功。

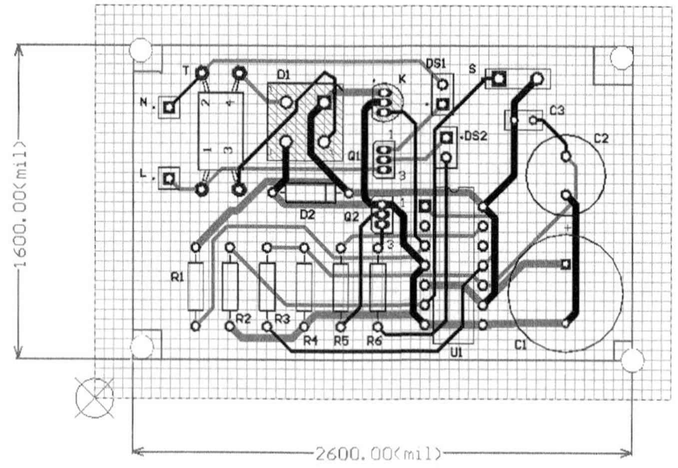

图 4-3　照明电路的双面 PCB 板图

基本技术指标要求如下。

（1）双面板，电路板尺寸为 3000mil×2000mil，禁止布线区与板子边沿的距离为 200mil。

（2）采用插针式元器件。

（3）焊盘之间允许走一根铜膜导线，最小间距为 10mil。

（4）最小铜膜导线宽度为 20mil，电源/地线的铜膜导线宽度为 40mil，导线拐角为 45°。

（5）对 PCB 进行设计规则检查，并进行布线后优化处理。

（6）在四角放置 4 个安装孔，孔径为 120mil。

任务 4.1　双面板的规划及环境设置

4.1.1　用向导规划电路板

（1）打开项目 2 "照明电路.PRJPCB"，照明电路原理图如图 4-1 所示。

（2）用向导规划 PCB 电路板尺寸。打开 Files 工作面板，单击"根据模板新建"选项组中的 PCB Board Wizard 项，启动 PCB 向导，如图 4-4 所示。

单击【下一步】按钮，依次进入【选择电路板单位】页面、【选择电路板配置文件】页面设置同项目 3 一致，【选择电路板详情】页面中的参数的设置如图 4-5 所示，【选择电路板层】页面中的参数的设置如图 4-6 所示，【选择过孔类型】页面中的参数的设置如图 4-7 所示。

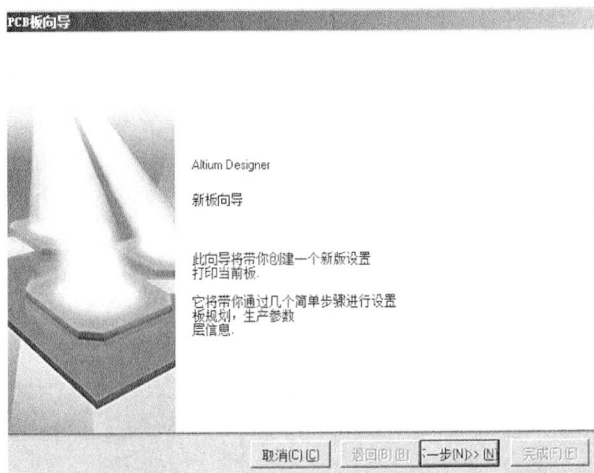

图 4-4　启动的 PCB 板设计向导

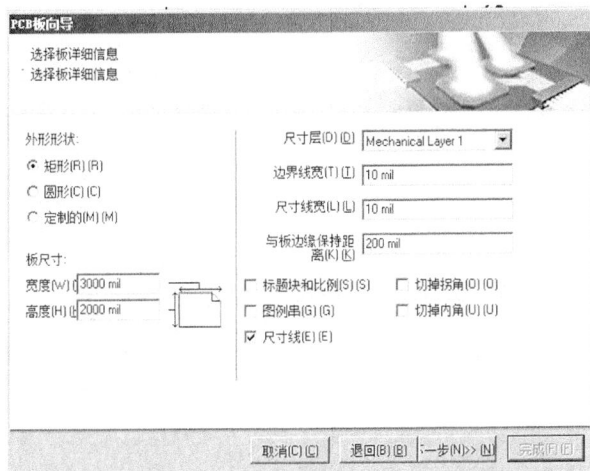

图 4-5　【选择电路板详情】页面

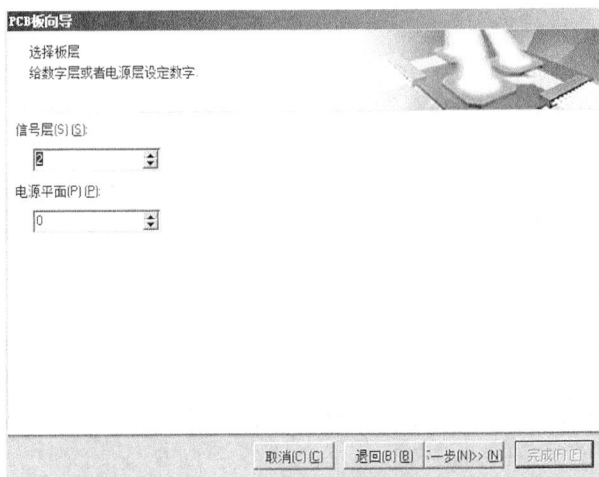

图 4-6　【选择电路板层】页面

图 4-7 【选择过孔类型】页面

单击【下一步】按钮，弹出【选择元件和布线工艺】页面如图 4-8 所示，【选择默认导线和过孔尺寸】页面如图 4-9 所示，将【最小轨迹尺寸】参数值改为工程要求的"20mil"，【最小间距】改为工程要求的"10mil"，单击【下一步】按钮，进入【电路板向导完成】对话框。单击【完成】按钮，新建一个"Free Documents"空白 PCB 文件，电路板规划成功，如图 4-10所示。

图 4-8 【选择元件和布线工艺】页面

（3）将新建的 PCB 图文件追加到项目中。

对准文件名"PCB1.PcbDoc"用鼠标左键单击并按住不放，将"PCB1.PcbDoc"拖至项目"照明电路.PRJPCB"中再松开鼠标左键，右击文件名"PCB1.PcbDoc"，执行【另存为】命令，输入文件名称并选择 PCB 文件存放路径，单击【保存】按钮将新建的 PCB 文件更名成"照明电路.PCBDOC"加入到"照明电路.PRJPCB"项目中，如图 4-11 所示。

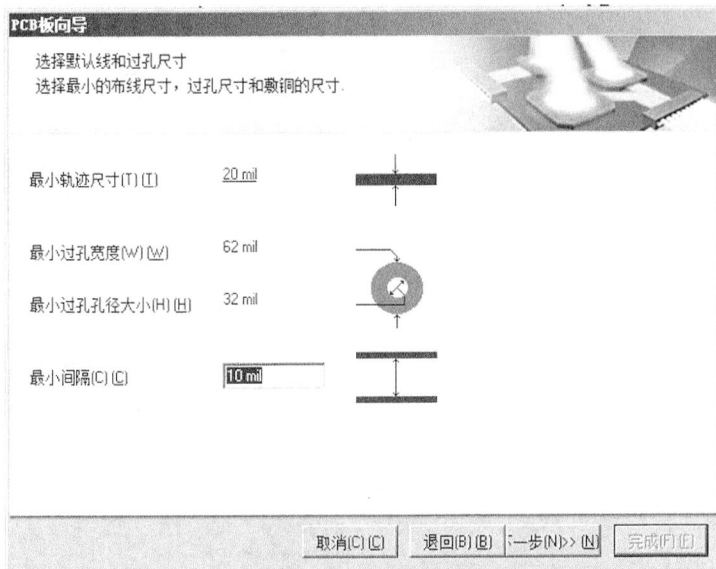

图 4-9 【选择默认导线和过孔尺寸】页面

图 4-10 新建的 PCB 文件

图 4-11 追加到项目中的 PCB 图文件

提示：项目文件、电路原理图文件和配套 PCB 文件一定要保存在同一个文件夹中，路径保持一致，鼠标放在 3 个文件名上就可以看得出来 3 个文件是否在同一路径中。

4.1.2 设置 PCB 环境参数

1. 设置图纸参数

在 PCB 板文件中右击，弹出如图 4-12 所示的快捷菜单，执行【跳转栅格】→【栅格属性】命令，弹出【栅格属性】对话框，按照如图 4-13 所示，将栅格步进 X 和 Y 值改为"10mil"，显示增效器改为"2×栅格设置"（这部分和项目 3 操作一样）。

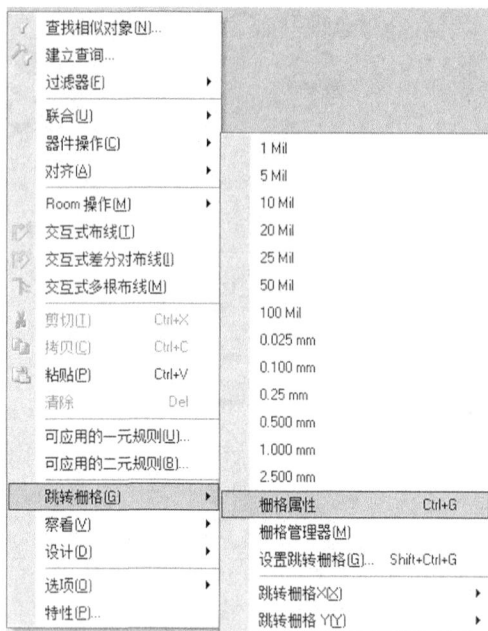

图 4-12　菜单命令

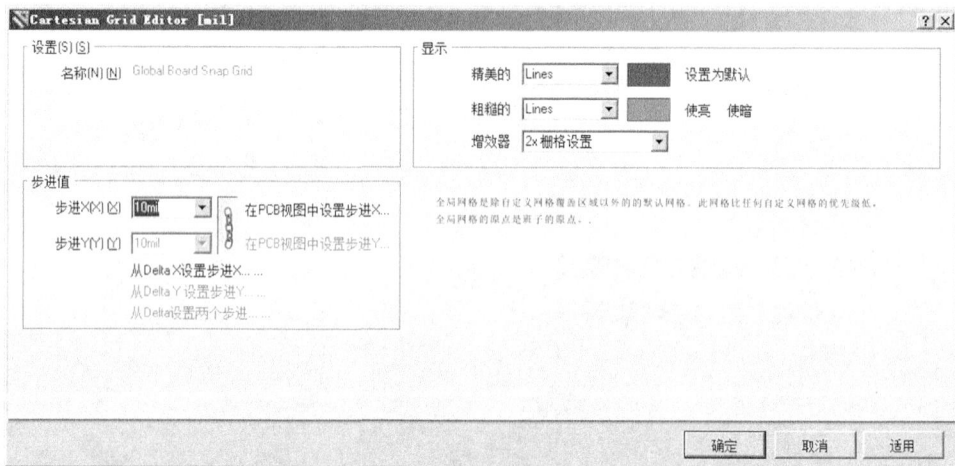

图 4-13　设置图纸参数

2. 设置板层和颜色

（1）执行【设计】→【板层颜色】命令，弹出【视图配置】对话框，按照如图 4-14 所示进行参数设置。

（2）单击【确定】按钮后 PCB 设计环境的板层显示如图 4-15 所示。单击板层名称可改变当前板层，用键盘上的【+】、【-】键也可改变当前板层。

3. 设置系统参数

（1）执行【工具】→【优先选项】命令，弹出【参数选择】对话框，PCB 相关参数可以由该对话框的【PCB Editor】选项来设置，在 PCB 设计中经常需要将某一元器件固定在 PCB 板的某一位置上，所以最好将【参数选择】对话框中【General】页的【保护锁定的对象】复选框选上，如图 4-16 所示。

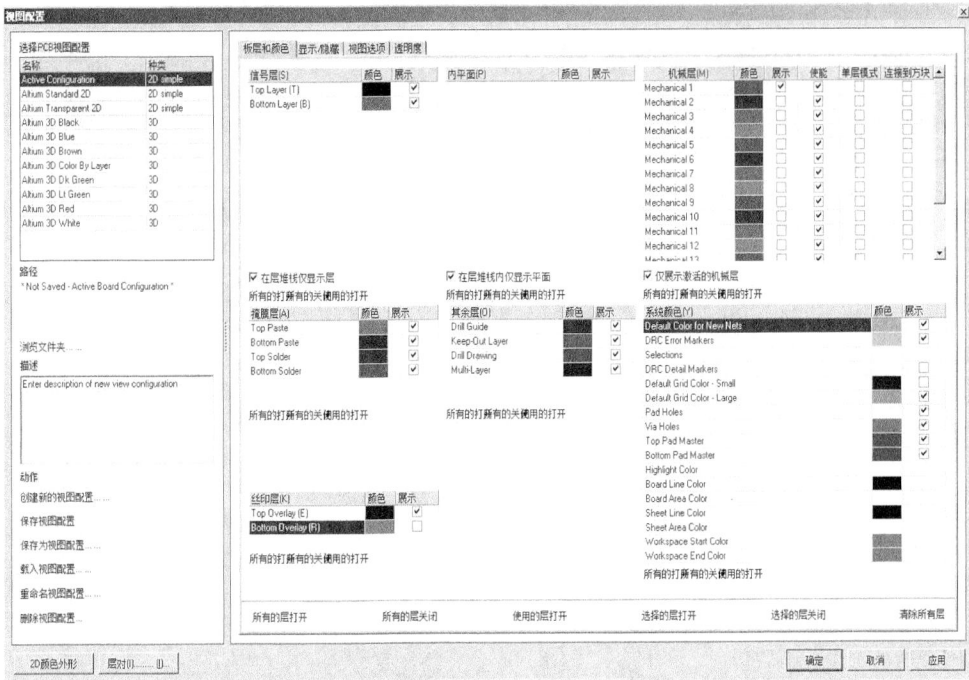

图 4-14　【视图配置】对话框

图 4-15　显示板层

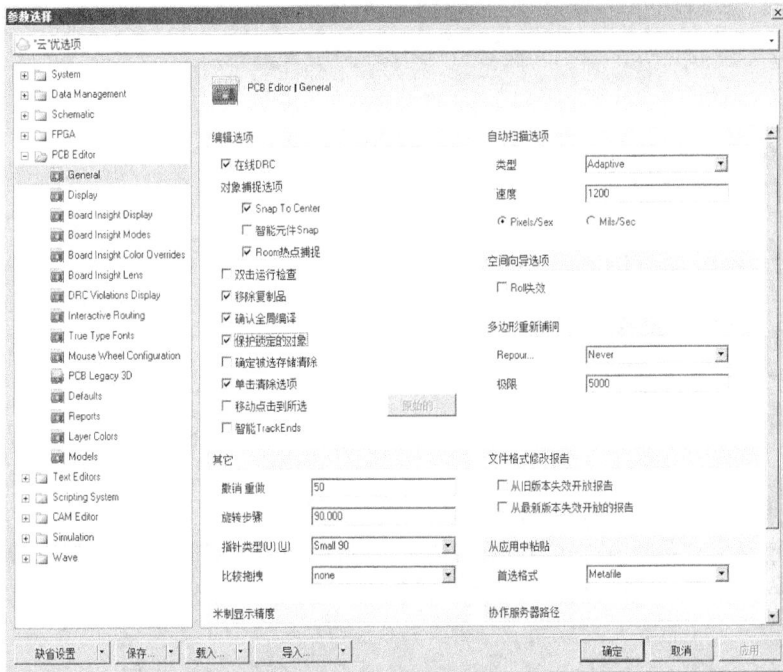

图 4-16　【参数选择】对话框 1

（2）在图 4-16 所示【参数选择】对话框中，【PCB Editor】选项的【True Type Fonts】页的【置换字体】内容改为"@仿宋"或其他自己喜欢的字体，如图 4-17 所示。

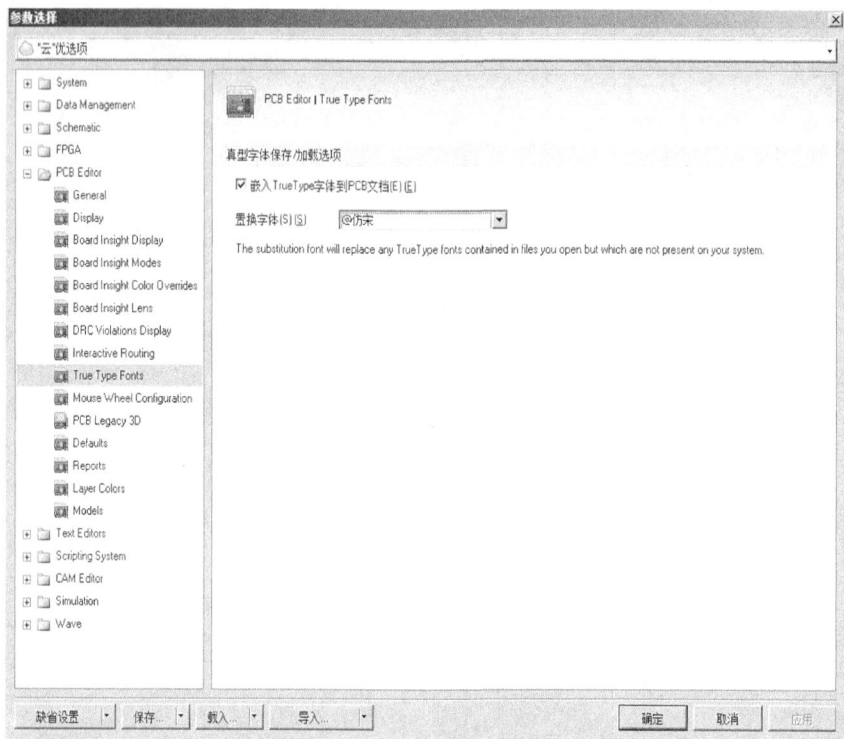

图 4-17　【参数选择】对话框 2

提示：一般情况下，其他各选项内容均可采用默认设置。

（3）在 PCB 设计过程中坐标原点一般要设定并显示出来，执行【编辑】→【原点】→【设定】命令，"十"字形工作光标移到 PCB 板左下角处单击就确定了坐标原点位置。

任务 4.2　照明电路双面板的设计

4.2.1　载入元件封装及电路关系网络表

（1）将"照明电路.PcbDoc"设为当前文档。

（2）执行【放置】→【字符串】命令，在"Top Overlay"层，将自己名字放在板子右下角。

（3）执行【设计】→【Import Changes From 照明电路.PRJPCB】命令，弹出【工程更改顺序】对话框，如图 4-18 所示。

（4）单击【生效更改】按钮，在【检查】列下面就会出现一列✅（若有❌，请检查元器件封装类型 Footprint），再单击【执行更改】按钮，系统将自动控制照明电路中的元件、网络全部载入到 PCB 文件中，此时【工程更改顺序】对话框的【完成】列下面也会出现一列✅，如图 4-19 所示。

（5）单击【关闭】按钮，关闭【工程更改顺序】对话框，"照明电路.PcbDoc"装入元件后如图 4-20 所示。

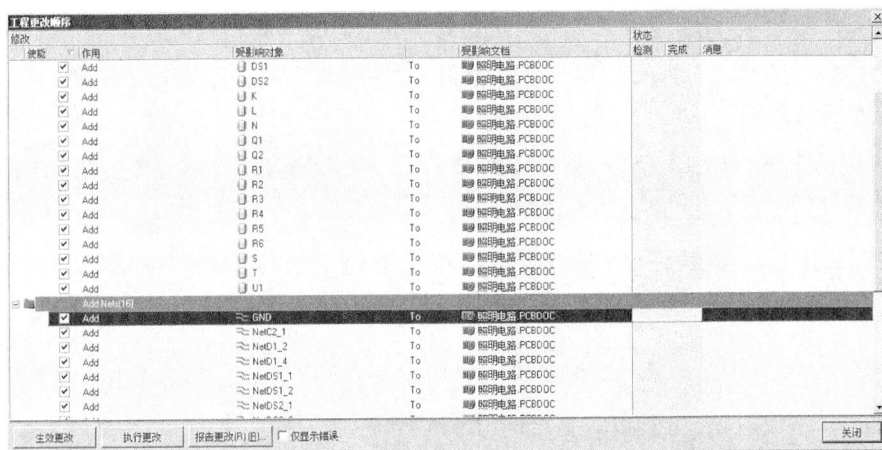

图 4-18　【工程更改顺序】对话框

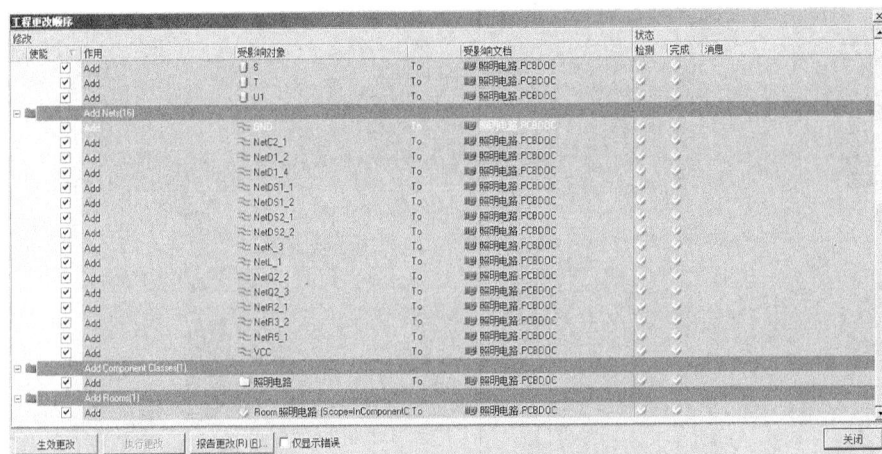

图 4-19　载入项全部正确的【工程更改顺序】对话框

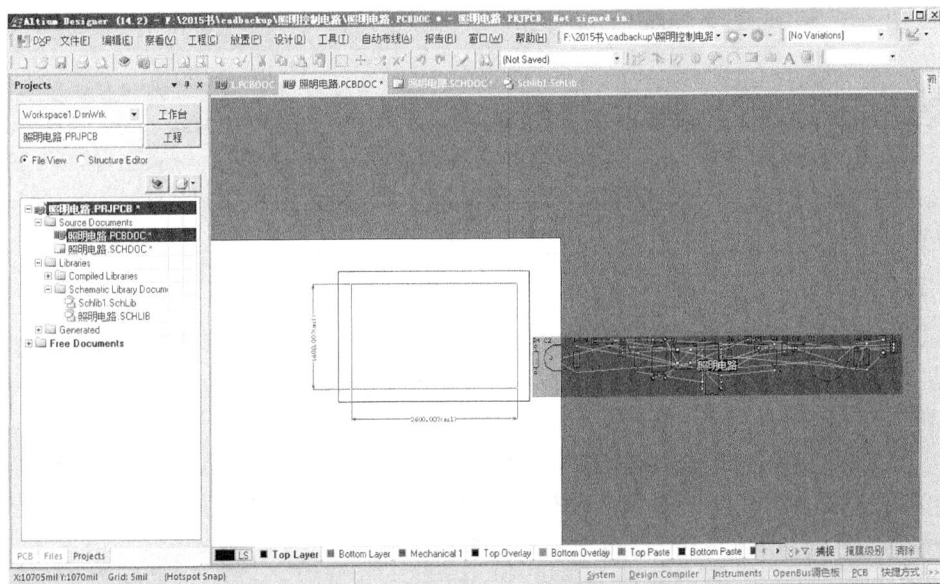

图 4-20　载入网络表完成

4.2.2 布局

1. 设置布局规则

执行【设计】→【规则】命令，弹出【PCB 规则及约束编辑器】对话框，选择【Placement】选项，如图 4-21 所示，可设置元件布局方面的要求（规则）。本项目均采用默认设置。

图 4-21 【PCB 规则及约束编辑器】对话框

提示：Placement 用于设定元器件布局的规则，分 6 种，即 Room Definition（Room 空间定义规则）、Component Clearance（元器件间距限制规则）、Component Orientations（元器件放置方向规则）、Permitted Layers（元器件放置板层规则）、Nets to Ignore（网络忽略规则）和 Height（高度规则）。

2. 自动布局

（1）移动 Room 空间。执行【设计】→【Room】→【编辑多边形 Room 顶点】命令，用"十"字工作光标分别单击"照明电路 Room"的四个顶点并将它们对应移动到已规划好的 PCB 板四个顶点处，如图 4-22 所示。

（2）执行【工具】→【器件布局】→【按照 Room 排列】命令，用"十"字工作光标对准"照明电路 Room"单击一次，所有元器件均已排列到"照明电路 Room"内，如图 4-23 所示，这个布局结果是不能用的，我们还需要手动调整元件布局。

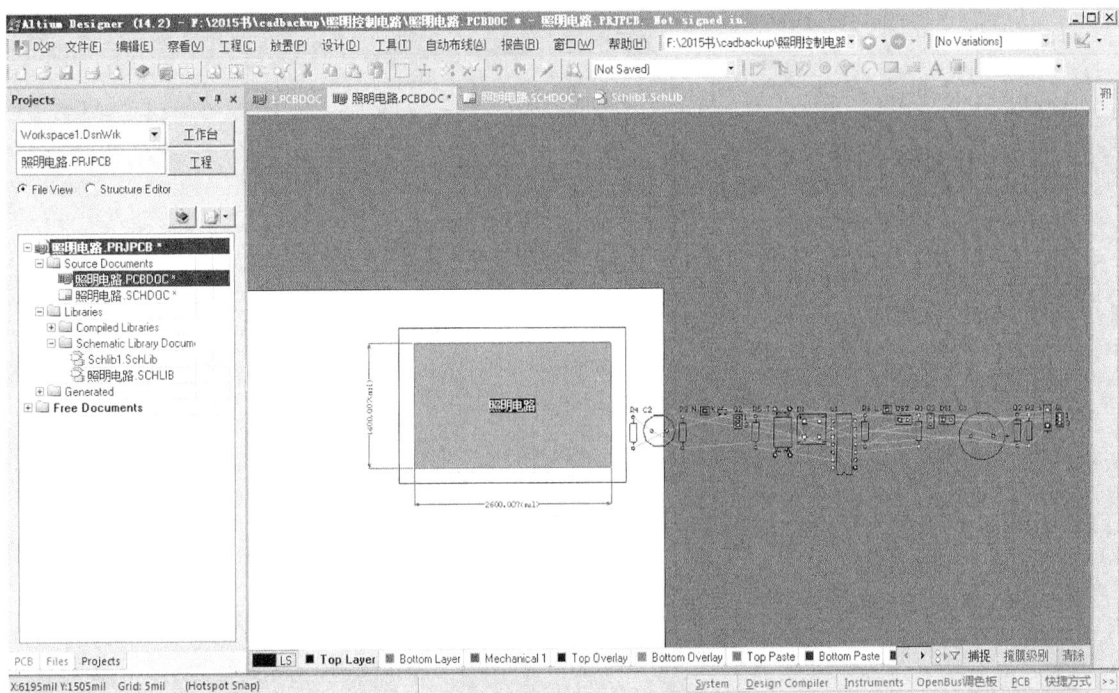

图 4-22　移动 Room 空间

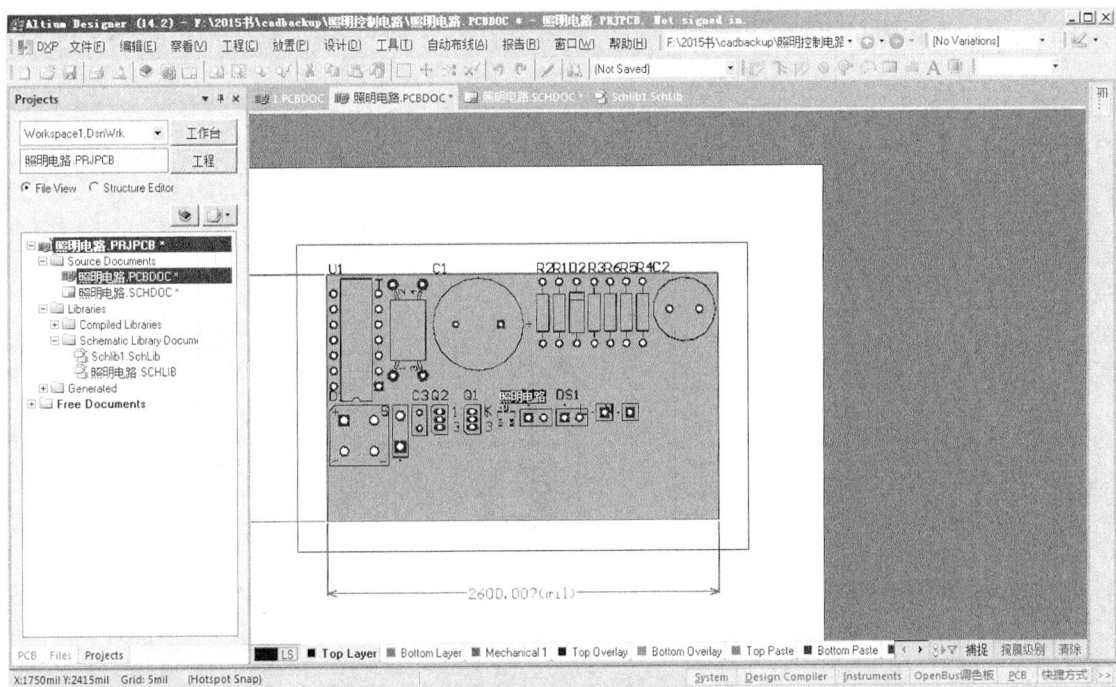

图 4-23　自动布局结果

（3）鼠标在"照明电路 Room"空白处单击一次，按【Delete】键删除"照明电路 Room"，如图 4-24 所示。

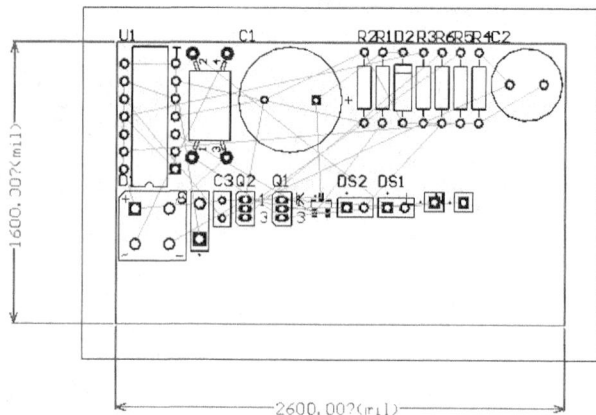

图 4-24　删除 Room 空间

3. 手工调整布局

（1）更改不合适的元件封装。布局前发现开关 S 的封装不是我们预先想要的，需要更改。鼠标对准开关 S 的封装双击，调出其属性对话框，在其左下部分，开关 S 的封装名为"SPST-2"，如图 4-25 所示，单击 ... 按钮，调出【浏览库】对话框，如图 4-26 所示，选择"DPST-4"封装并单击【确定】按钮，则 S 开关的封装名为"DPST-4"。注意检查 CS3020 的封装，将它的封装改为"TO-92A"。

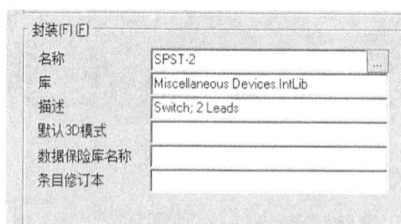

图 4-25　S 原封装

图 4-26　S 开关封装改为 DPST-4

（2）按照布局原则，对照电路原理图，依次移动 L、N、T、D1、S、DS1、U1 等元件，并锁定放置到目标位置，如图 4-27 所示。

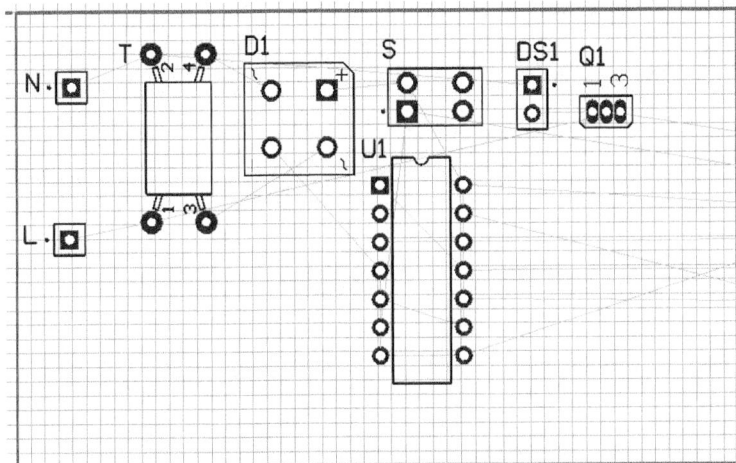

图 4-27　部分元件布局并锁定

（3）结合照明电路原理图来布局其他元器件的位置，这些元件布局时最好不要锁定，元器件布局时的飞线要短、顺畅，最终照明电路 PCB 板手动布局的结果如图 4-28 所示，所有元器件引脚离 PCB 板边缘的距离 3mm 以上，满足布局原则。

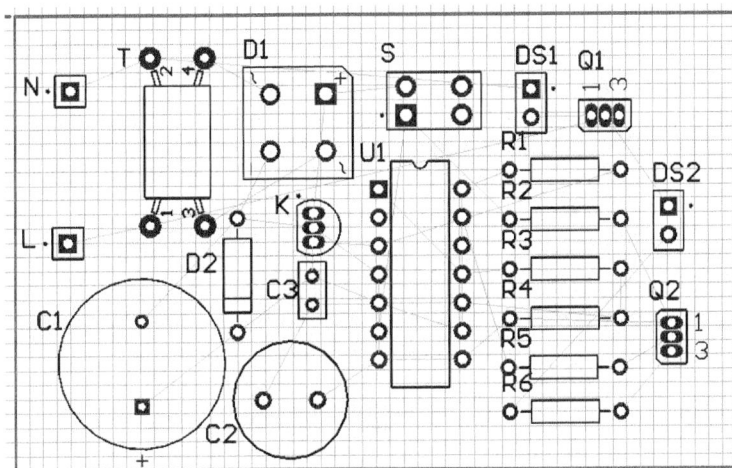

图 4-28　手动布局的结果

（4）目前已满足设计的技术指标：电路板尺寸为 3000mil×1900mil，禁止布线区与板子边沿的距离为 200mil，电路图中所有元器件均采用插针式封装。

4.2.3　布线

1. 设置布线规则

执行【设计】→【规则】命令，弹出【PCB 规则及约束编辑器】对话框，一般需要设置以下几项规则。

（1）Clearance（安全间距）。单击规则名称 Clearance，弹出【Clearance 规则】对话框，安全间距已设为"10mil"，如图 4-29 所示。

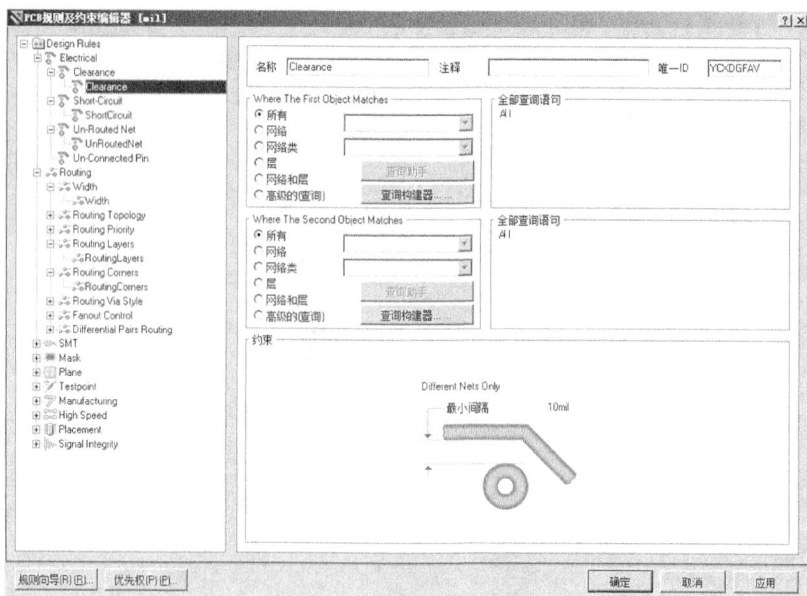

图 4-29 设置安全间距

提示：该规则用于设置印制电器板上两个电气对象间的电气安全间距，如果间距小于该规则的指定值，系统则认为有可能造成电气对象间不安全。

（2）Width（线宽规则）。单击规则名称 Width，弹出【Width 规则】对话框，已设置所有线宽至少 20mil 的技术要求，如图 4-30 所示。

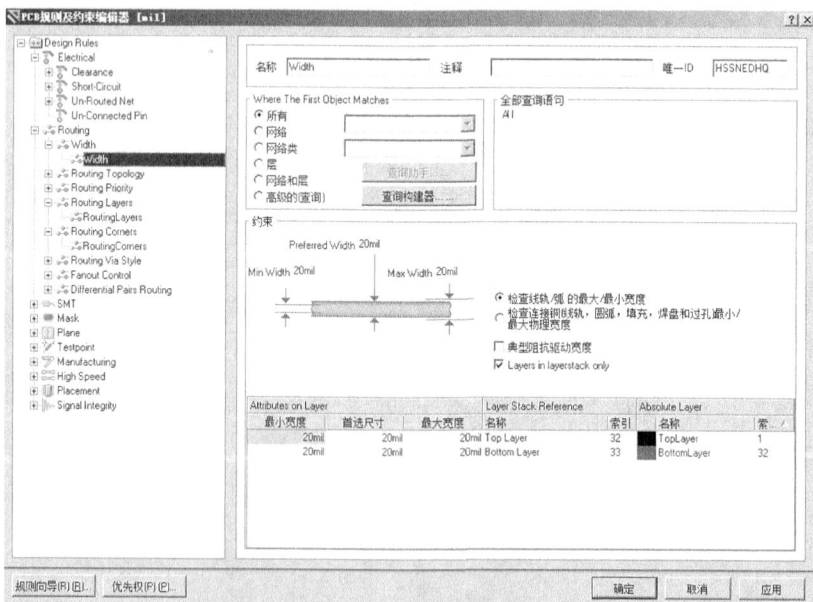

图 4-30 设置线宽规则

右击规则名 Width，弹出快捷菜单，执行【新建规则】命令，选中【网络】单选按钮，单击▼按钮选择网络名称，在对话框右下方输入线宽值"40mil"，如图 4-31 所示。根据自动照明控制电路设计技术要求，需要添加 8 个新的线宽规则：变压器两边网络、电灯两边网络、Q1 元器件 3 端网络、VCC、GND 网络，均需将它们设置成 40mil 线宽，按图 4-32 所示进行参数设置。

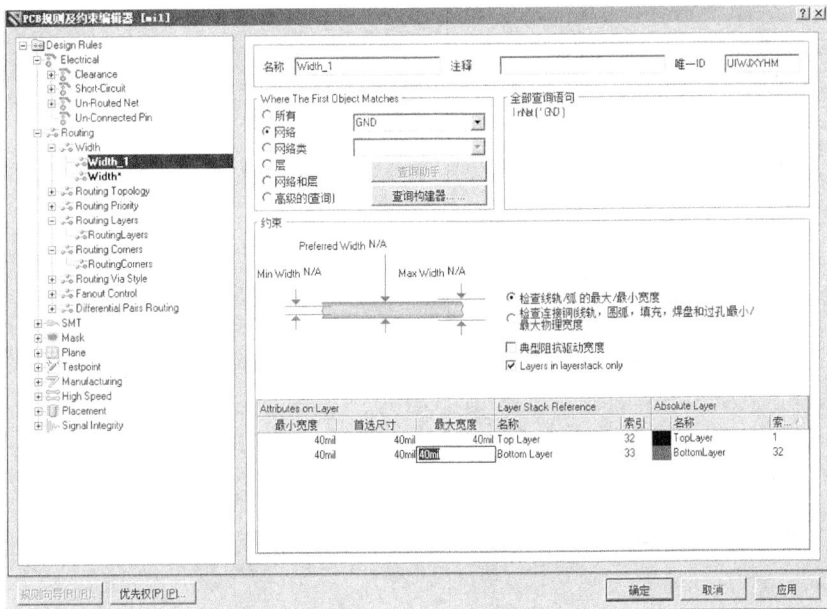

图 4-31　GND 线宽设定

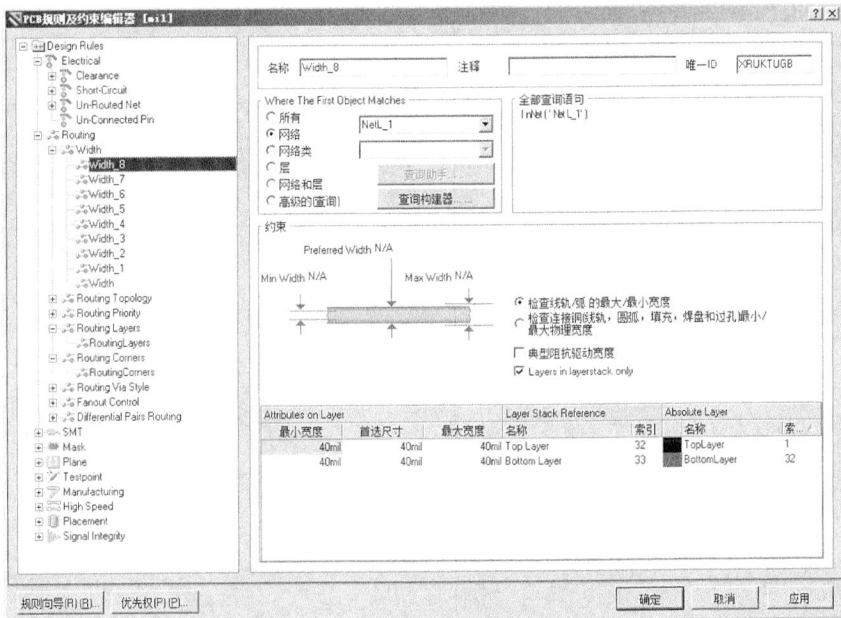

图 4-32　其他线宽设定

提示："Width"为一般线宽设定规则，"Width_1"至"Width_8"为要求加宽的特殊线宽设置规则。

（3）RoutingLayers（布线层面）。单击规则名称 RoutingLayers，双面板布线层面设置如图 4-33 所示。

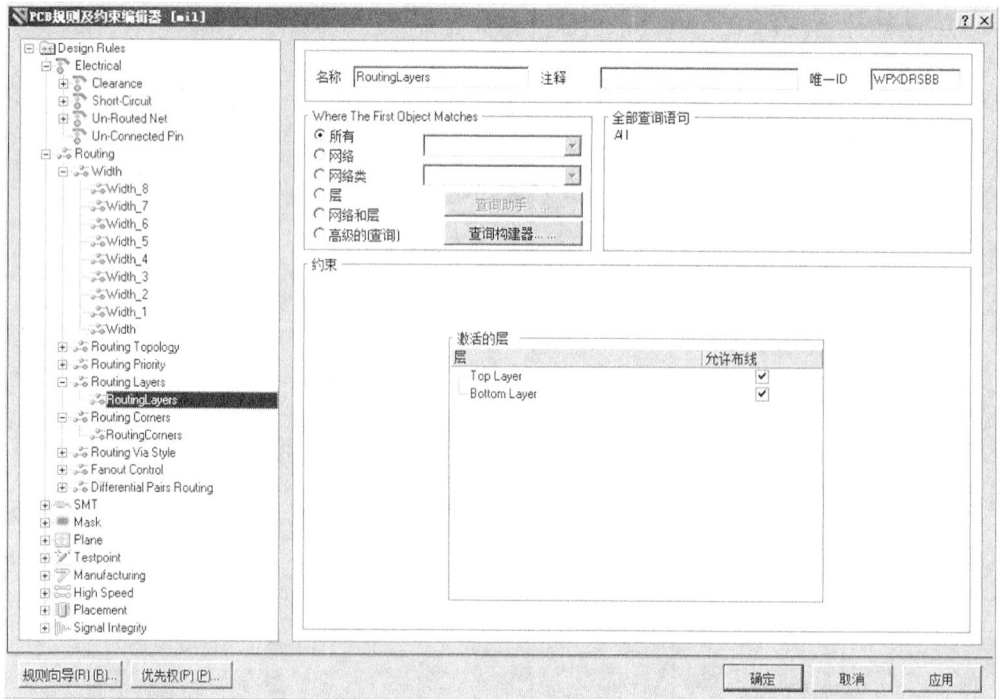

图 4-33　RoutingLayers 规则

（4）RoutingCorners（布线转角）。单击规则名称 RoutingCorners，弹出规则设置对话框，如图 4-34 所示，满足 45°转角的设计要求。

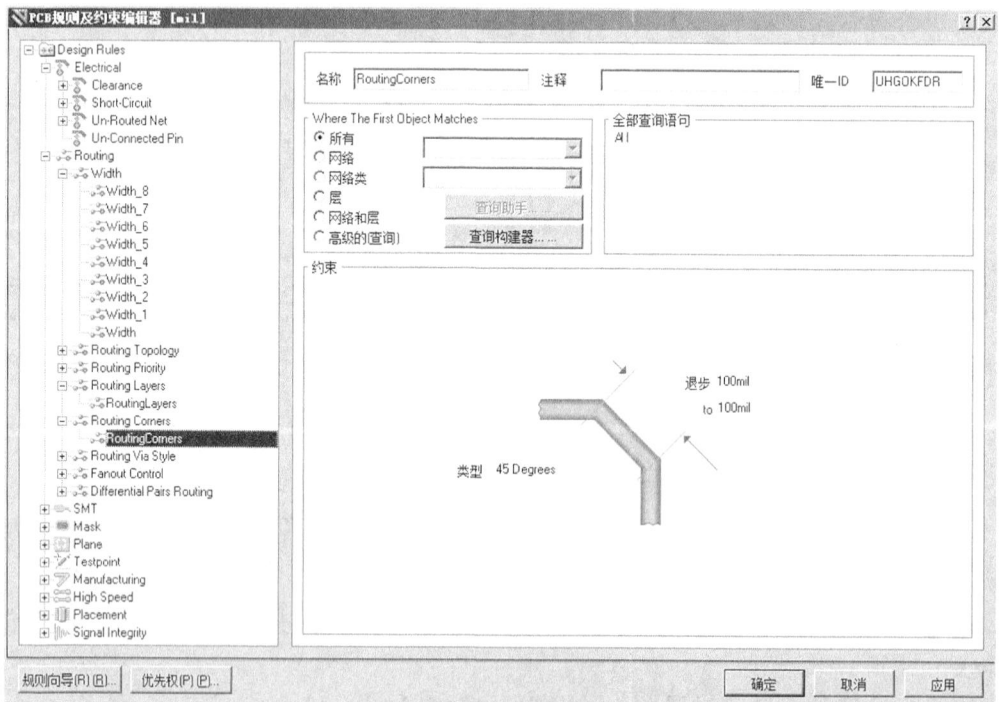

图 4-34　RoutingCorners 规则

（5）Manufacturing（制造参数）设置如图 4-35～图 4-38 所示。

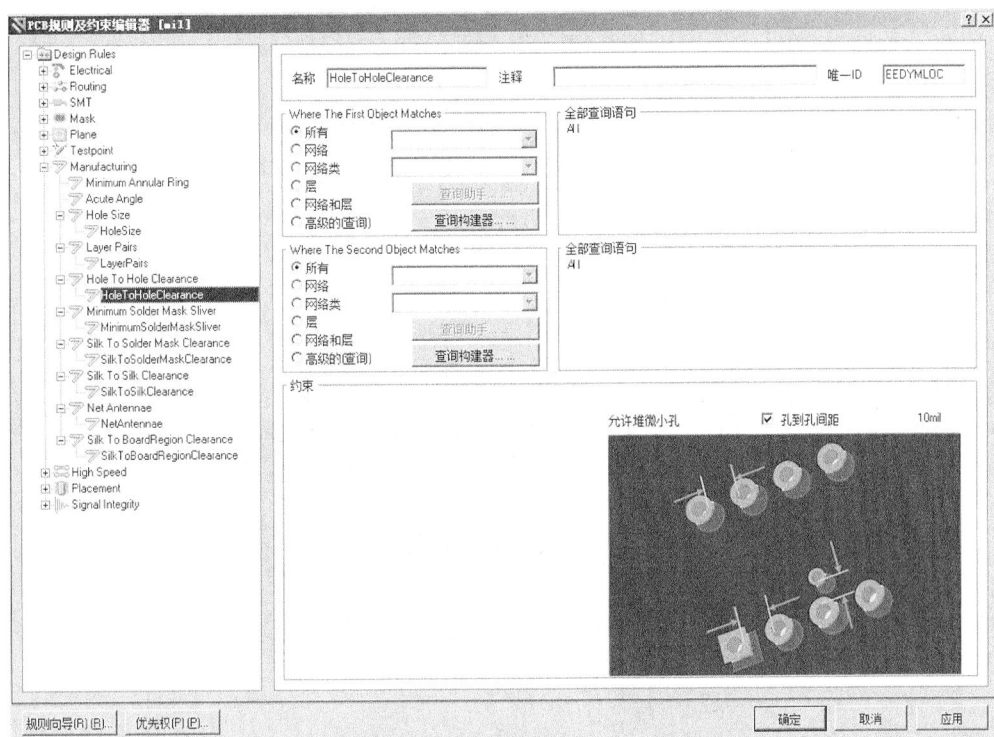

图 4-35　孔间距设置为"10mil"

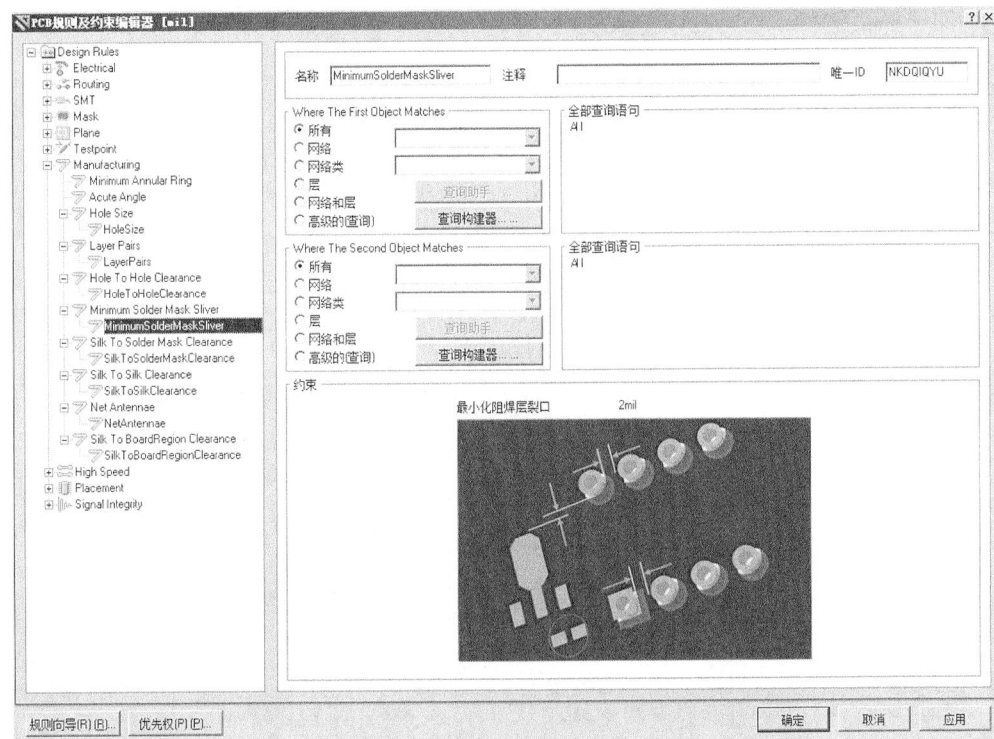

图 4-36　阻焊层间距设置为"2mil"

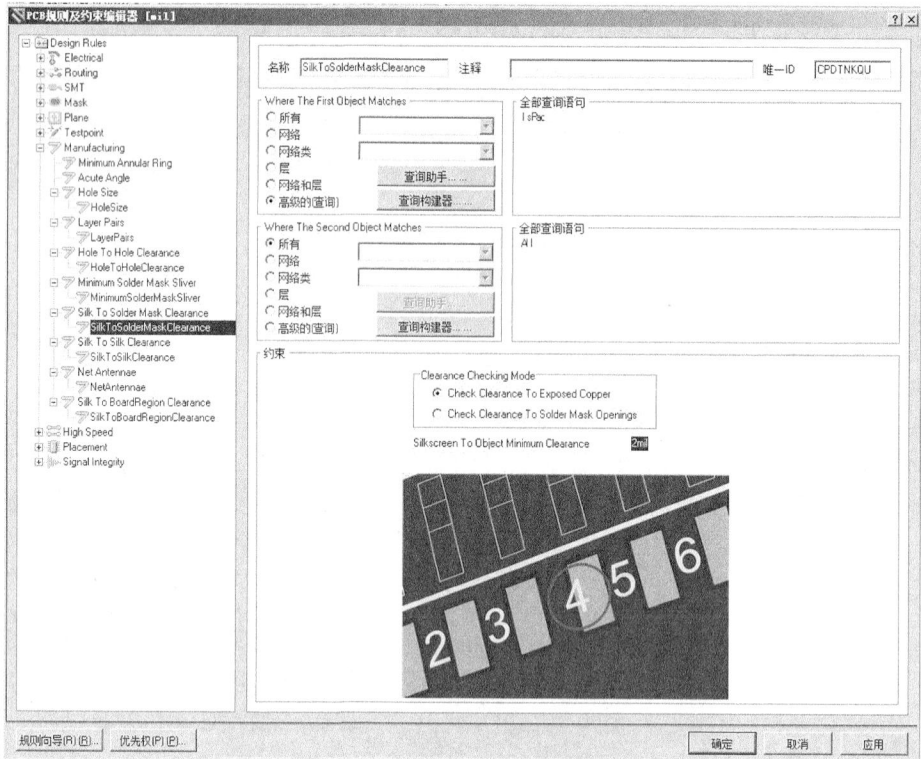

图 4-37 丝印层到物体间距设置为"2mil"

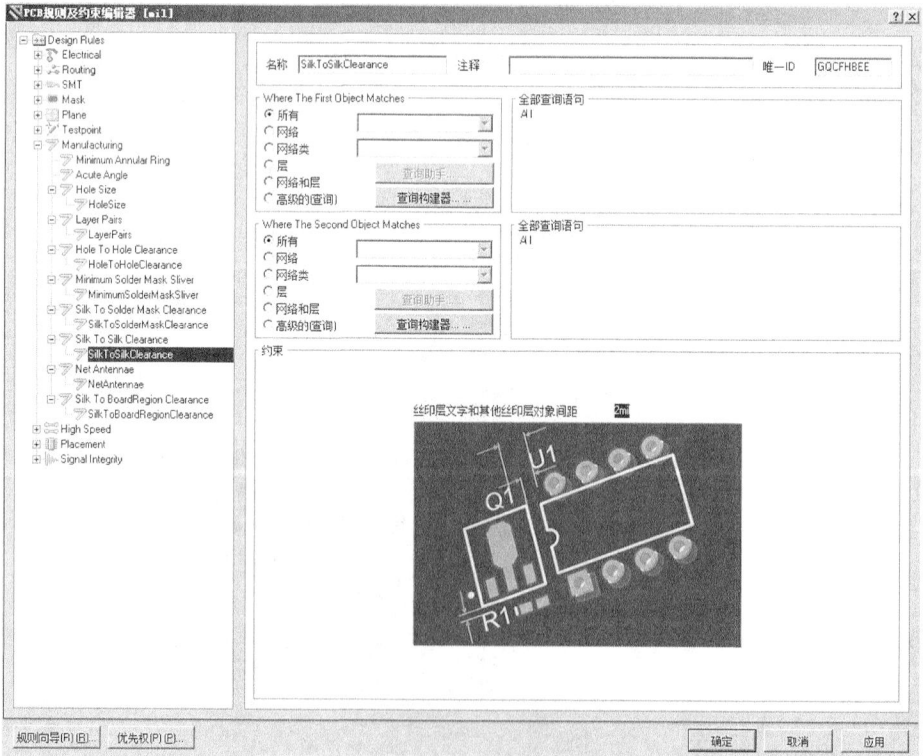

图 4-38 丝印层间距设置为"2mil"

2. 自动布线

（1）执行【自动布线】→【全部对象】命令，弹出【Situs 布线策略】对话框，如图 4-39 所示。单击【编辑层走线方向】按钮，弹出【层说明】对话框，按照图 4-40 所示进行层布线方向设置。

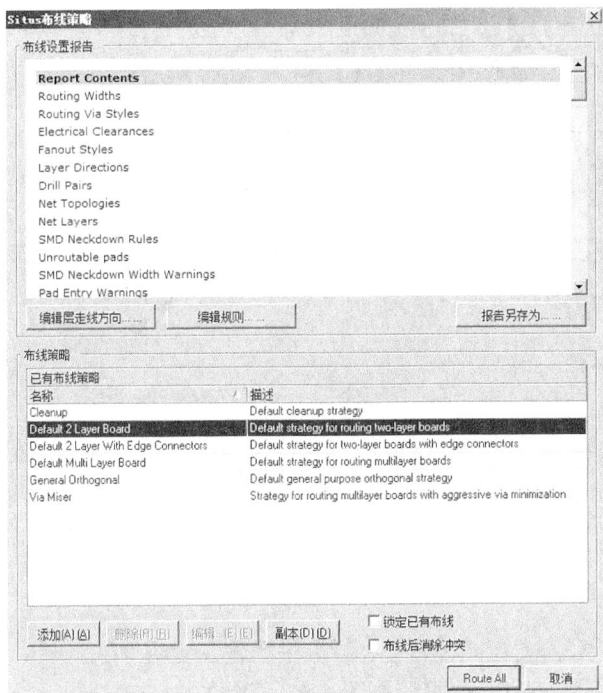

图 4-39　【Situs 布线策略】对话框　　　　图 4-40　【层说明】对话框

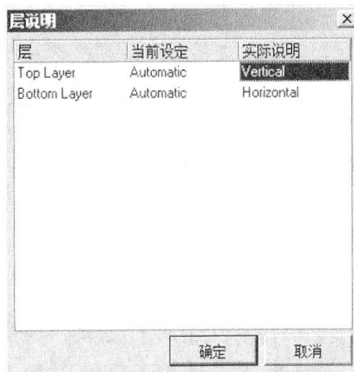

（2）单击图 4-39 中的【Route All】按钮，开始对 PCB 进行自动布线，同时系统自动打开一个 Messages 面板，显示当前自动布线的进展，如图 4-41 所示。

（3）自动布线结束，关闭 Messages 面板。自动布线完成后的 PCB 如图 4-42 所示。

图 4-41　Messages 面板

提示：如果 Message 面板中显示 "Failed to Complete 0 Connection（s）……"，则表示所有的电气网络都已完成布线。

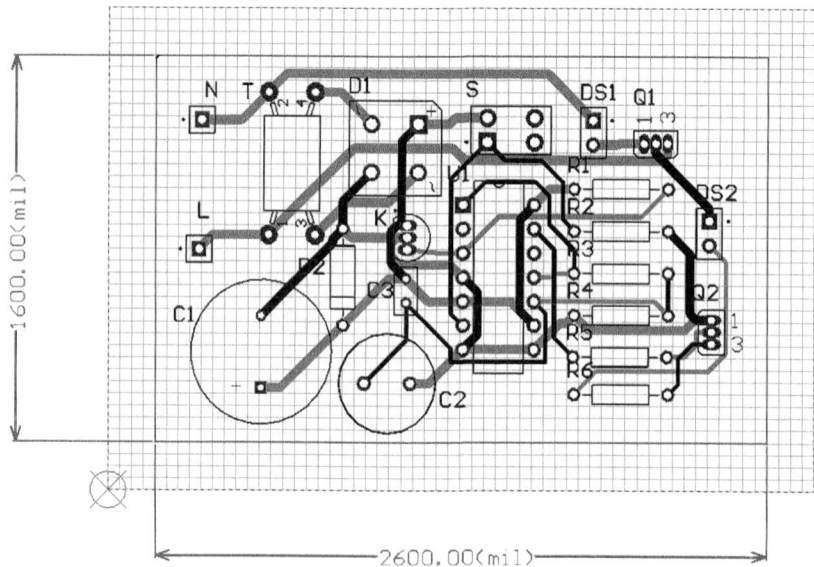

图 4-42　自动布线完成后的 PCB

3. 手工优化布线

对 PCB 进行布线是一个复杂的过程，需要考虑多方面的因素，包括美观、散热、干扰、是否便于安装和焊接等，而自动布线很难达到最佳效果，这时需要借助手动布线的方法加以调整。

（1）执行【设计】→【板层颜色】命令，在【视图配置】对话框中取消左上方"Bottom Layer"的"√"，单击【确定】按钮后屏幕上只显示顶层布线图如图 4-43 所示。

（2）Netc2_1 网络布线夹角小于 90°，需要优化。执行【工具】→【取消布线】→【连接】命令，用"十"字形光标单击不合理布线，被取消布线的网络恢复飞线。

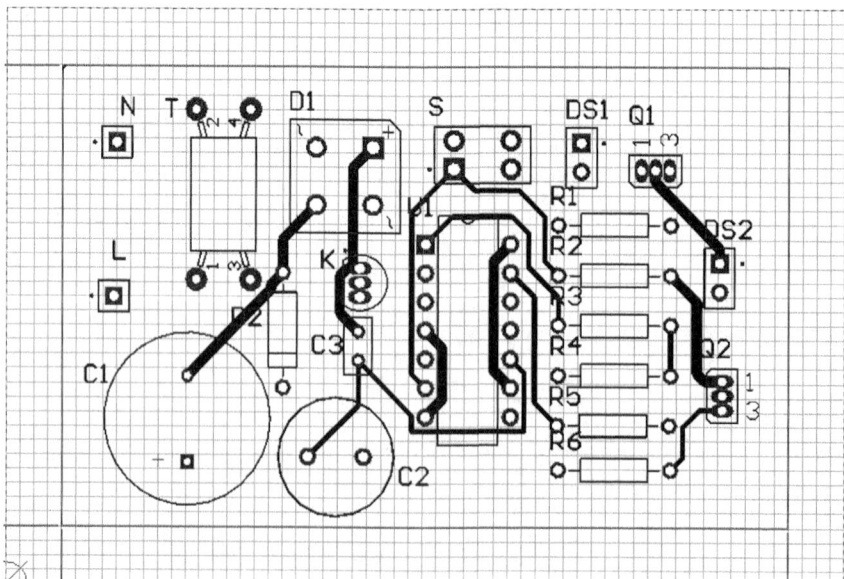

图 4-43　Top Layer 顶层布线图

（3）当前板层改为顶层（Top Layer），执行【放置】→【交互式布线】命令或单击【配线】工具栏中的【手工布线】按钮，"十"字形光标在飞线的一头处单击确定手工布线的起点，按【Space】键布线转角为 45°方向，依次在布线拐点、终点处单击确定位置，右击完成这根铜膜导线的布线工作。手工调整后，网络"Netc2_1"布线如图 4-44 所示。

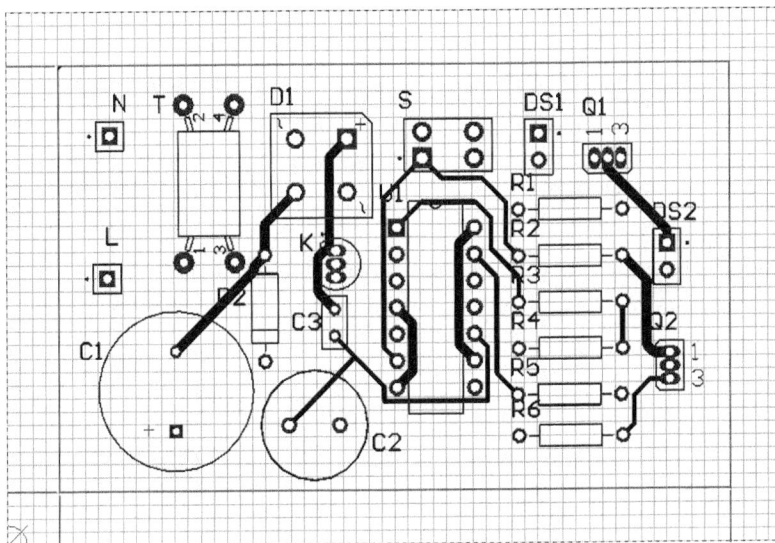

图 4-44　手工调整顶层布线

提示：在放置铜膜导线时，通过【Shift +Space】组合键改变布线的各种转角模式。

（4）执行【设计】→【板层颜色】命令，在【视图配置】对话框中加上左上方"Bottom Layer"的"√"，取消左上方"Top Layer"的"√"，单击【确定】按钮后屏幕上只显示底层布线图如图 4-45 所示，基本上不需要修改。

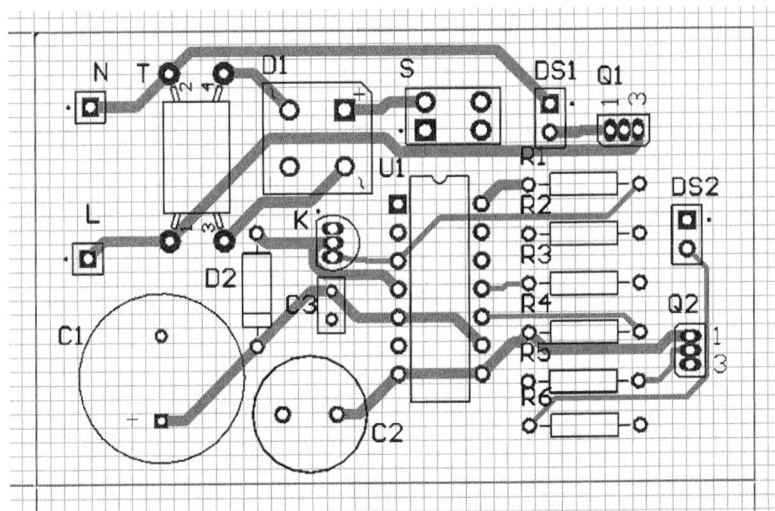

图 4-45　Bottom Layer 底层布线图

（5）执行【设计】→【板层颜色】命令，在【视图配置】对话框中加上"Bottom Layer"的"√"、"Top Layer"的"√"，恢复原先的显示环境。

4. 泪滴焊盘

泪滴，即在导线和焊盘之间的一段过渡，过渡的地方呈现泪滴状，可以保护焊盘，避免在焊接时导线与焊盘的接触点处出现应力集中而断裂。执行【工具】→【泪滴】命令，弹出【泪滴选项】对话框，如图 4-46 所示，单击【确定】按钮后，焊盘与细电线连接处变成圆弧过渡，如图 4-47 所示。

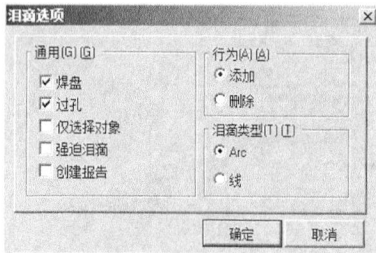

图 4-46　【泪滴选项】对话框

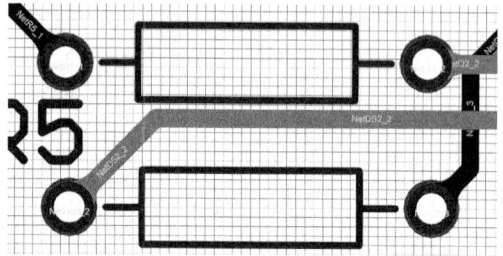

图 4-47　泪滴后焊盘变化

4.2.4　设计规则检查

（1）执行【工具】→【设计规则检查】命令，弹出【设计规则检测】对话框，如图 4-48 所示。

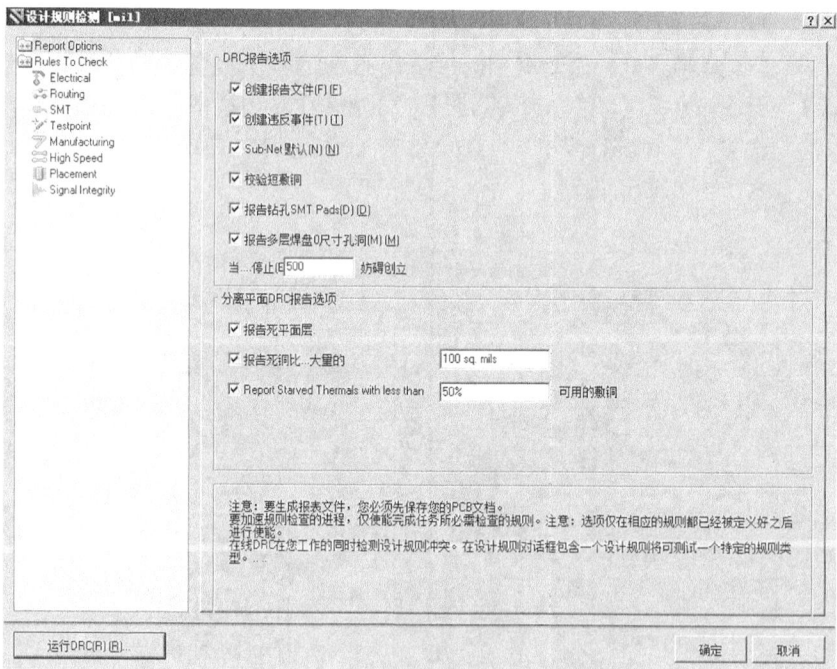

图 4-48　【设计规则检测】对话框

（2）选择图 4-48 中的【Manufacturing】选项，如图 4-49 所示，取消最下面一行的检测。

（3）单击 运行DRC(R) (R)... 按钮，启动 DRC 检查，系统自动产生一个*.html 文件，给出检查结果，有 11 处违反设计规则，如图 4-50 所示。

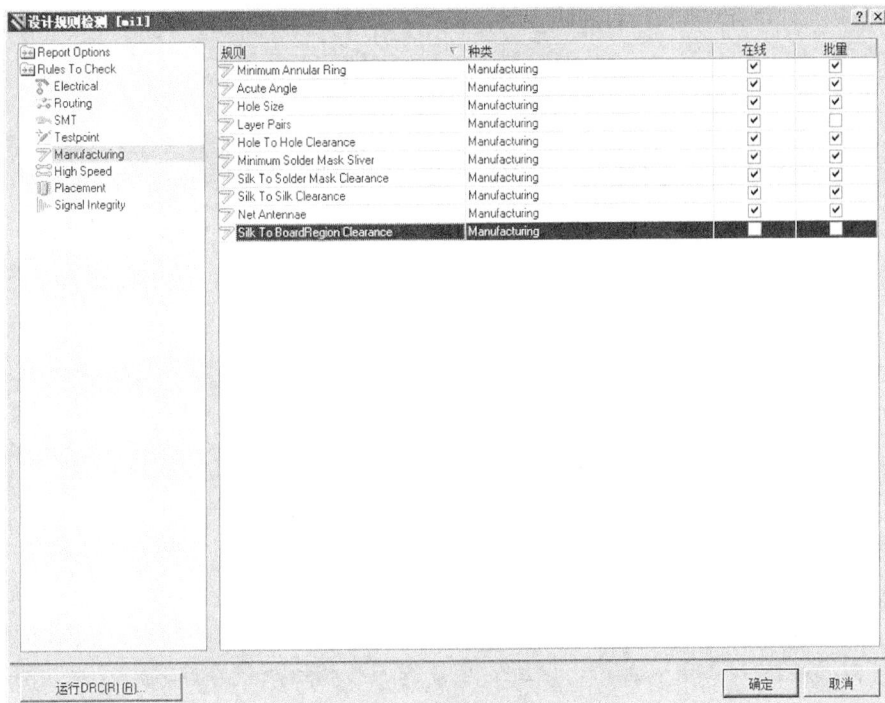

图 4-49　设置设计规则检测参数

Rule Violations	Count
Width Constraint (Min=40mil) (Max=40mil) (Preferred=40mil) (InNet('NetL_1'))	0
Width Constraint (Min=40mil) (Max=40mil) (Preferred=40mil) (InNet('NetDS2_1'))	0
Width Constraint (Min=40mil) (Max=40mil) (Preferred=40mil) (InNet('NetDS1_2'))	0
Width Constraint (Min=40mil) (Max=40mil) (Preferred=40mil) (InNet('NetDS1_1'))	0
Width Constraint (Min=40mil) (Max=40mil) (Preferred=40mil) (InNet('NetD1_4'))	0
Width Constraint (Min=40mil) (Max=40mil) (Preferred=40mil) (InNet('NetD1_2'))	0
Width Constraint (Min=40mil) (Max=40mil) (Preferred=40mil) (InNet('VCC'))	0
Width Constraint (Min=40mil) (Max=40mil) (Preferred=40mil) (InNet('GND'))	0
Power Plane Connect Rule(Relief Connect)(Expansion=20mil) (Conductor Width=10mil) (Air Gap=10mil) (Entries=4) (All)	0
Clearance Constraint (Gap=10mil) (All),(All)	0
Width Constraint (Min=20mil) (Max=20mil) (Preferred=20mil) (All)	0
Net Antennae (Tolerance=0mil) (All)	0
Silk to Silk (Clearance=2mil) (All),(All)	10
Silk To Solder Mask (Clearance=2mil) (IsPad),(All)	1
Minimum Solder Mask Sliver (Gap=2mil) (All),(All)	0
Hole To Hole Clearance (Gap=10mil) (All),(All)	0
Hole Size Constraint (Min=1mil) (Max=100mil) (All)	0
Height Constraint (Min=0mil) (Max=1000mil) (Prefered=500mil) (All)	0
Un-Routed Net Constraint ((All))	0
Short-Circuit Constraint (Allowed=No) (All),(All)	0
Total	11

图 4-50　设计规则检查报告

（4）具体 11 处违反规则的信息如图 4-51 所示，主要是与标识符 R1、R2、R3、R5、R6、C3 的位置有关。移动相关标识符后，重复上一步骤再次进行 DRC 检测直至没有一条违反设计规则为止。

Silk to Silk (Clearance=2mil) (All),(All)	
Text "R2" (1958mil,1150mil) Top Overlay	Track (2060mil,1210mil)(2060mil,1290mil) Top Overlay
Text "R2" (1958mil,1150mil) Top Overlay	Track (2060mil,1210mil)(2300mil,1210mil) Top Overlay
Text "R6" (1958mil,474mil) Top Overlay	Track (2055mil,515mil)(2055mil,595mil) Top Overlay
Text "R5" (1953mil,629mil) Top Overlay	Track (2060mil,688mil)(2300mil,688mil) Top Overlay
Text "R5" (1953mil,629mil) Top Overlay	Track (2060mil,688mil)(2060mil,768mil) Top Overlay
Text "R3" (1958.441mil,975.442mil) Top Overlay	Track (2060mil,1036mil)(2300mil,1036mil) Top Overlay
Text "R3" (1958.441mil,975.442mil) Top Overlay	Track (2060mil,1036mil)(2060mil,1116mil) Top Overlay
Text "R1" (1958mil,1324mil) Top Overlay	Track (2004.882mil,1379.882mil)(2115.118mil,1379.882mil) Top Overlay
Text "R1" (1958mil,1324mil) Top Overlay	Track (2004.882mil,1379.882mil)(2004.882mil,1590.118mil) Top Overlay
Text "C3" (1110mil,805mil) Top Overlay	Track (1220mil,730mil)(1220mil,930mil) Top Overlay

Back to top

Silk To Solder Mask (Clearance=2mil) (IsPad),(All)	
Text "R6" (1958mil,474mil) Top Overlay	Pad R5-1(1975mil,555mil) Multi-Layer

Back to top

图 4-51　11 处具体违反规则的地方

4.2.5　放置安装孔

（1）执行【放置】→【焊盘】命令或单击【配线】工具栏中的【焊盘】按钮，按键盘的【Tab】键，弹出【焊盘】对话框，设置安装孔的通孔和形状尺寸均为"120mil"，如图 4-52 所示。

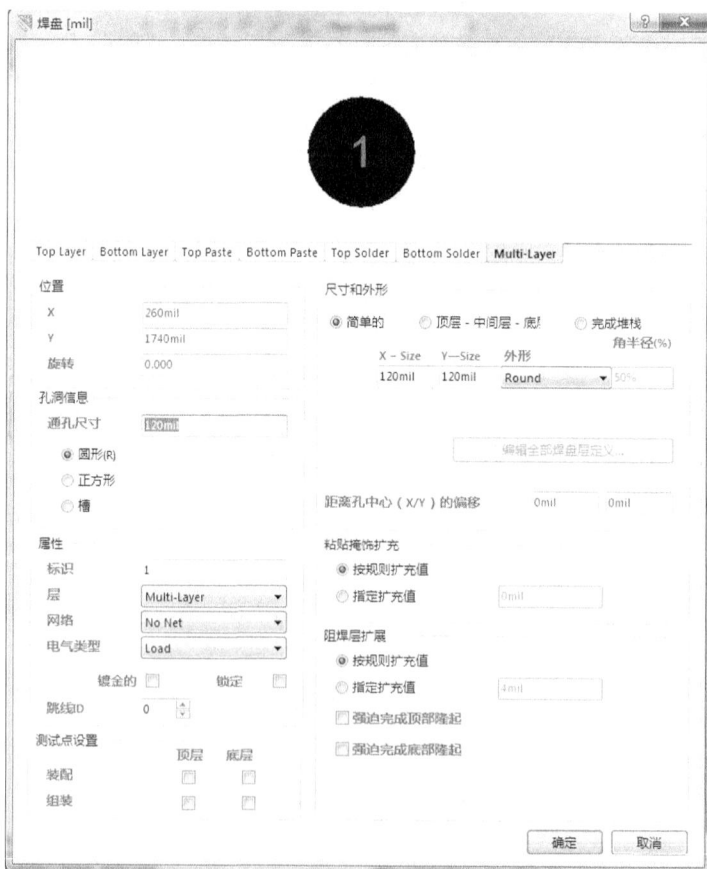

图 4-52　设置安装孔

（2）单击【焊盘】对话框中的【确定】按钮，然后将焊盘放置于印制电路板四角作为安装孔，并在"Keep-Out Layer"板层，执行【放置】→【走线】命令将 4 个安装孔围起来，如图 4-53 所示。

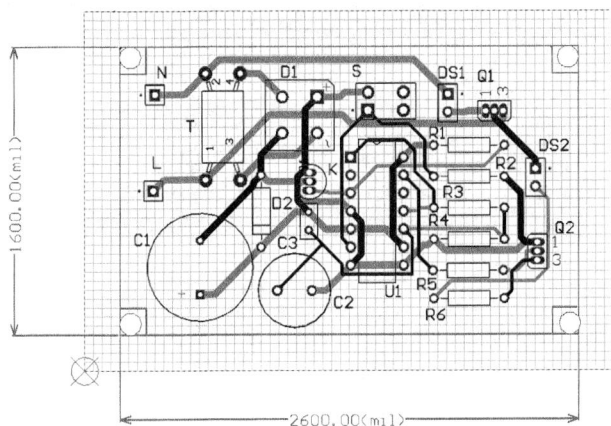

图 4-53　安装孔放置完成

4.2.6　覆铜

PCB 板大面积覆铜可以减小地线阻抗，提高抗干扰能力，降低压降，提高电源效率，与地线相连，减小环路面积。大面积覆铜一般采用网格状，网格状的散热性较好，防止过波峰焊时 PCB 板的翘起，只有低频大电流的电路才用实心的铺铜。

（1）执行【放置】→【多边形覆铜】命令，弹出【多边形覆铜】对话框，当前工作层为"Top Layer"，顶层多边形覆铜设置如图 4-54 所示，单击【确定】按钮，十字工作光标沿着 2600×1600 的外框画一个封闭的多边形覆铜框，右击放置多边形覆铜，顶层多边形覆铜结果如图 4-55 所示。

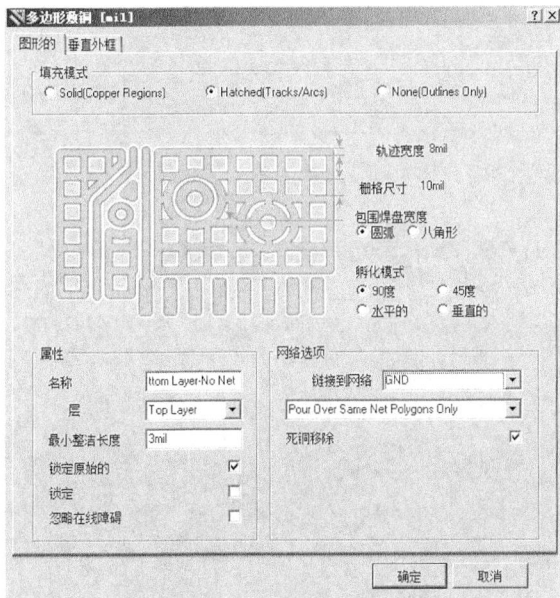

图 4-54　顶层覆铜设置

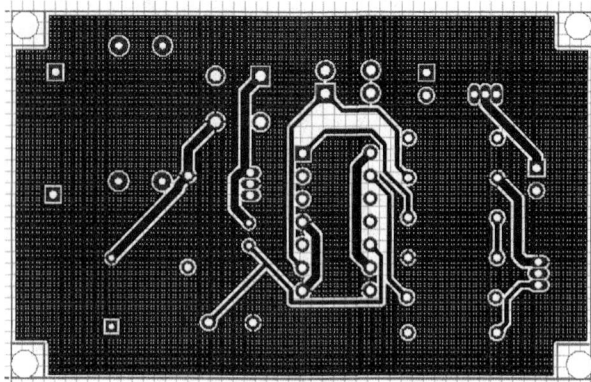

图 4-55　顶层多边形覆铜结果

（2）当前工作层为"Bottom Layer"，再次执行【放置】→【多边形覆铜】命令，弹出【多边形覆铜】对话框，底层多边形覆铜设置如图 4-56 所示，过程同上，底层多边形覆铜结果如图 4-57 所示。

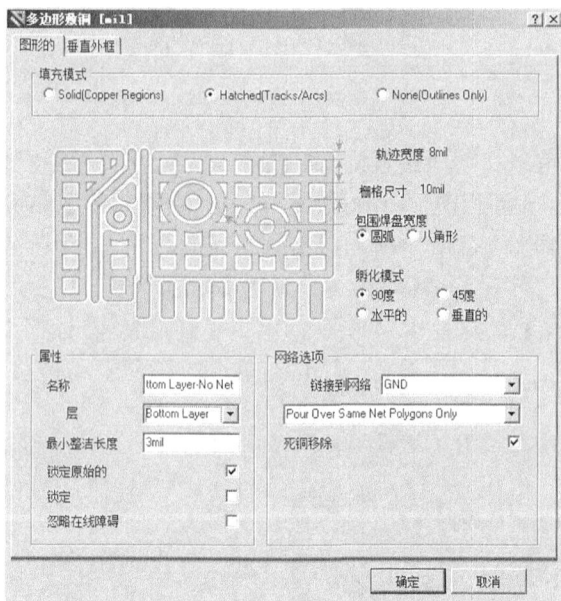

图 4-56　底层覆铜设置

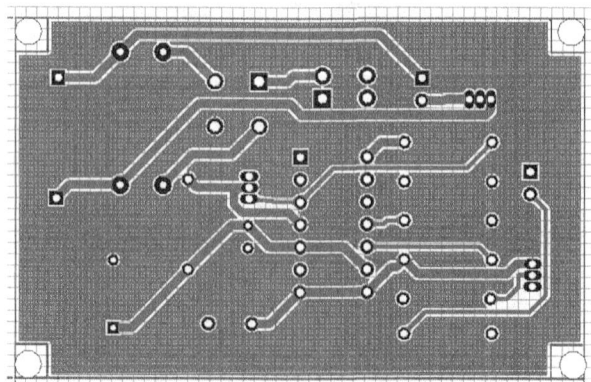

图 4-57　底层多边形覆铜结果

技能链接　PCB 设计用到的层面

在前面已给出了 PCB 设计过程的工作层介绍，如表 4-2 所示。在此重点归纳几种 PCB 电路板设计过程中具体涉及的工作层及其意义。

1. 单面 PCB 板设计

一般要用到 Top Layer（顶层）、Bottom Layer（底层）、Mechanical 1（机械 1 层）、Top Solder（顶部阻焊层）、Top Paste（顶部助焊层）、Bottom Solder（底部阻焊层）、Bottom Paste（底部助焊层）、Top Overlay（顶层丝印层）、Keep-Out Layer（禁止布线层）、Multi-Layer（多层）、Drill Drawing（钻孔绘图层）。

布线层：Bottom Layer（底层）。

2. 双面 PCB 板设计

跟单项面 PCB 板一致。一般要用到 Top Layer（顶层）、Bottom Layer（底层）、Mechanical 1（机械 1 层）、Top Solder（顶部阻焊层）、Top Paste（顶部助焊层）、Bottom Solder（底部阻焊层）、Bottom Paste（底部助焊层）、Top Overlay（顶层丝印层）、Keep-Out Layer（禁止布线层）、Multi-Layer（多层）、Drill Drawing（钻孔绘图层）。

布线层：Top Layer（顶层）、Bottom Layer（底层）。

3. 多层 PCB 板设计

一般要用到 Top Layer（顶层）改叫 Component Side（元件层）、Bottom Layer（底层）改叫 Solder Side（焊接面层）、Power Plane（电源内层）、Ground Plane（地内层）、Mechanical 1（机械 1 层）、Mechanical 4（机械 4 层）、Mechanical 5（机械 5 层）、Mechanical 13（机械 13 层）、Top Solder（顶部阻焊层）、Top Paste（顶部助焊层）、Bottom Solder（底部阻焊层）、Bottom Paste（底部助焊层）、Top Overlay（顶层丝印层）、Keep-Out Layer（禁止布线层）、Multi-Layer（多层）、Drill Drawing（钻孔绘图层）。

布线层：Component Side（元件层）、Solder Side（焊接面层）、Power Plane（电源内层）、Ground Plane（地内层）。

实战项目　简易录放音电路双面 PCB 板设计

图 4-58 是元器件 ISD1400 的顶视图，一般为 DIP 封装；如图 4-59 所示，请将该简易录放电路设计成双面 PCB 板，类似图 4-60 所示。PCB 技术指标要求如下。

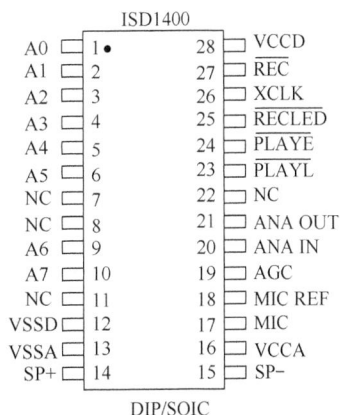

图 4-58　元器件 ISD1400 的顶视图

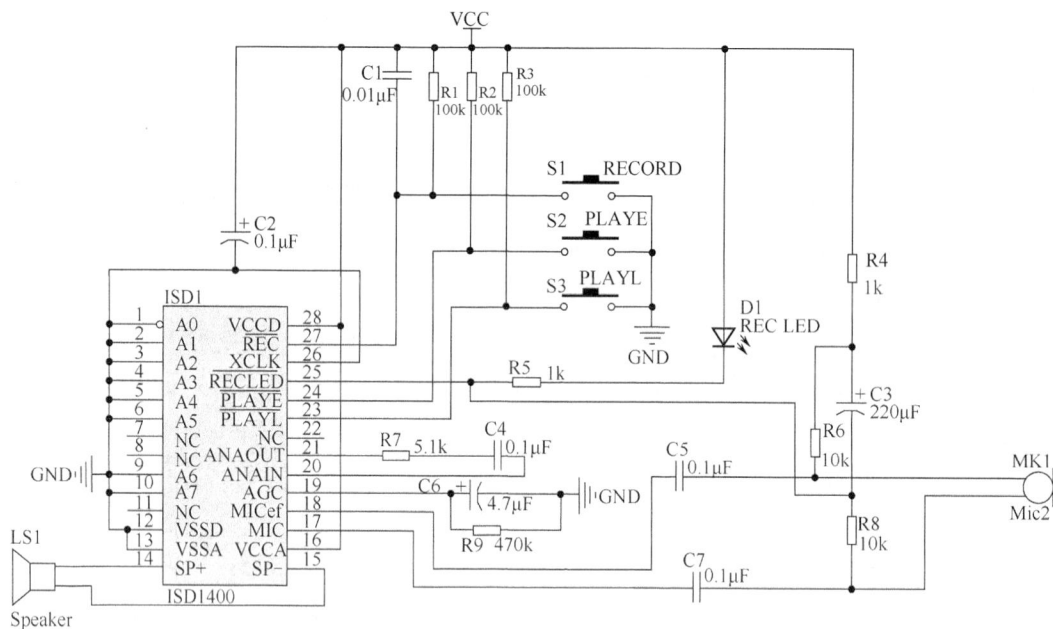

图 4-59   简易录放音电路图

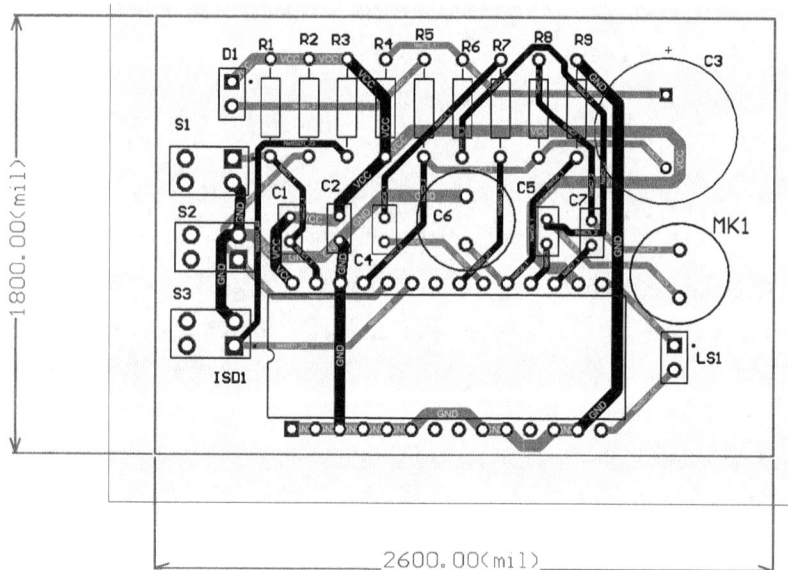

图 4-60   简易录放电路双面 PCB 板

（1）双面板，电路板尺寸为 3000mil×2200mil，禁止布线区与板子边沿的距离为 200mil。

（2）最小间距为 10mil。

（3）最小铜膜导线宽度为 30mil，电源、地线的铜膜导线宽度为 50mil，导线拐角为 45°。

（4）优化布线修改夹角小于 90°的同面铜膜导线，执行【工具】→【泪滴】命令，加固细铜膜导线与焊盘间连接。

（5）对 PCB 进行设计规则检查。

（6）在四角放置 4 个安装孔，孔径为 120mil，并对设计的 PCB 板进行大面积覆铜处理。

单片机电路双面板设计

项目导读

本项目用到的电路原理图是单片机课中的实验实训板原理图，根据单片机实验电路板电路工作原理，按电路功能将该电路划分为 5 大模块：电源电路部分（给整个最小单片机系统提供电源）、下载电路部分（主要为调试程序和将调好程序下载到芯片上服务的）、控制电路部分（是整个最小单片机系统的控制中心）、按钮矩阵电路部分（是整个最小单片机系统的输入部分）、显示电路部分（是整个最小单片机系统的输出部分）。希望学生设计组装的单片机实验电路双面板能在后续的单片机的实验实训课中使用，进一步加强学生学习电子 CAD 课程的兴趣，同时增大与其他课程的联系，提高学生实际双面电路板的设计工作经验，为以后从事电路设计工作打下良好的基础。

教学方式

"教学做"一体化教学方式，本项目可以和其他课程相联系，学生亲自动手为其他课程的实验实训设计制作电路板，理论联系实际，培养学生创新实践能力。建议课上 12 个学时，课后 8 个学时。

相关知识

常用的布线工具。执行【查看】→【工具栏】→【布线】命令，调出【布线】工具栏如图 5-1 所示，它对应【放置】菜单中上半部分的命令，是最常用的电气连接工具栏。总线、总线入口、网络标签、端口、电线等电气对象之间的关系如图 5-2 所示。

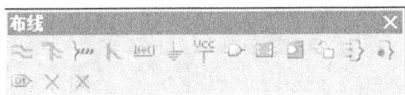

图 5-1　【布线】工具栏

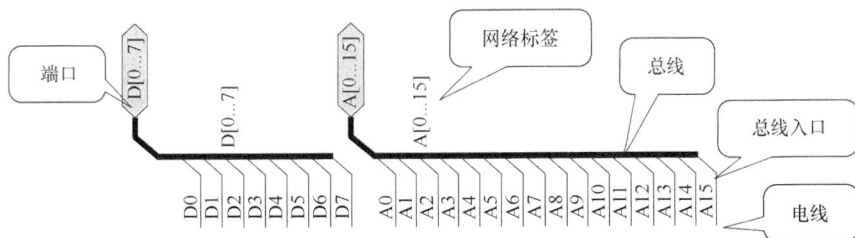

图 5-2　常用电气对象

1. 总线

总线是一组具有相同电气特性的并行信号线组合，如计算机内部的地址总线、数据总线、控制总线等。在原理图绘制过程中，为了便于电路原理图绘制、阅读和相互交流，也为了电路原理图美观、结构清晰，经常用一根较粗的电连接线来表示一组同类型的电连接，这根较粗的电连接线就是总线（Bus）。即一根总线代表多根电线（Wire），是电连接线的一种表现形式，可以与总线入口、网络标签及端口一起配合使用，达到实质意义上的电气连接特性。

执行【放置】→【总线】命令，或单击【布线】工具栏上的放置总线按钮，光标变为"十"字形，移动光标到欲放置总线的起点位置，单击鼠标左键，确定起点，在总线每一个转弯处及终点位置都单击鼠标左键确认即可。

2. 总线入口

总线入口是单一导线与总线的连接线。

执行【放置】→【总线入口】命令，或单击【布线】工具栏上的放置总线入口按钮，"十"字形工作光标上就会粘有一个总线入口线，此时可以按【Space】键变换其放置方向，确定位置后单击鼠标左键即可放置一个总线入口。

3. 网络标签

网络标签具有实际的电气连接意义，电路图中具有相同网络标签的导线，它们实际上是连接在一起的，如图5-3所示。当需要连接的线段比较长，或因电路较复杂使绘制电连接线比较困难时，应尽量使用放置网络标签的方法来实现电气连接。

执行【放置】→【网络标签】命令，或单击【布线】工具栏上的放置网络标签按钮，"十"字形工作光标上就会粘有一个网络标签，此时按【Tab】键，可打开【网络标签】对话框，输入网络标签的名称，如图5-4所示。

提示：网络标签一定要放置到具体电连接线上，悬浮的网络标签是没有任何意义的。

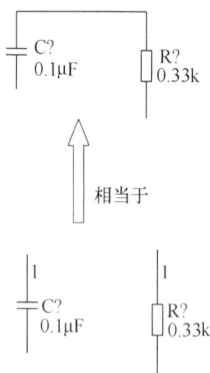

图 5-3　网络标签"1"　　　　图 5-4　【网络标签】对话框

4. 端口

复杂电路图中任何两个具有相同名称的端口，同样也实现了电气连接。也就是说电路图中具有相同名称的两个端口实际上是连接在一起的。执行【放置】→【端口】命令，或单击【布线】工具栏上的放置端口按钮，"十"字形工作光标上就会粘有一个端口，分别单击鼠标左键确定端口的起点、终点的位置即可放置。

项目目标

- 精通复杂电路原理图设计。
- 精通原理图元件库、PCB 封装库的创建和使用。
- 精通复杂双面 PCB 板设计与制作。

任务 5.1　创建单片机自制 SCH 元件库

单片机电路原理图如图 5-5 所示，是单片机专业课中学生实验实训电路板的原理图，根据按电路功能将该电路划分为五大模块：电源电路部分、下载电路部分、控制电路部分、按钮矩阵电路部分、显示电路部分。

5.1.1　创建单片机实验板 PCB 项目

（1）在学生盘上新建一个"项目 5"文件夹，执行【文件】→【创建】→【项目】→【PCB 项目】命令，新建一个单片机实验板 PCB 项目并保存。

（2）执行【文件】→【创建】→【库】→【原理图库】命令，并将新建原理图库文件另存到"项目 5"目录中，命名为"mySchlib.SchLib"。

5.1.2　STC89C51 元件制作

网上很容易查到 STC89C51 元件使用手册，STC89C51 电路符号如图 5-6 所示，一般实验用 DIP-40 的封装。

（1）当前文件改为 mySchlib.SchLib，展开 SCH Library 面板，系统打开一张新的元件编辑图纸。

（2）执行【工具】→【新元件】命令，在【新元件】对话框的【名称】文本框中输入"STC89C51"。

（3）执行【工具】→【文档选项】命令，弹出【库编辑器工作台】对话框，设置当前捕获网格、可视网格的值均为"10"，其他参数一般不需要改变。

（4）执行【放置】→【矩形】命令，在第四象限靠近坐标原点（X:0，Y:0）的位置放置一个 110mil×250mil 的矩形，如图 5-7 所示。

（5）执行【放置】→【引脚】命令，放置元件各引脚，引脚 1 的属性设置如图 5-8 所示。STC89C51 的【引脚属性】对话框的具体设置内容可参照表 5-1。

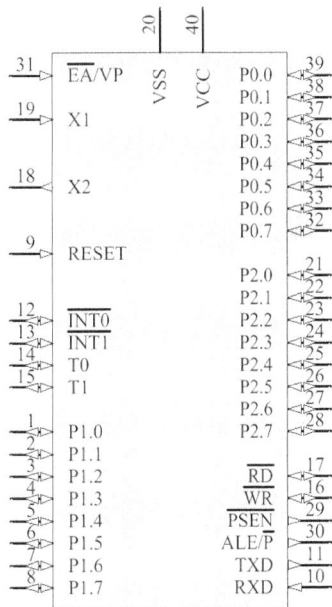

图 5-6　STC89C51 元件电路符号

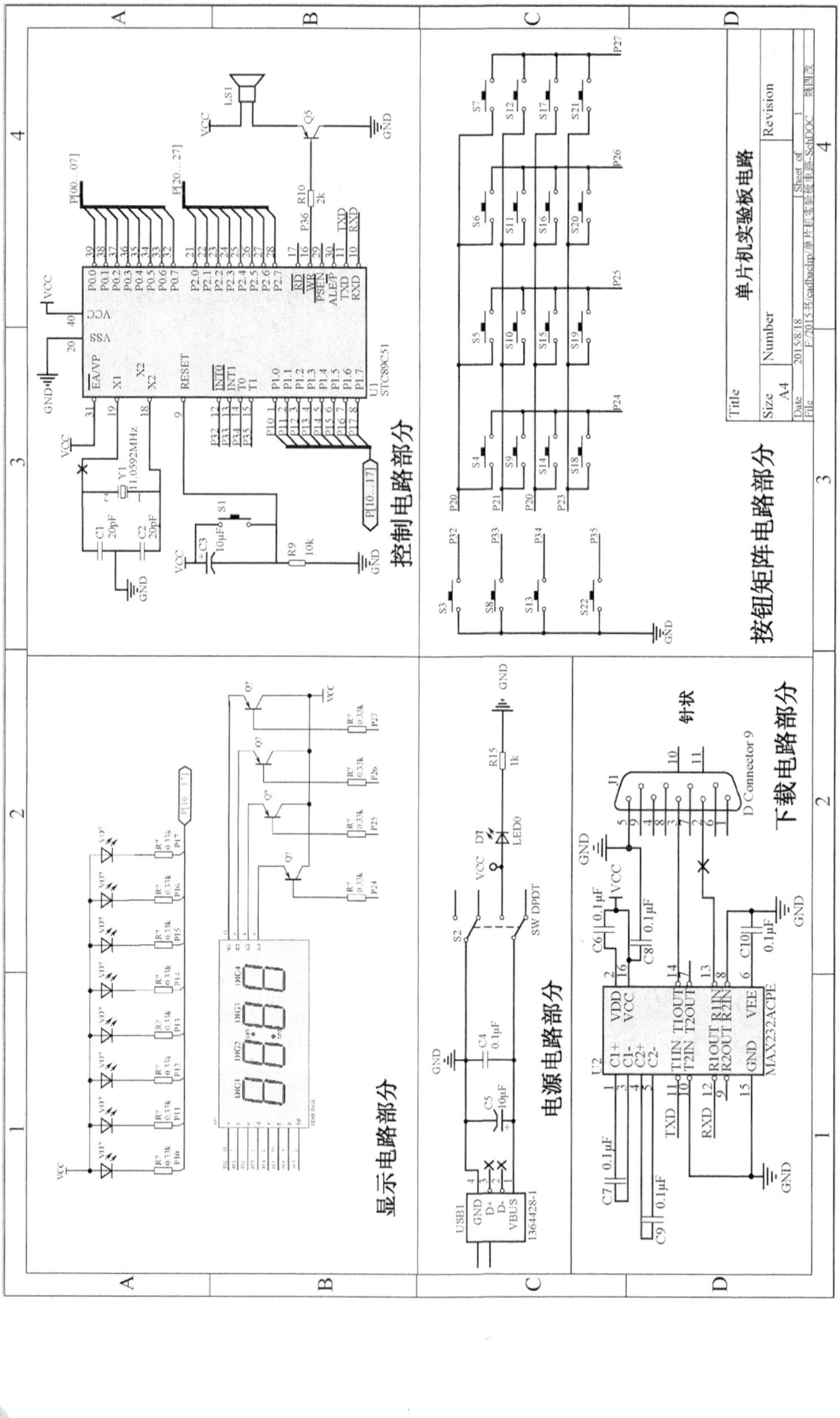

图 5-5 单片机实验板电路原理图

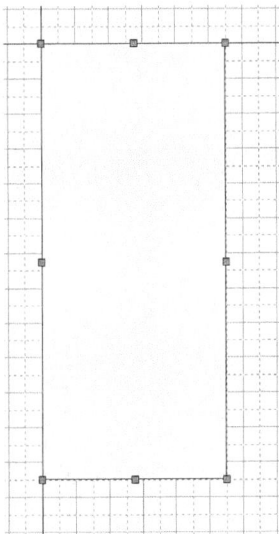

图 5-7　放置矩形

图 5-8　引脚 1 的属性设置

表 5-1　STC89C51 引脚属性

引　　脚	引脚电气类型
9、10、19、31	Input
11、18、29、30	Output
VCC、VSS	Power
其余引脚	IO

提示：引脚 13 的属性设置对话框如图 5-9 所示，用 "I\N\T\1\" 实现 $\overline{INT1}$ 引脚名。

图 5-9　引脚 13 的属性设置

（6）双击元件名 STC89C51，弹出 STC89C51 元件属性对话框，在【Default Designator（默认编号）】处输入"U？"；在【Default Comment】下拉列表框中输入"STC89C51"，如图 5-10 所示。

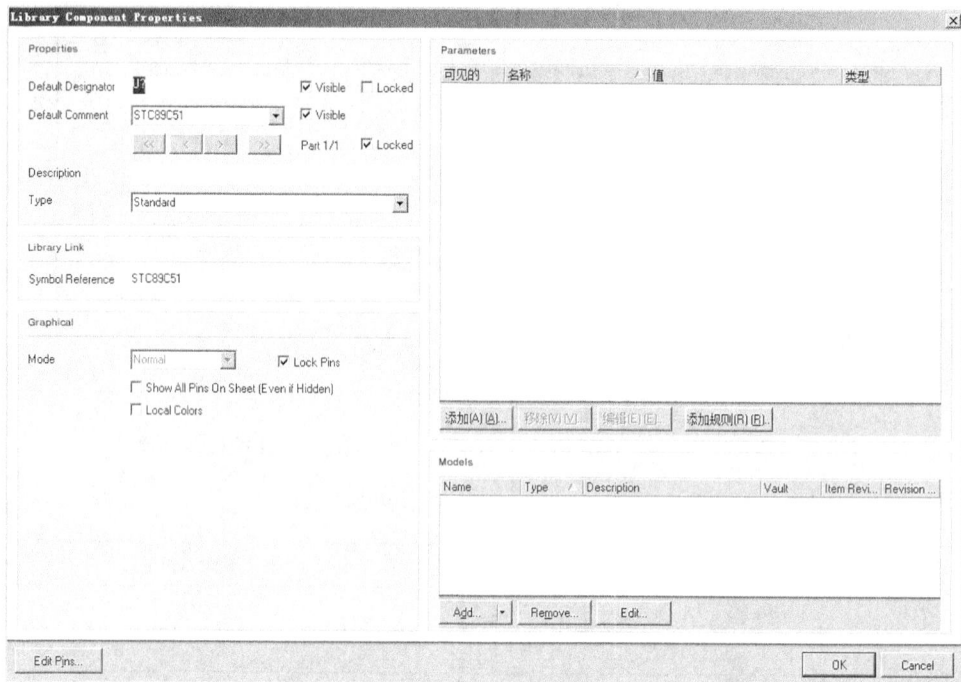

图 5-10　STC89C51 元件属性设置

（7）绘制好的 STC89C51 元件电路符号如图 5-6 所示，单击标准工具栏上的【保存】按钮![save]，保存 STC89C51 原理图符号。

任务 5.2　绘制单片机实验板原理图

5.2.1　新建原理图

（1）执行【文件】→【创建】→【原理图】命令，在"单片机实验板电路"项目中新建一个原理图文件。

（2）执行【文件】→【另存为】命令，保存原理图文件到"项目 5"中，命名为"单片机实验板电路"原理图文件，如图 5-11 所示。

5.2.2　原理图工作环境的设置

1．图纸、标题栏参数设置

执行【设计】→【文档选项】命令，弹出【文档选项】对话框，如图 5-12 所示。在【文

图 5-11　新建原理图

档选项】对话框的【方块电路选项】选项卡中，将【标准风格】设定为"A4"，捕获网格和可视网格均设为"10"，电气网格设为"4"；在【参数】选项卡中，将【DrawnBy】参数值设为"姚四改"（改成学生自己的名字）、【Title】数值为"单片机实验板电路"、【SheetNumber】数值为"1"、【SheetTotal】数值为"1"，如图 5-13 所示。

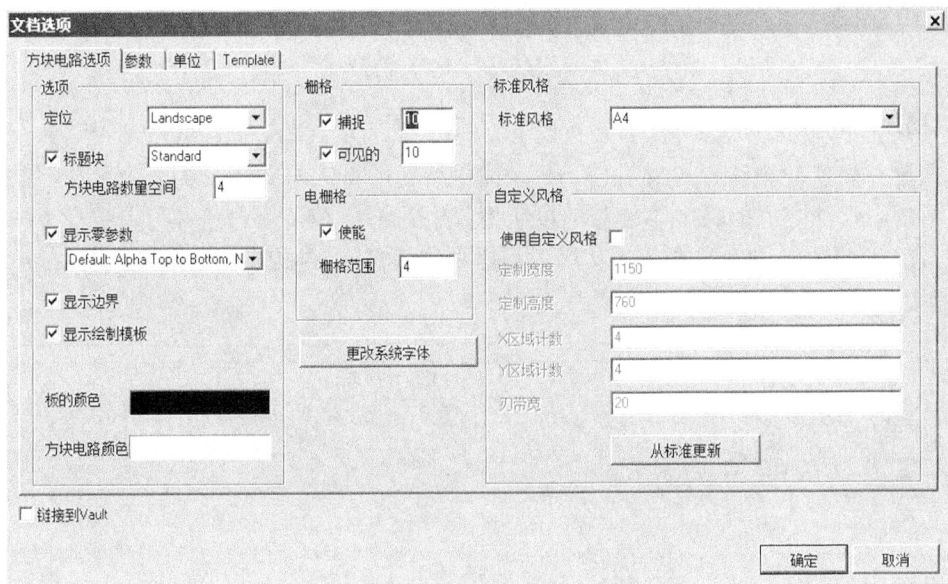

图 5-12　【方块电路选项】选项卡

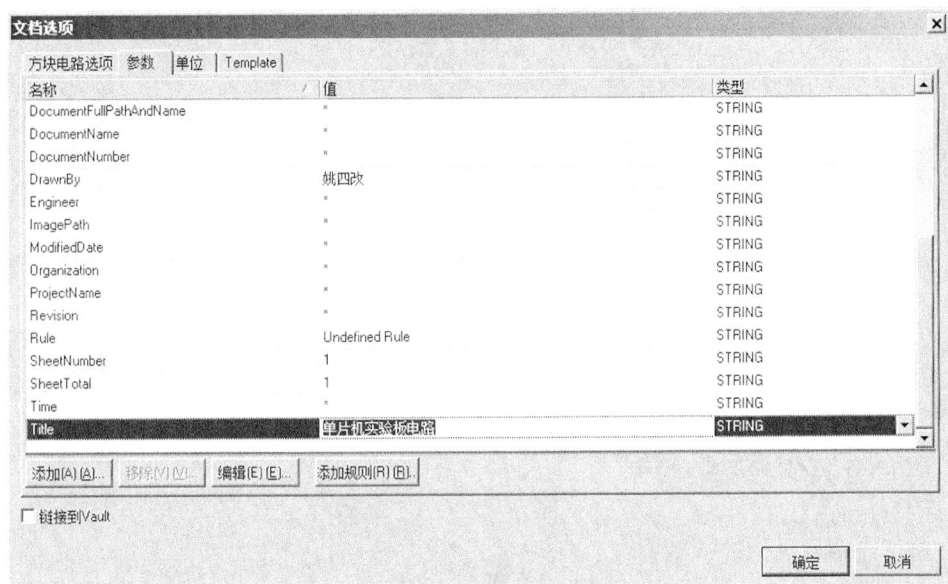

图 5-13　【参数】选项卡

标题栏内容的显示，如图 5-14 所示。

Title			
	单片机实验板电路		
Size	Number		Revision
A4		I	
Date:	2015/6/28	Sheet of	1
File:	F:\2015书\cadbackup\单片机\单片机实验板电路.SchDoc		姚四改

图 5-14　显示相关内容的标题栏

2. 图纸的划分

根据单片机实验电路板电路工作原理，按电路功能将该电路划分为五大模块：电源电路部分、下载电路部分、控制电路部分、按钮矩阵电路部分和显示电路部分。执行【放置】→【描图工具】→【线】命令，或单击实用工具栏中的【直线】按钮，用直线将图纸也相应地划分为 5 个区域，如图 5-15 所示。

图 5-15　用直线工具将图纸划分为 5 个区域

5.2.3 各部分具体电路的绘制

1. 显示电路原理图的绘制

（1）显示电路原理图部分的关键元件为 4 位一体七段数码管 HDSP-B03E。展开【元件库】面板，加载 DXP2004 软件安装路径库中 library04\Library\Agilent Technologies 中的 "Agilent LED Display 7-Segment, 4-Digit.IntLib" 集成元件，从中找到 HDSP-B03E 元器件，在图纸左上部分放置一个 HDSP-B03E 元件。

（2）在元件库 Miscellaneous Devices.IntLib 中取出 LED0、Res2、PNP 几种元件，现有元件的摆放如图 5-16 所示。

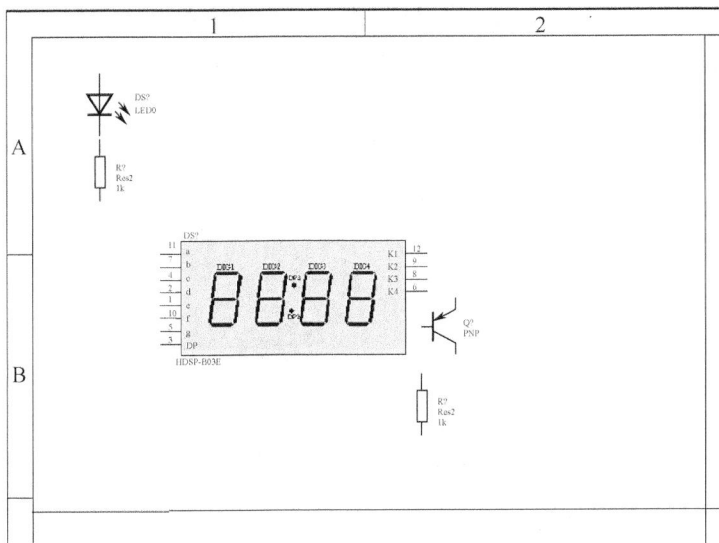

图 5-16　放置了部分元件

（3）双击 LED0、Res2、PNP 元件符号，打开其属性对话框，将 LED0 标识符改为"VD?"、Res2 值改为"0.33k"、取消选中 PNP 属性对话框中【注释】文本框后方的【可视】复选框（元件编号不设置）。

（4）按住【Shift】键，用鼠标单击元件 LED0、Res2，同时选中这两个元件，单击标准工具栏中的【复制】按钮 ，复制后，再单击 按钮，在图纸合适的位置粘贴 7 对。

（5）用上述方法将 Res2、PNP 也粘贴 3 对，并向上移动 PNP 三极管位置，结果如图 5-17所示。

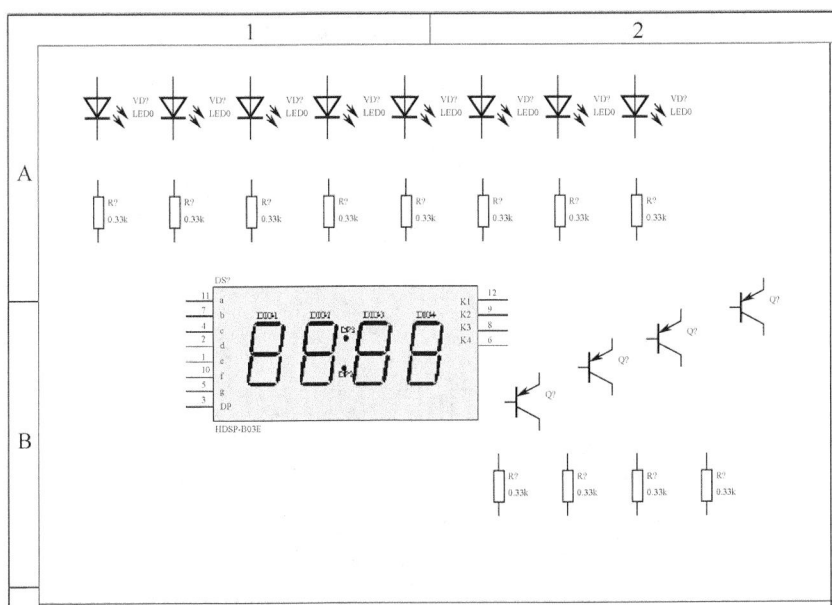

图 5-17　放置完所有的元件

（6）单击【布线】工具栏上的【导线】按钮，【电源】按钮，放置相关导线、电源，如图 5-18 所示。

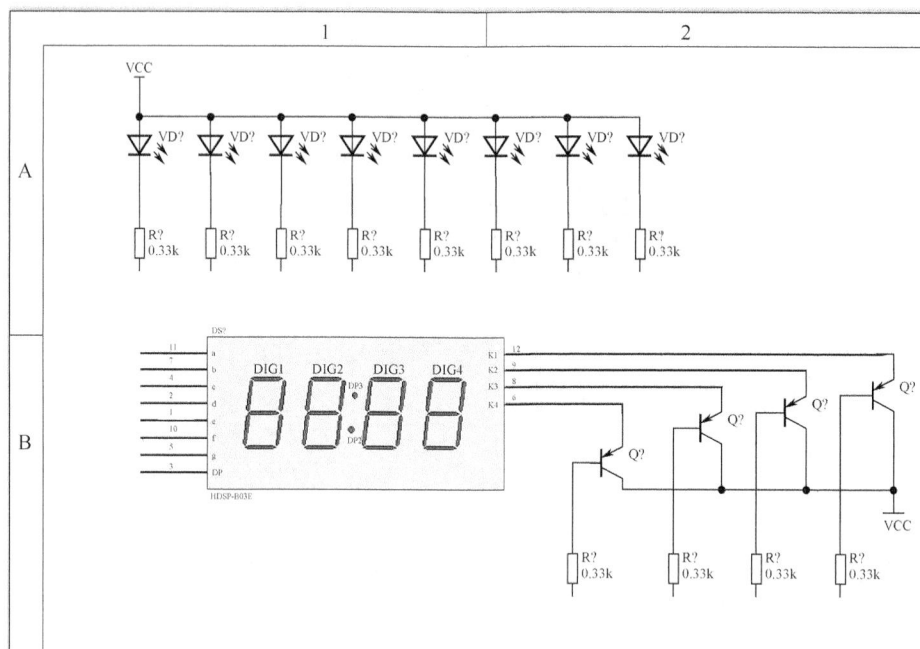

图 5-18　放置导线

（7）单击【布线】工具栏上的【总线入口】按钮和【总线】按钮，放置总线入口和总线。单击【布线】工具栏上的【端口】按钮，在总线最右端放置一个端口，【端口属性】对话框中的参数设置如图 5-19 所示。

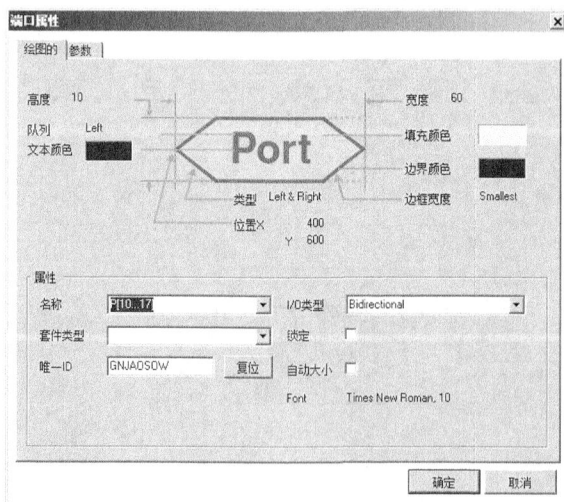

图 5-19　【端口属性】对话框

（8）单击【布线】工具栏上的【网络标签】按钮，在其属性对话框中填入连续网络标签的起始标签号，如图 5-20 所示，依次按鼠标左键在电路图中放置网络标签。

（9）绘制好的显示电路原理图如图 5-21 所示。

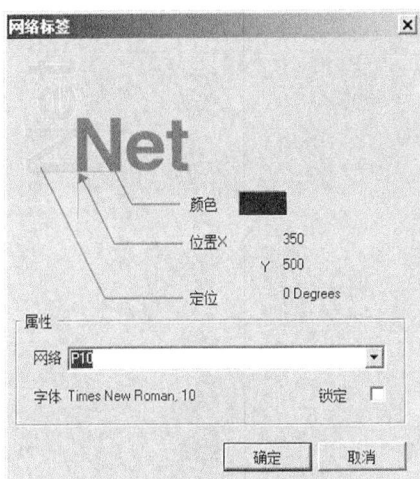

图 5-20 【网络标签】对话框

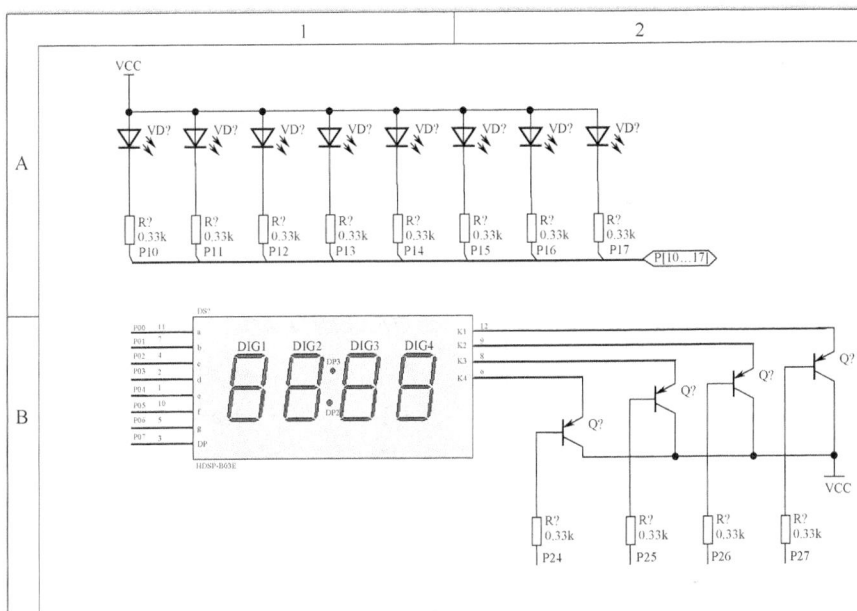

图 5-21 绘制好的显示电路原理图

提示：放置网络标签时要及时修改第一个网络标签的网络名称，这样后续放置的网络标签的名称会自动递加，可以有效地提高绘图的速度。

2. 控制电路原理图的绘制

（1）控制电路原理图部分的关键元件是控制芯片 STC89C51。展开工作区右侧的【元件库】面板，将当前元件库文件改为"mySchlib.SchLib"，单击【Place STC89C51】按钮，在图纸右上部分放置一个 STC89C51 元件。

（2）在元件库 Miscellaneous Devices.IntLib 中分别取出 Cap、Cap Poll、Res2、PNP、XTAL、SW-PB、Speaker 几种元件，并修改元件的相关属性，如图 5-22 和图 5-23 所示（元件编号不设置）。

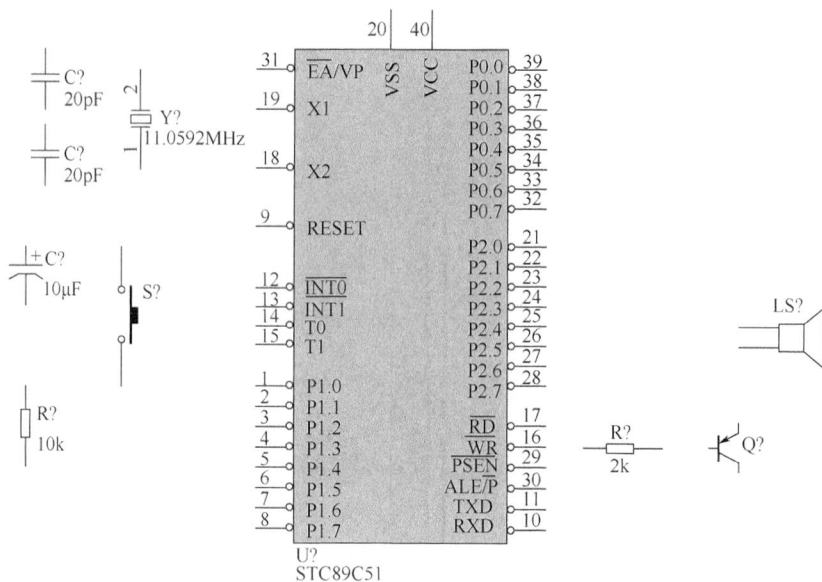

图 5-22　放置所需的元件

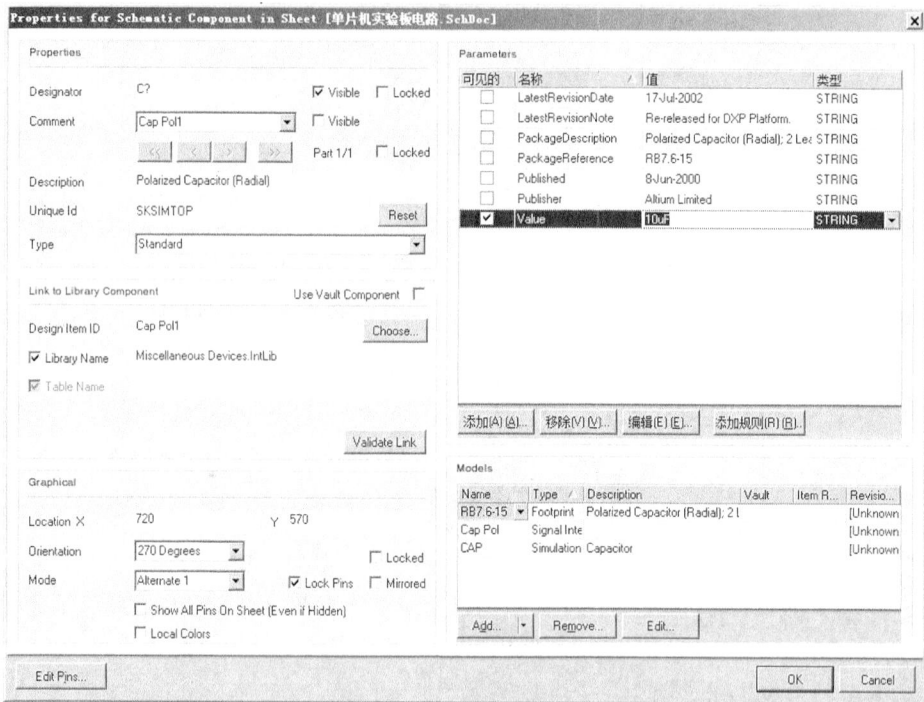

图 5-23　设置元件属性

（3）单击【布线】工具栏上的【导线】按钮放置导线，单击【网络标签】按钮在导线上放置相关的网络标签，单击【电源】按钮和【地】按钮在图纸中放置电源和地。

（4）单击【布线】工具栏上的【总线入口】按钮和【总线】按钮连接 P0、P1、P2 口，并在 P1 口总线上放置端口 P[10…17]（其属性设置如图 5-19 所示，为双向端口），在 P0、P2口总线上放置相应网格标签 P[00…07]、P[20…27]。

绘制好的控制电路原理图如图 5-24 所示。

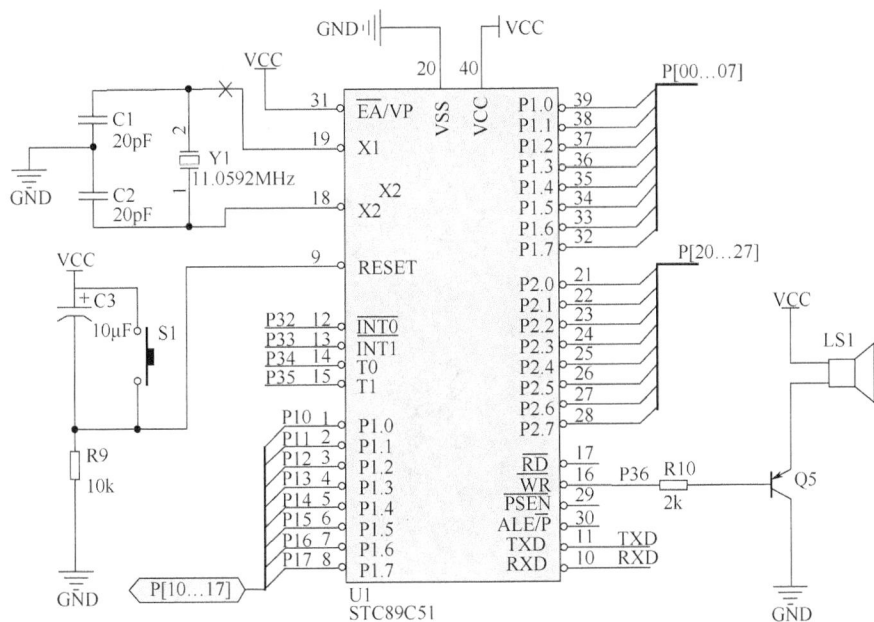

图 5-24 绘制好的控制电路原理图

提示：总线的网络标签采用格式为：总线名称［起始序号…结束序号］。

3. 电源电路的绘制

（1）加载 DXP2004 软件安装路径库中 library04\Library\Library\Amp 中的元件库文件 AMP Serial Bus USB.IntLib，并从该库中取出一个"1364425-1"USB 接口元件放置在图纸中左边第二个区域中。

（2）该部分电路中余下的元件均在库文件 Miscellaneous Devices.IntLib 中，注意其中元件"SW DPDT"需要按【Y】键进行垂直镜像，用前述方法绘制好的电源电路如图 5-25 所示。

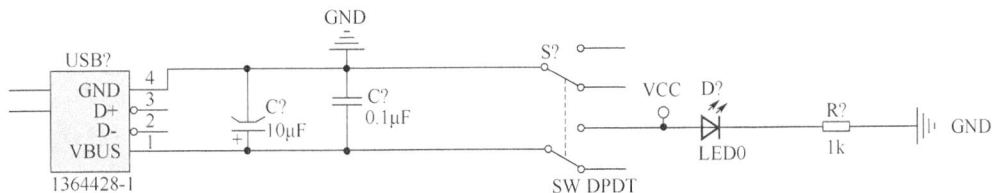

图 5-25 绘制好的电源电路图

4. 下载电路的绘制

（1）执行【工具】→【发现器件】命令，弹出【搜索库】对话框，如图 5-26 所示，输入查找条件"MAX232*"，找到 MAX232ACPE 元件，单击【Place MAX232ACPE】按钮，在图纸左侧第三部分放置一个 MAX232ACPE 元件符号（该元件在 DXP2004 软件库中 Library\Maxim\Maxim Communication Transceiver.IntLib）。

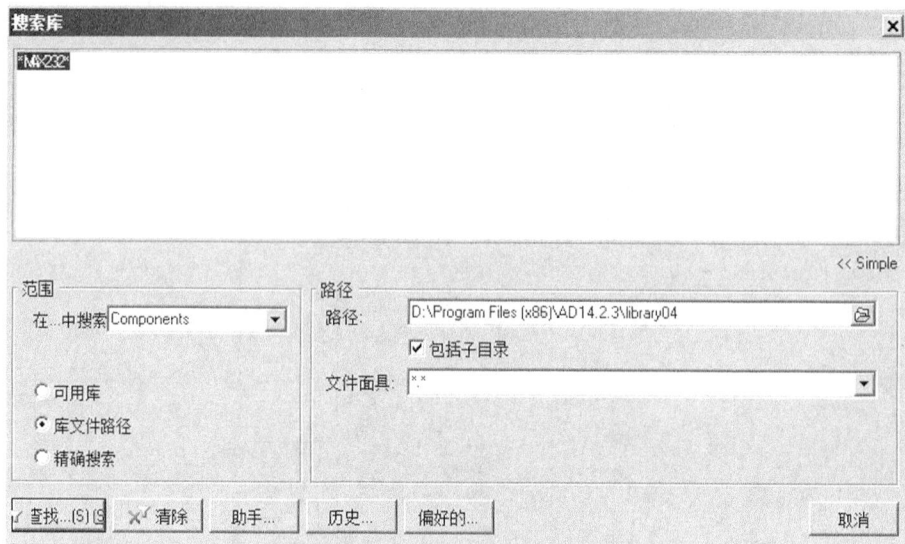

图 5-26 【搜索库】对话框

（2）将当前元件库文件改为 Miscellaneous Connectors.IntLib，从中取出元件"D Connector 9"符号，也将其放置在图纸左侧第三部分中。电路中需要的电容在库文件 Miscellaneous Devices.IntLib 中。

提示：① 放置元器件时，软件的汉字输入法一定要关闭。

② 当元件"D Connector 9"符号随鼠标移动时，按【Space】键调整元件为 90°位置，并按【Y】键使该元件上、下镜像后放置在电路图中。

（3）单击【布线】工具栏上的【导线】按钮▨放置导线，单击【网络标签】按钮▨在导线上放置相关网络标签，单击【电源】按钮▨和【地】按钮▨放置电源和地。绘制好的下载电路如图 5-27 所示。

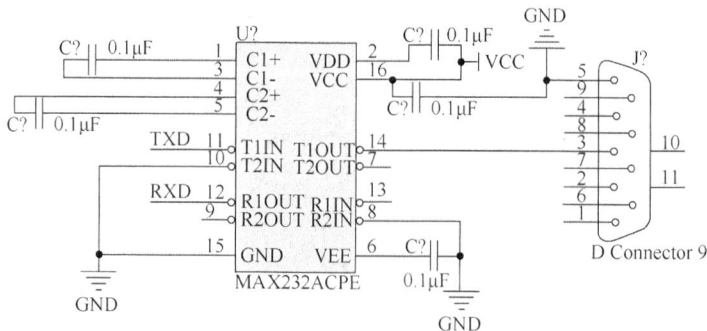

图 5-27 绘制好的下载电路图

5. 按钮矩阵电路的绘制

（1）在库文件 Miscellaneous Devices.IntLib 中找到元件 SW-PB，并在图纸的右侧下半部分，放置 16 个 SW-PB 开关。

（2）调出实用工具栏，选中需要排列的开关，利用如图 5-28 所示的【排列】工具 ▨ ，将 16 个 SW-PB 开关按图 5-29 所示排列，并取消所有开关元器件属性中"Comment"项的

"可视"。

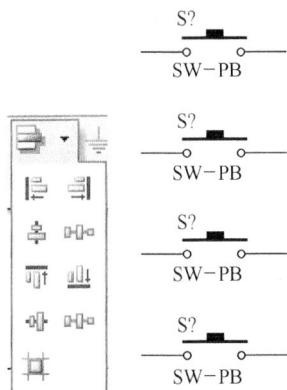

图 5-28　【排列】工具

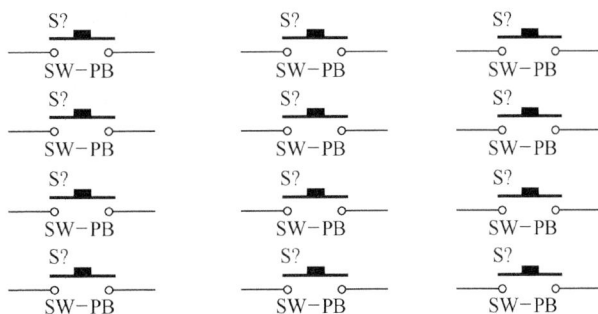

图 5-29　排列开关

（3）单击【导线】按钮▨放置导线，单击【网络标签】按钮▨在导线上放置相关网络标签。绘制好的按钮矩阵电路如图 5-30 所示。

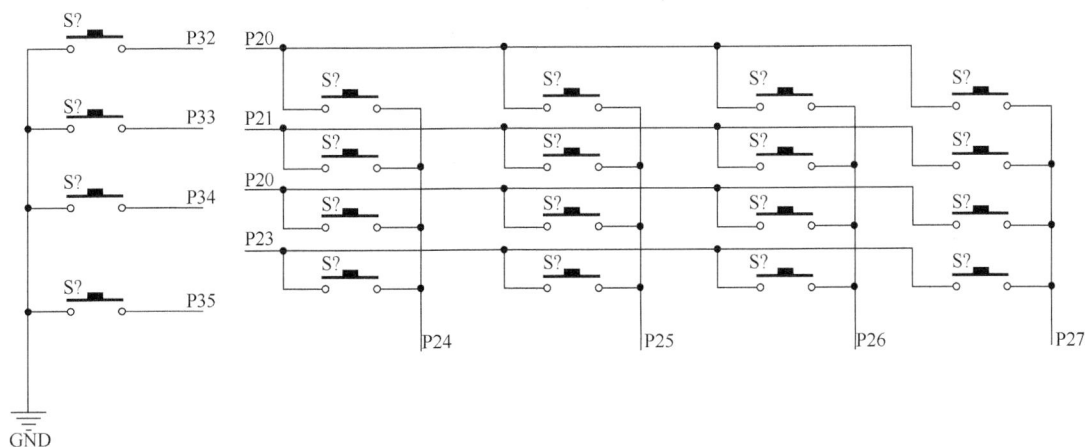

图 5-30　绘制好的按钮矩阵电路

5.2.4　电路原理图中全部元件统一编号

（1）执行【工具】→【注释】命令，弹出如图 5-31 所示的【注释】对话框，采用默认设置，关闭【注释】对话框。

（2）执行【工具】→【标注所有器件】命令，弹出【确认编号改变】对话框，单击【Yes】按钮，如图 5-32 所示，执行对本张电路图纸中全部元件的统一编号工作。

全部电路绘制好的单片机实验板电路原理图，如图 5-33 所示。

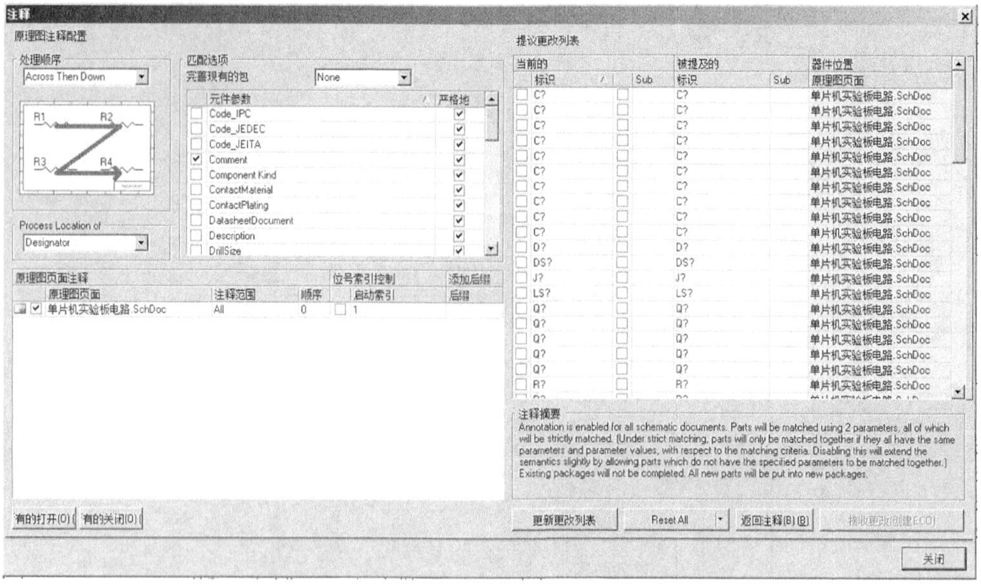

图 5-31 【注释】对话框

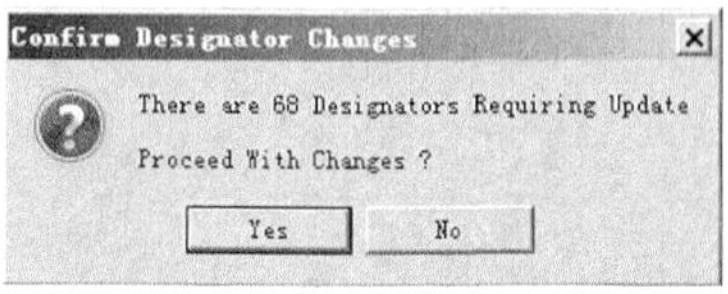

图 5-32 确认元件编号改变

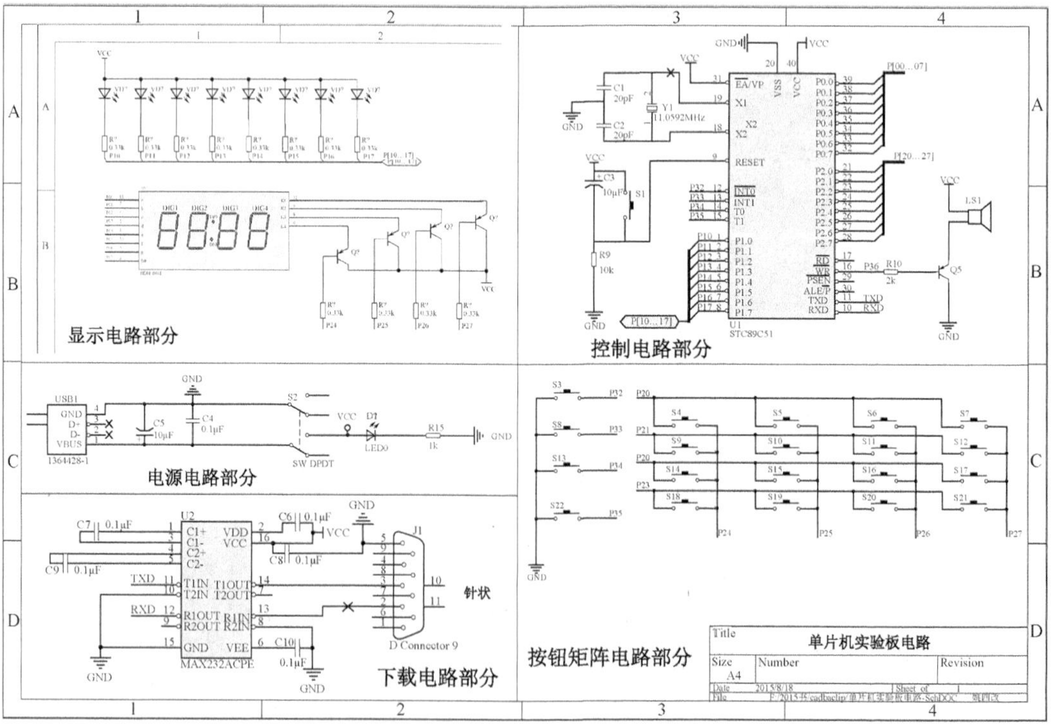

图 5-33 绘制好的单片机实验板电路原理图

5.2.5　电路图中放置附加说明信息

（1）执行【放置】→【文本字符串】命令，按【Tab】键打开【标注】对话框，设置【文本】下拉列表框的内容，如图 5-34 所示，单击【Times New Roman,10】按钮，将文本的字号设置成小二号，如图 5-35 所示。

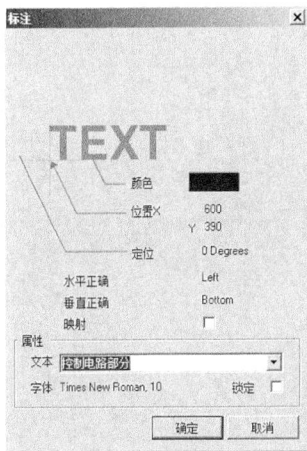

图 5-34　【标注】对话框

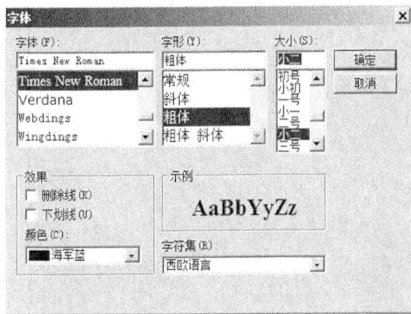

图 5-35　将文本的字号改成小二号

（2）依照上述方法，放置各个部分电路的名称。

（3）执行【放置】→【文本字符串】命令，在 DB1 元件旁边放置"针状"注释。

5.2.6　检测、修改、保存电路原理图

（1）执行【工程】→【Compile Document 单片机实验板电路.SchDoc】命令，系统自动对该电路进行电气规则检测，并将检测结果放在 Messages 面板中，如图 5-36 所示，有两个"Error"错误信息，由于该电路中 USB1 元件只为单片机实验板电路提供一个+5V 的主机电源，不用其数据输入端，因此应在其"D+"、"D−"处各放置一个忽略 ERC 检查指示符 ⊠。

图 5-36　Messages 面板

（2）依次分析 Messages 面板中的每项信息内容，注意"no driving source"警告信息一般针对元件输入引脚的，可直接放置忽略 ERC 检查指示符 ⊠。另外，有时多个警告信息实际上是一个问题引起来的，所以解决明显问题后可以再次进行编译工作。该电路图中还需要在 U1 的 19 脚、U2 的 13 脚也放置忽略 ERC 检查指示符 ⊠。

（3）执行【文件】→【保存】命令，再执行【工程】→【Compile Document 单片机实验板电路.SchDoc】命令，此时电路检测结果如图 5-37 所示。最后绘制好的整张电路图如图 5-38 所示。

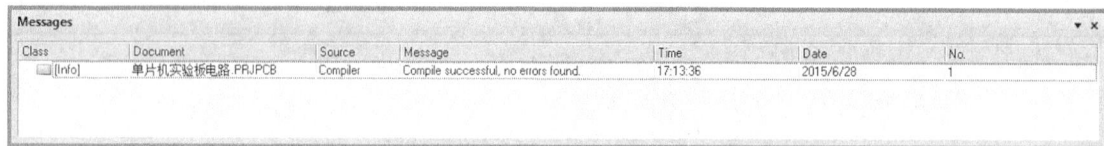

图 5-37　电路检测结果

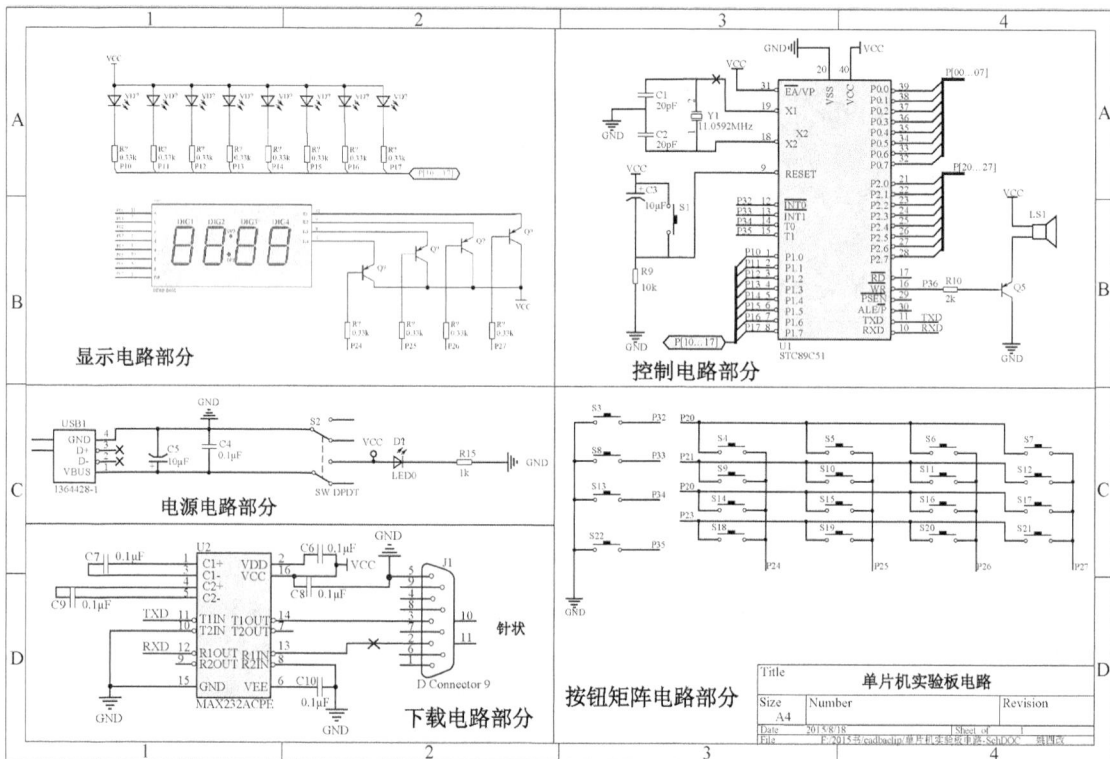

图 5-38　最终绘制好的单片机实验板电路原理图

任务 5.3　PCB 元件封装的制作

在单片机实验电路板项目中需要自制按键开关和自锁开关的封装形式，如图 5-39 与图 5-40 所示。其中，图 5-39（c）中焊盘孔（内）径为 32mil，焊盘外径为 70mil×70mil（内径一般取引脚实测大小的 1.7 倍，外径一般取内径的 2 倍）；图 5-40 中焊盘外径为 60mil×60mil，焊盘孔径为 32mil。修改集成元件库 Miscellaneous Connectors.IntLib 中 DSUB1.385-2H9 封装，如图 5-41 所示的封装"DB9/M"。

(a) 实物

(b) 原理图元件

(c) 封装件

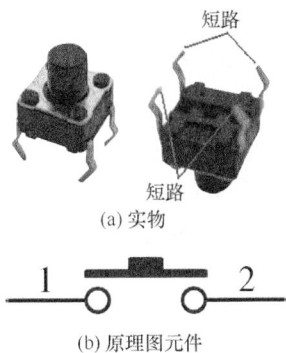

图 5-39　按键开关

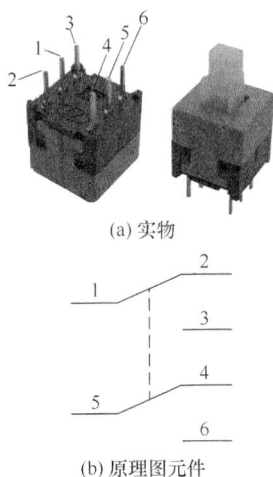

(a) 实物

(b) 原理图元件

(c) 封装

图 5-40　自锁开关

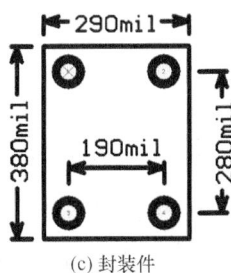

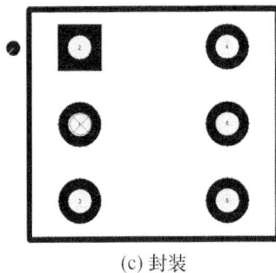

图 5-41　封装"DB9/M"

5.3.1　创建 PCB 库文件

（1）打开"单片机实验板电路.PRJPCB"。

（2）执行【文件】→【创建】→【库】→【PCB 元件库】命令，新建一个 PcbLib1.PcbLib PCB 库文件。

（3）单击工具栏中的【保存】按钮，或执行【文件】→【另存为】命令，将新建 PCB 封装库文件保存到单片机实验板电路文件夹中，并命名为"MCU 封装库.PcbLib"，如图 5-42 所示。

（4）打开 PCB Library 工作面板，如图 5-43 所示。

图 5-42 保存 PCB 封装库文件

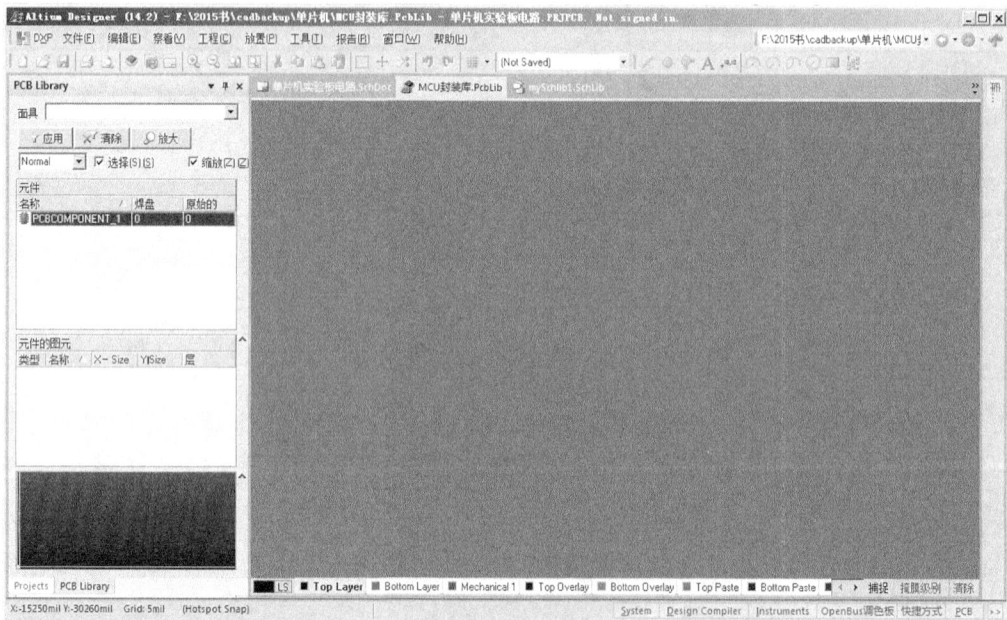

图 5-43 元件封装编辑器

5.3.2 设置封装编辑器环境参数

1. 设置库选择项参数

对准库编辑区右击，在弹出的快捷菜单中执行【捕捉栅格】→【栅格属性】命令，弹出如图 5-44 所示的对话框，将栅格值设为 10mil，其他内容不变。

2. 设置层次颜色参数

执行【工具】→【板层和颜色】命令，弹出【视图配置】对话框，其内容按图 5-45 所示进行设置。

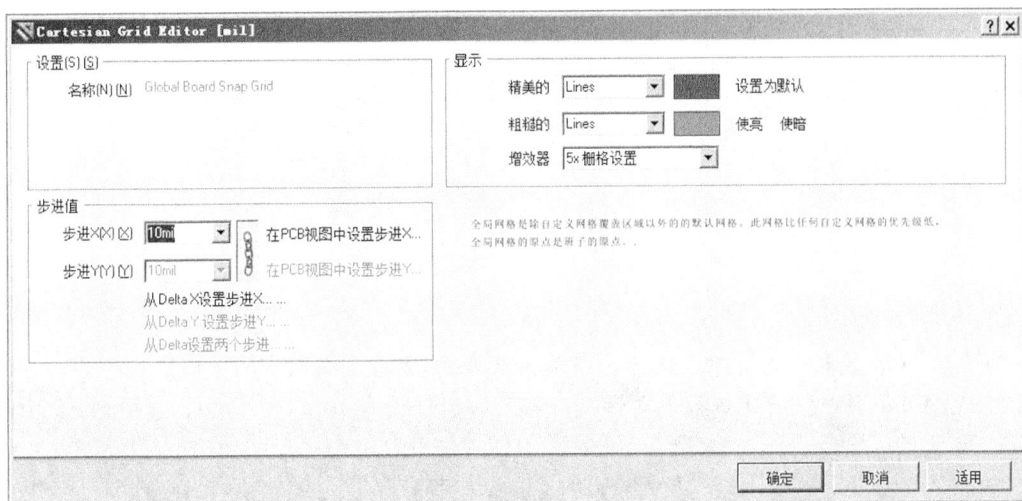

图 5-44 【栅格设置】对话框

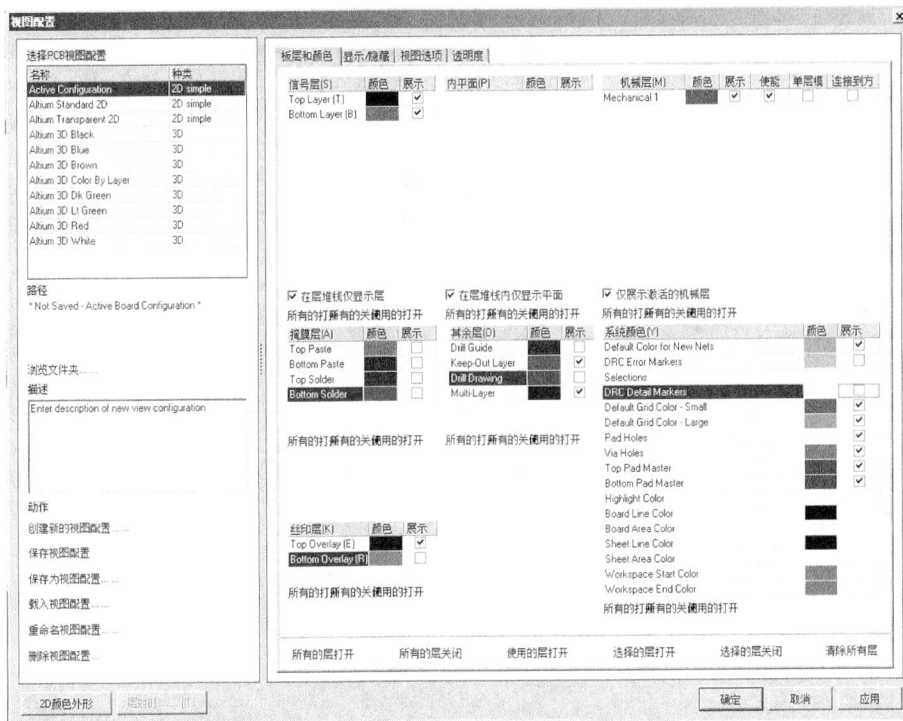

图 5-45 【视图配置】对话框

5.3.3 手工制作按键开关元件的封装

（1）在 PCB Library 工作面板的【元件】选项组区域右击，执行弹出的快捷菜单中的【新建空元件】命令，新建一个元件封装。

（2）封装重命名。双击新封装名称，弹出【PCB 库元件】对话框，将其封装名改为 BUTTON，如图 5-46 所示。

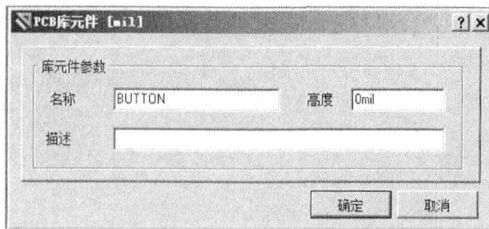

图 5-46　【PCB 库元件】对话框

（3）放置焊盘。

① 执行【放置】→【焊盘】命令，或单击 PCB 库放置工具栏中的【焊盘】按钮◎，放置焊盘。按【Tab】键，弹出【焊盘】对话框，修改焊盘外径为 70mil×70mil、孔径为 32mil，如图 5-47 所示。

② 按照图 5-39 所示，执行【编辑】→【设置参考】→【1 脚】命令，设置"1"号焊盘为坐标原点，依次放置并修改另外 3 个焊盘的属性，焊盘间距为 190mil×280mil，如图 5-48 所示。

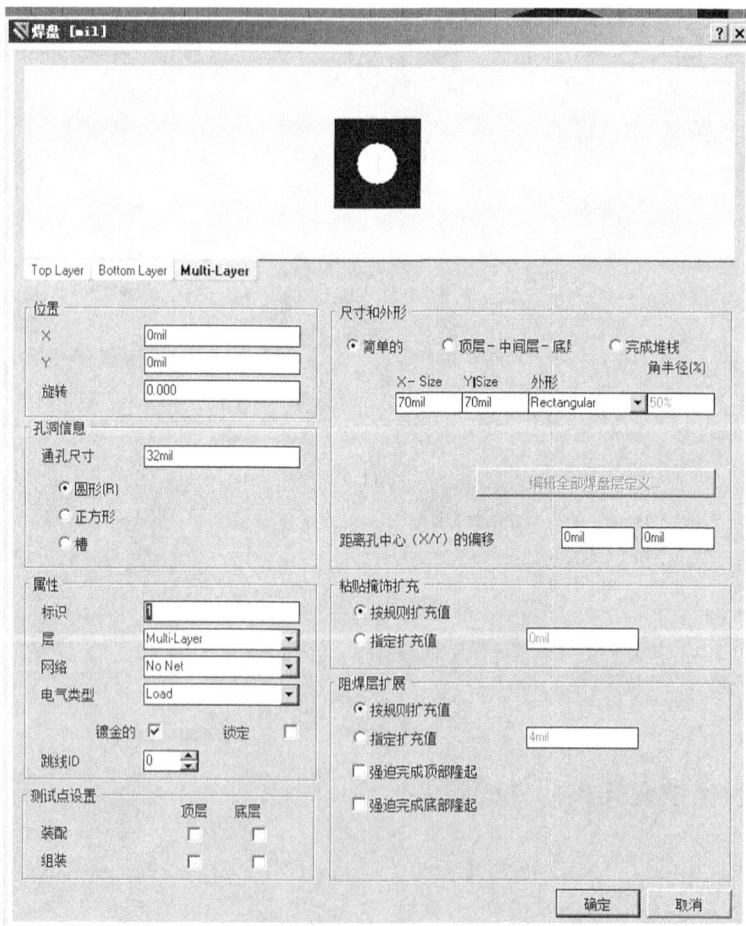

图 5-47　【焊盘】对话框

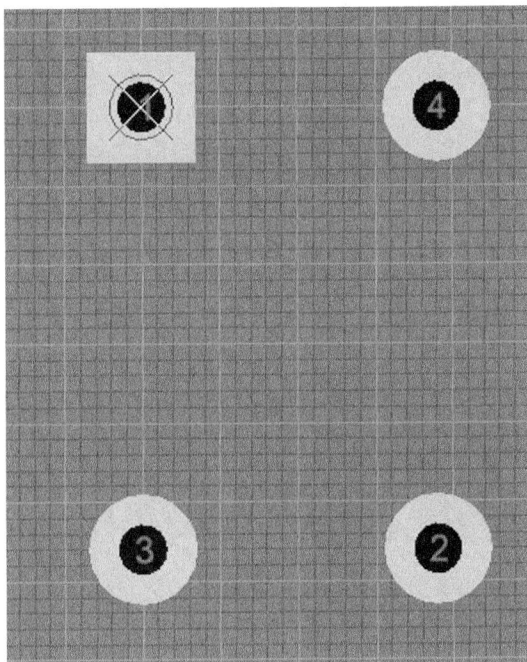

图 5-48　焊盘放置完成

（4）绘制轮廓线。

按【+】、【-】键将工作层面切换到 Top Overlay，执行【放置】→【走线】命令，依次绘制 4 条轮廓线段，轮廓大小为 290mil×380mil，如图 5-49 所示。

（5）单击【保存】按钮，保存 BUTTON 封装。

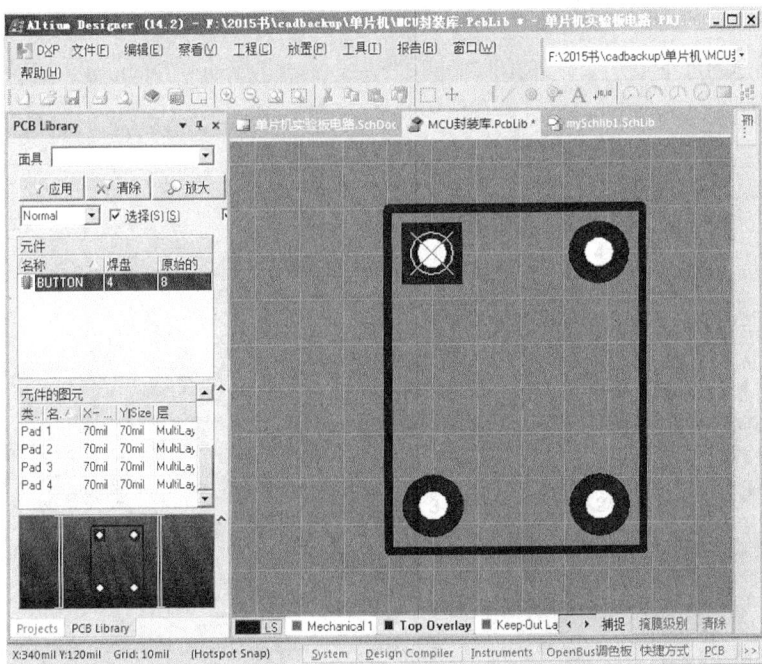

图 5-49　按键开关的封装图形绘制完毕

提示：①外轮廓矩形的 4 个顶点坐标分别为（-50mil，50mil）、（240mil，50mil）、（240mil，-330mil）和（-50mil，-330mil）。

②为了使用方便，将"1"、"2"脚放置在对角线上。

5.3.4　以系统自带封装为基础制作自锁开关的封装

（1）在"MCU 封装库.PcbLib"中新建一个元件封装名为 SWITCH。

（2）打开系统元件封装库。

① 执行【文件】→【打开】命令，打开 C:\Program Files\Altium2004 SP2\Library 中集成库 Miscellaneous Devices.IntLib，弹出【摘取源文件或安装文件】对话框，如图 5-50 所示。单击【摘取源文件】按钮，打开库 Miscellaneous Devices.LibPkg，如图 5-51 所示。

图 5-50　【摘取源文件或安装文件】对话框

图 5-51　打开的集成库文件

② 双击 Miscellaneous Devices.LibPkg 项目中 Miscellaneous Devices.PcbLib 文件名，打开 PCB 库文件 Miscellaneous Devices.PcbLib，如图 5-52 所示。

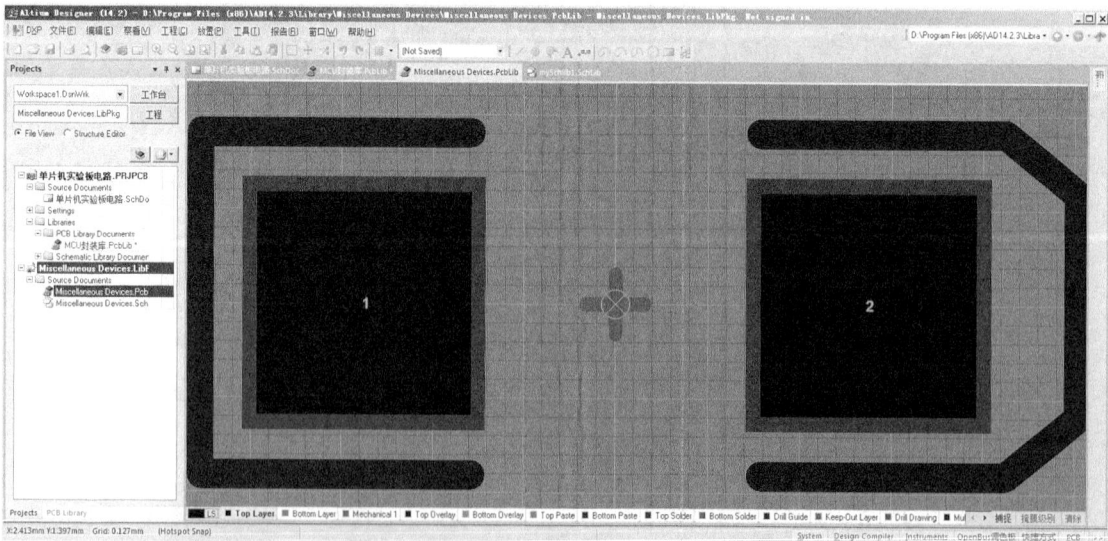

图 5-52　打开 Miscellaneous Devices.PcbLib 封装库

③ 单击工作面板 PCB Library，在名称区找到 DPDT-6 封装，如图 5-53 所示。

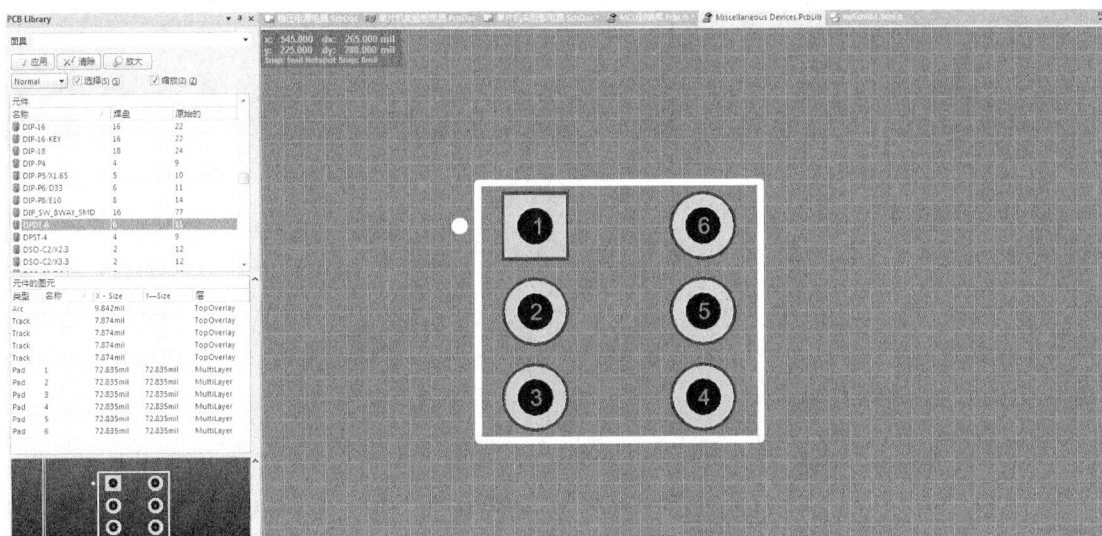

图 5-53　找到 DPDT-6 参考封装图形

（3）复制粘贴参考封装。

① 按住鼠标左键拖出一个矩形，选中 DPDT-6 封装图形的所有元素。

② 执行【编辑】→【复制】命令，或单击【复制】按钮，选定"1"脚作为复制参考点，单击完成复制。

③ 在 Project 工作面板中，打开"MCU 封装库.PcbLib"中的 SWITCH 封装，单击【粘贴】按钮，将已复制的 DPDT-6 封装图形粘贴到封装 SWITCH 的工作区，如图 5-54 所示。

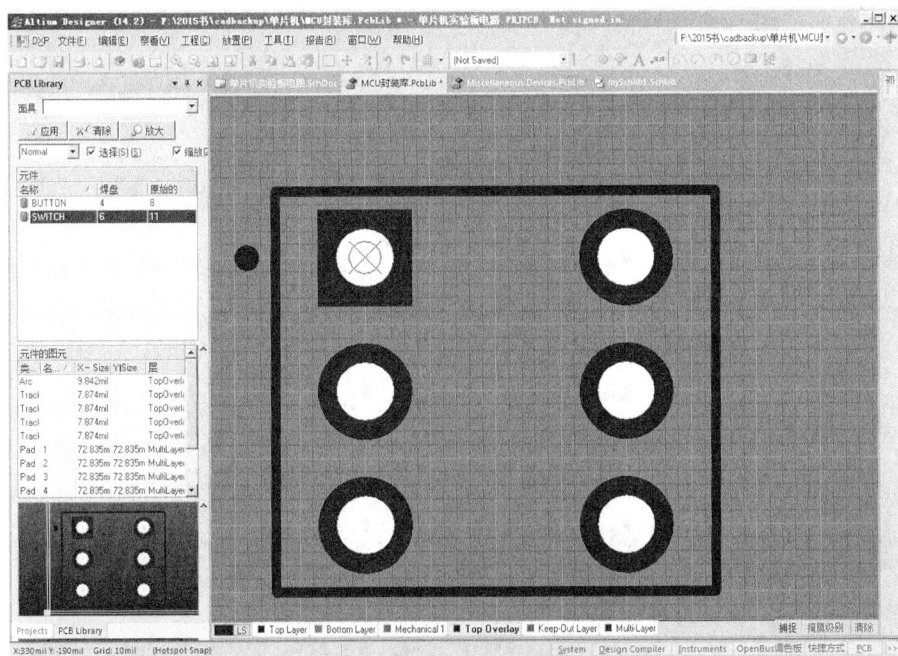

图 5-54　复制的参考封装图形

（4）修改封装相关参数。参照图 5-40 所示，需对图 5-54 中焊盘的尺寸、标识符进行修改。例如，右击图 5-54 中的"2"号焊盘，调出其属性对话框，修改其参数值，如图 5-55 所示。

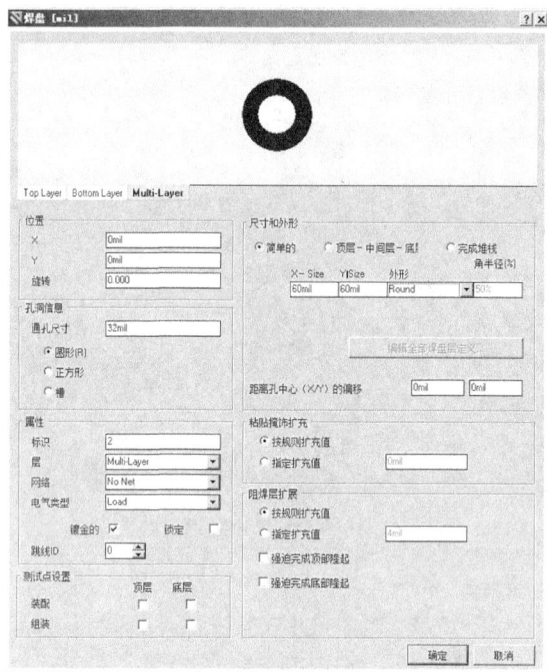

图 5-55　修改"2"号焊盘属性参数

提示：将所有焊盘的内径设定为"32mil"，"X-尺寸"和"Y-尺寸"均设定为"60mil"。

（5）执行【编辑】→【设置参考】→【1 脚】命令，将"1"脚设定为参考原点。绘制好的 SWITCH 封装如图 5-56 所示。单击【保存】按钮，保存 SWITCH 封装。

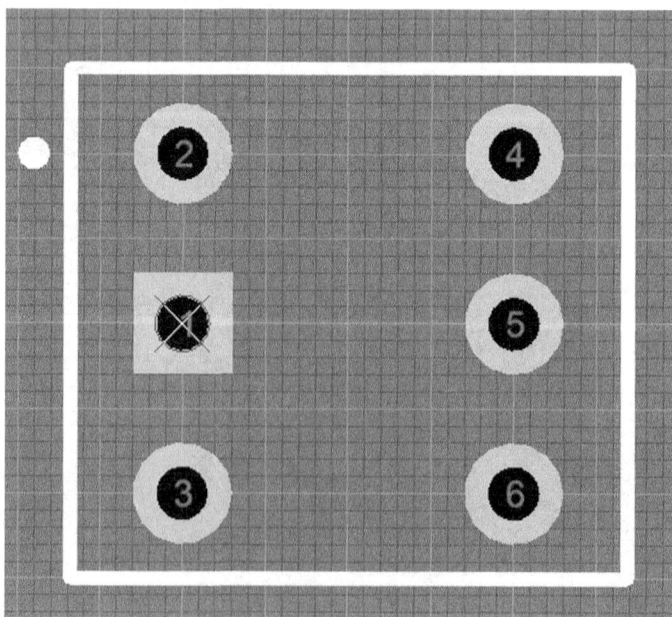

图 5-56　设定参考点

5.3.5　以系统自带封装为基础制作封装 DB9/M

（1）在"MCU 封装库.PcbLib"中新建一个元件封装名为"DB9/M"。

（2）打开系统元件封装库。执行【文件】→【打开】命令，抽取元件库 Miscellaneous Connectors.LibPkg，如图 5-57 所示。

图 5-57　抽取元件库 Miscellaneous Connectors.LibPkg

（3）双击 Miscellaneous Connectors.PcbLib 打开该封装库，找到 DSUB1.385-2H9 封装类型，并复制该封装类型，如图 5-58 所示。

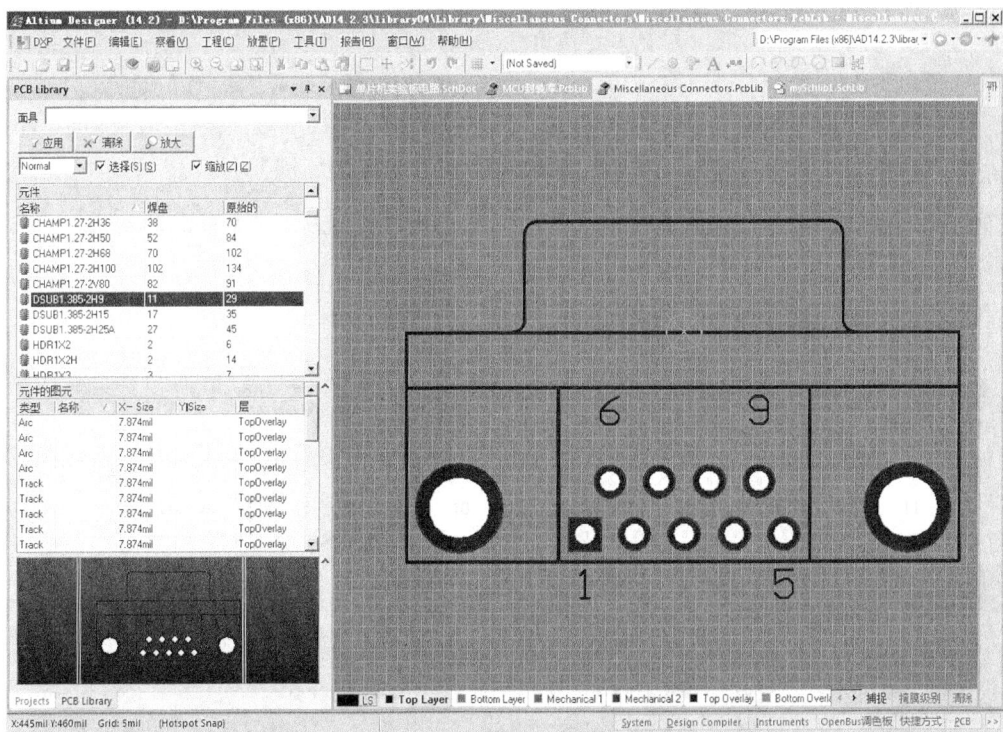

图 5-58　DSUB1.385-2H9 封装类型

（4）将 DSUB1.385-2H9 封装类型粘贴到"MCU 封装库.PcbLib"的 DB9/M 编辑区，同时修改"1"到"9"脚的引脚顺序，绘制好的 DB9/M 封装如图 5-59 所示，保存 DB9/M 封装。

至此，自制元件封装库"MCU 封装库.PcbLib"中已有 3 个自制元件封装如图 5-59 所示。

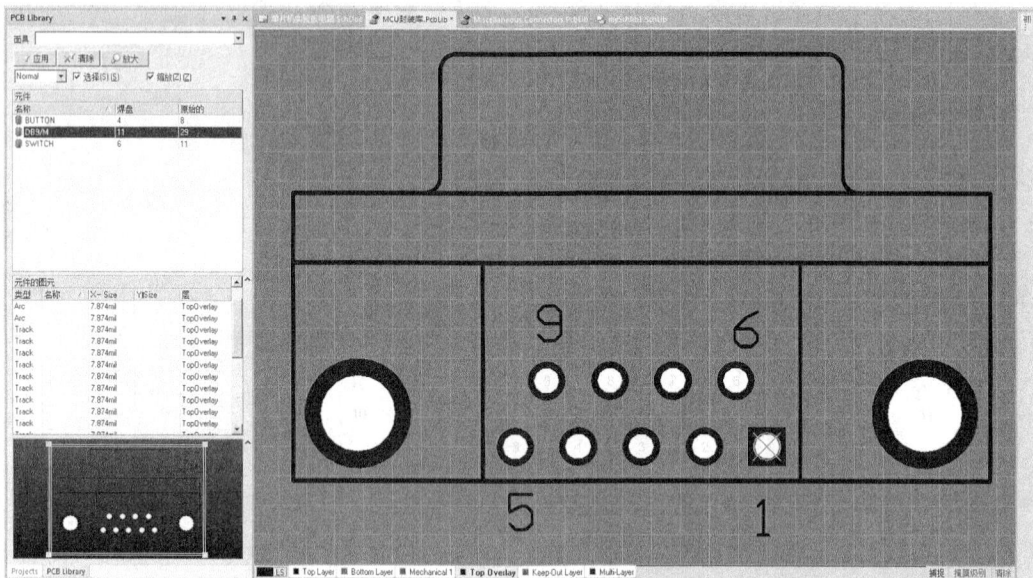

图 5-59　DB9/M 封装

5.3.6　自制封装元件规则检查

执行【报告】→【元件规则检查】命令，系统将弹出【元件规则检查】对话框如图 5-60 所示，选择所有选项，单击【确定】按钮，检查结果如图 5-61 所示，说明所制作的三个封装没有问题（如果有错，会在虚线下方列出出错的对象和错误的原因）。

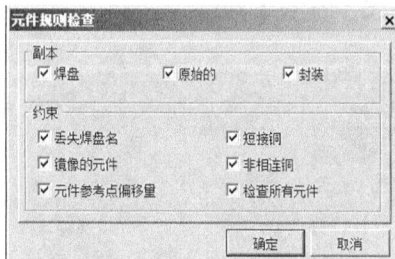

图 5-60　【元件规则检查】对话框

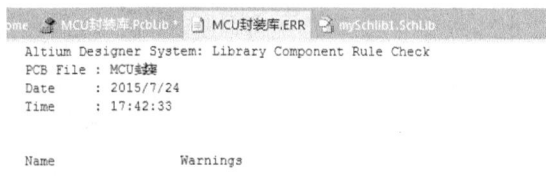

图 5-61　元件规则检查结果

任务 5.4　单片机实验板双面 PCB 的设计

设计图 5-62 所示的单片机实验板双面 PCB 图形，技术要求如下。

（1）双面板，电路板尺寸为 5500mil×3300mil，禁止布线区与板子边沿的距离为 200mil。

（2）采用插针式元件。

（3）焊盘之间允许走一根铜膜导线，最小间距为 10mil。

（4）最小铜膜导线宽度为 20mil，电源、地线的铜膜导线宽度为 40mil，导线拐角为 45°。

（5）对 PCB 进行 ERC 检测，并进行相关的后期优化处理。

（6）放置四个安装孔，孔径大小为 120mil（约 3mm）。

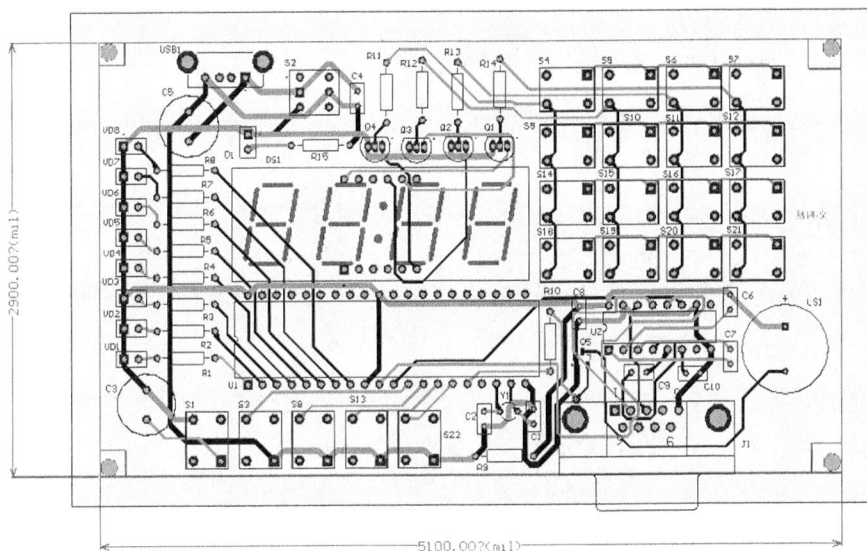

图 5-62　单片机实验电路板的 PCB

1. 新建一个 PCB 文件

（1）打开"单片机实验板电路.PRJPCB"。

（2）执行【文件】→【PCB Board Wizard】命令，采用向导方法一步一步规划一个 5500mil×3300mil 的双面 PCB 文件，并将它保存到"单片机实验板电路.PRJPCB"项目中，如图 5-63 所示。

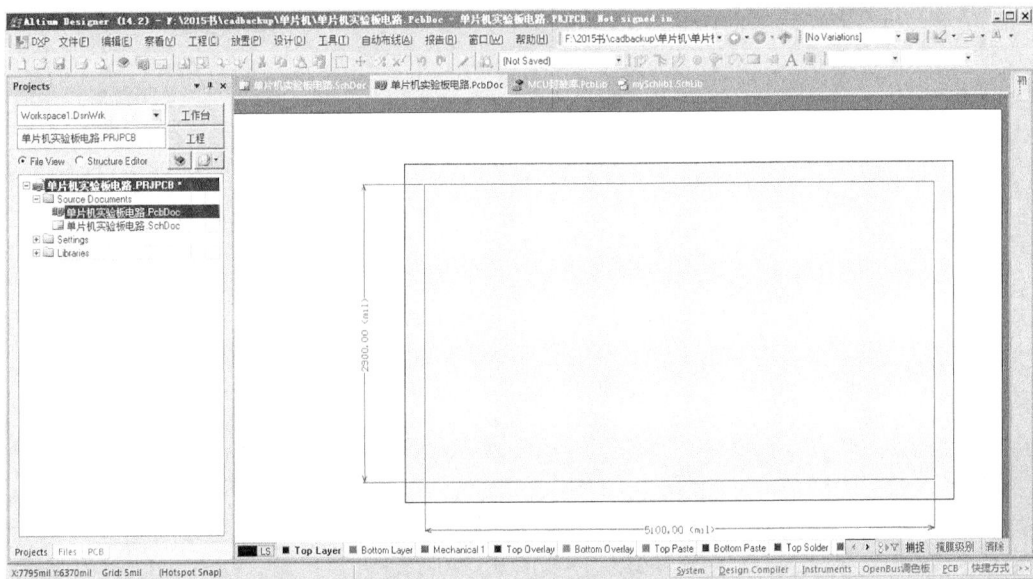

图 5-63　规划单片机实验电路板的双面 PCB 文件

2. 调用自建"MCU 封装库.PcbLib"PCB 封装库

（1）执行【设计】→【浏览器件】命令，打开元件库工作面板。

（2）单击元件库面板上 Libraries... 按钮，将自建的"MCU 封装库.PcbLib"安装到可用元件库列表中，如图 5-64 所示。

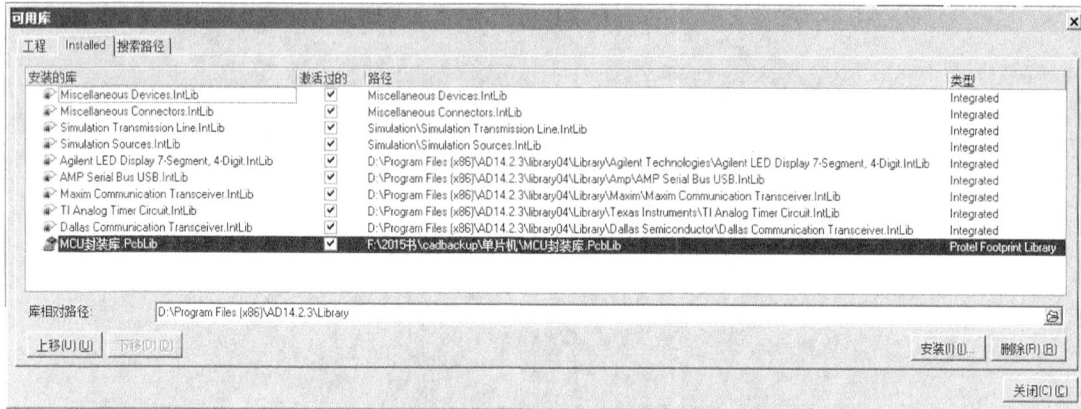

图 5-64　装载 MCU 封装库.PcbLib

3. 检查、更改或添加单片机实验板原理图中各元器件的封装

在原理图文件中，从左到右、从上到下依次双击元器件检查电路图中所有元器件的封装类型。如图 5-65 所示，每个元件属性对话框中【Models】区域一定要有"Footprint"项，且"Name"处有封装名称，单击 Edit... 按钮可查看具体封装图形。该原理图中有以下几种元件的封装需要调整。

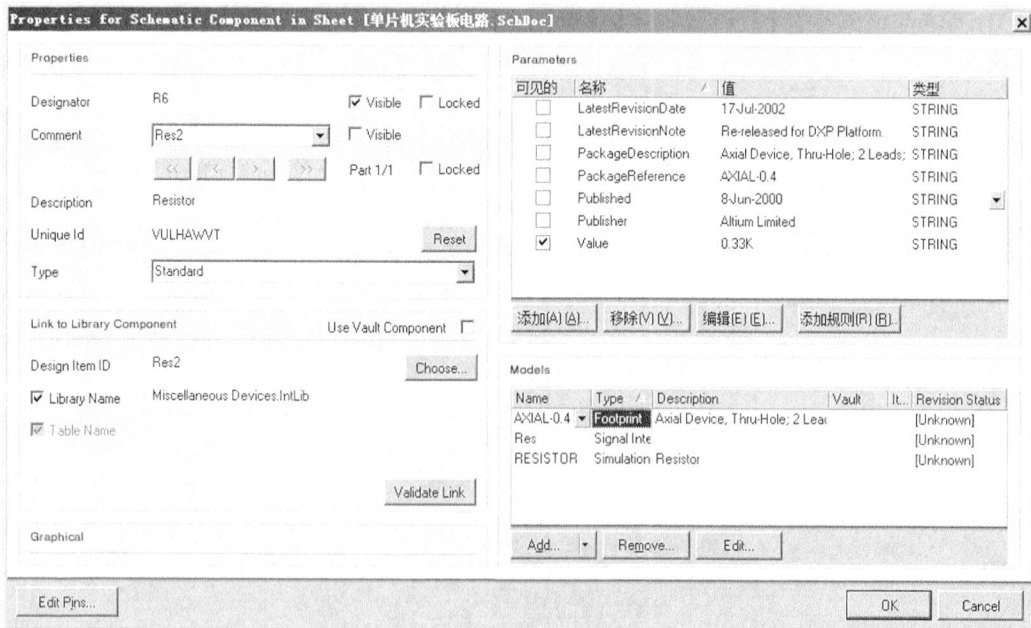

图 5-65　元件属性对话框

（1）电路中所有发光二极管的封装改为"PIN2"。右击任一发光二极管，在弹出的快捷菜单中执行【查找相似对象命令】命令，弹出【发现相似目标】对话框，其参数设置如图 5-66 所示，找出当前文档中封装为"LED-0"的所有元件，将当前封装改为"PIN2"，如图 5-67 所示。

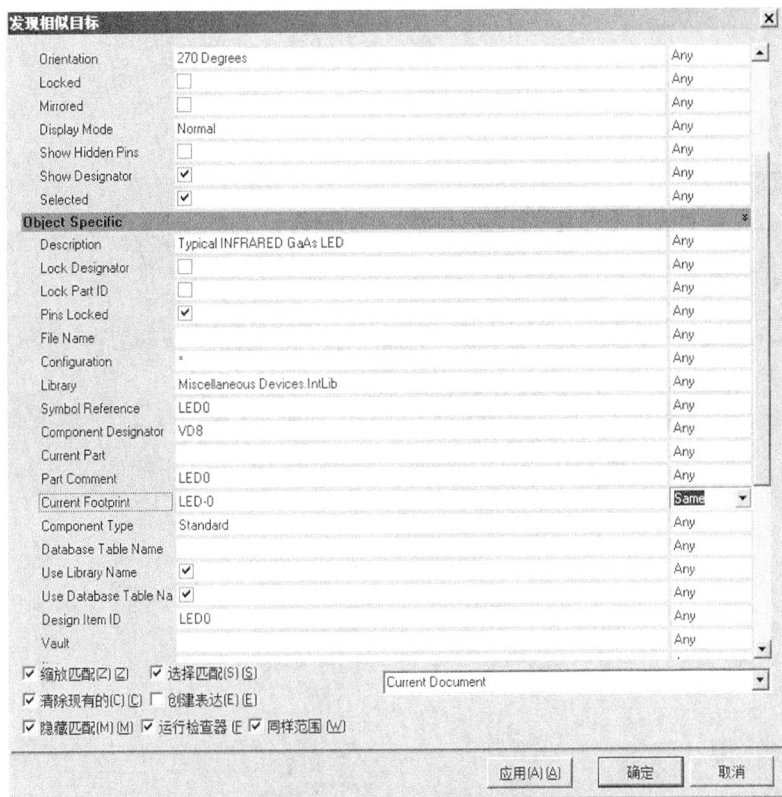

图 5-66　设定当前封装均为"LED0"的相似条件

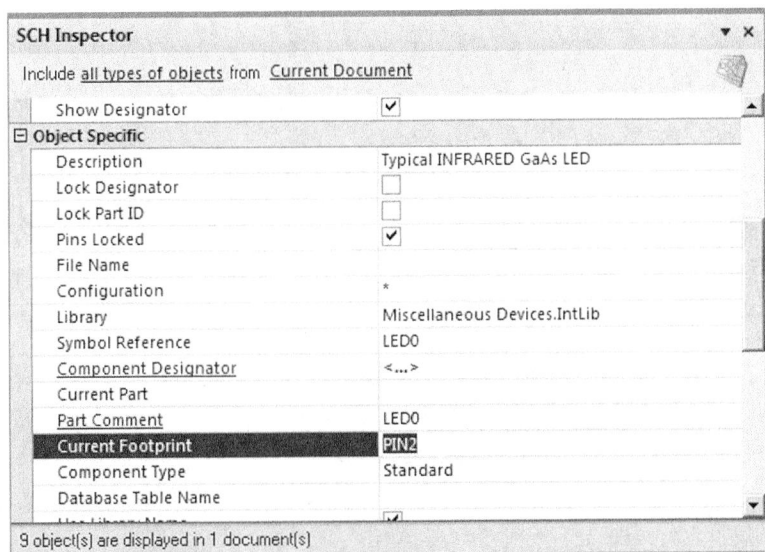

图 5-67　把当前封装均为"LED0"改成"PIN2"

（2）电路中自锁开关 S2 的封装改为自制封装 SWITCH。

（3）电路中针状数据口 J1 封装改为自制封装 DB9/M。

（4）电路中 U1 集成块 STC89C51 的封装指定为 DIP40。

（5）用批量修改，即"查找相似对象"的方法将电路中开关 S1、S3、…、S22 的封装改为自制封装 BUTTON。

（6）电路中 0.1μF 的电容封装改为 RAD0.1，电路中 10μF 的电容封装改为 RB5-10.5。

（7）电路中蜂鸣器的封装改为 RB7.6-15。

（8）保存更改后的原理图文件。

4. 装载网络表

（1）在图 5-63 所示 PCB 环境中，执行【设计】→【Import Changes From 单片机实验电路板电路.PRJPCB】命令，调出【工程更改顺序】对话框，如图 5-68 所示。

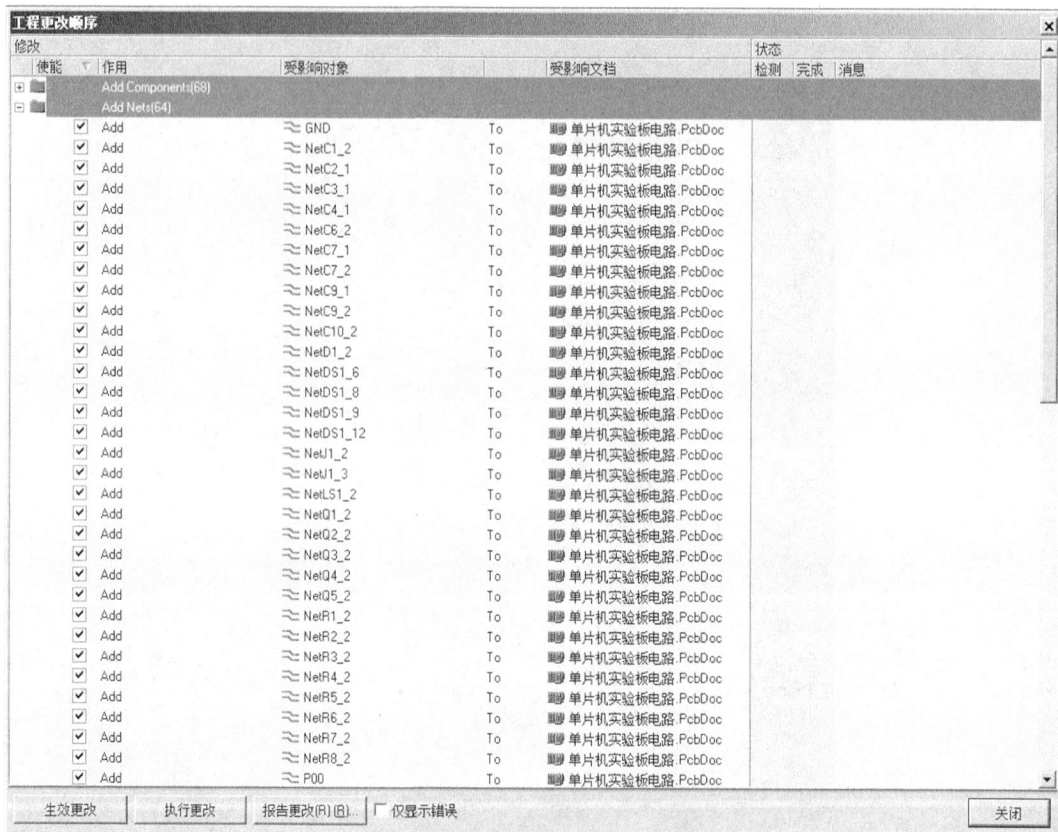

图 5-68　【工程更改顺序】对话框

（2）单击 **生效更改** 或 **执行更改** 按钮，将原理图中电气对象、网络等电连接信息导入到 PCB 环境中，如图 5-69 所示，两列上全是"√"，说明导入时没有任何错误（若有"×"，则应该根据提示修改原理图中相关内容），关闭该对话框后 PCB 文件如图 5-70 所示。

5. PCB 环境设置

执行【设计】→【板层颜色】命令，在弹出如图 5-71 所示的【视图配置】对话框中进行参数设置。

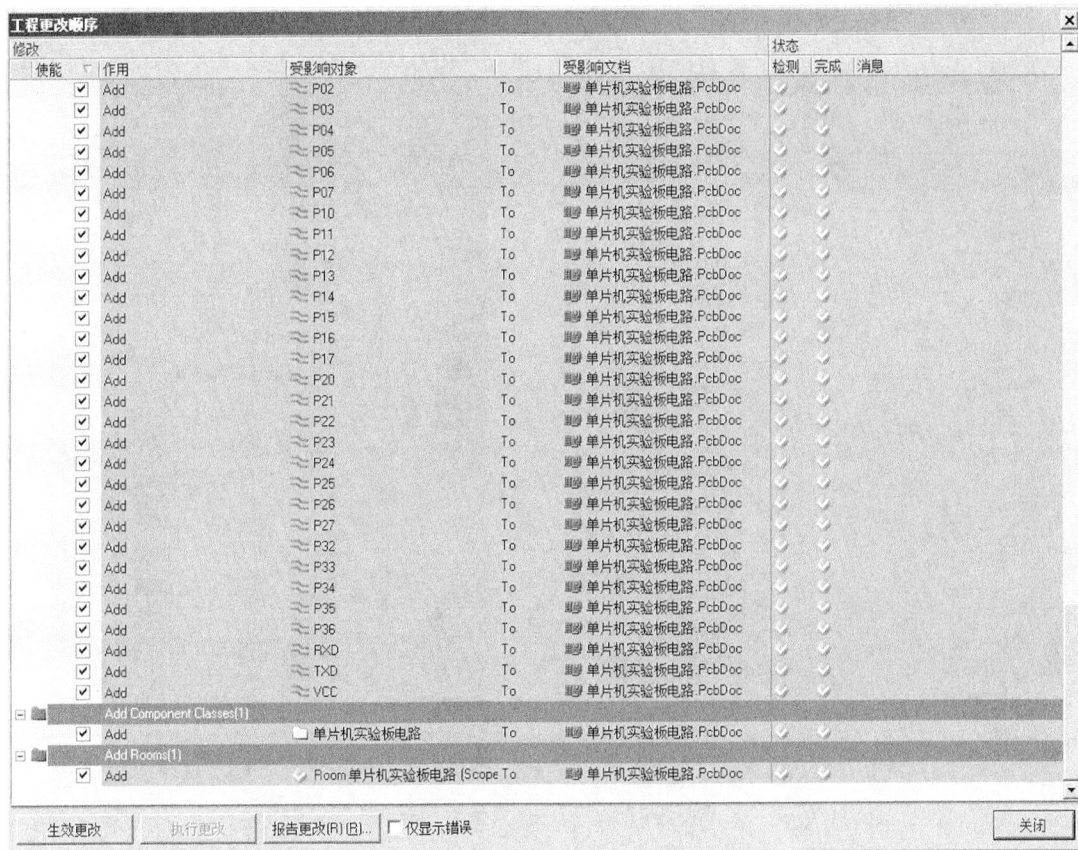

图 5-69　【工程更改顺序】导入情况

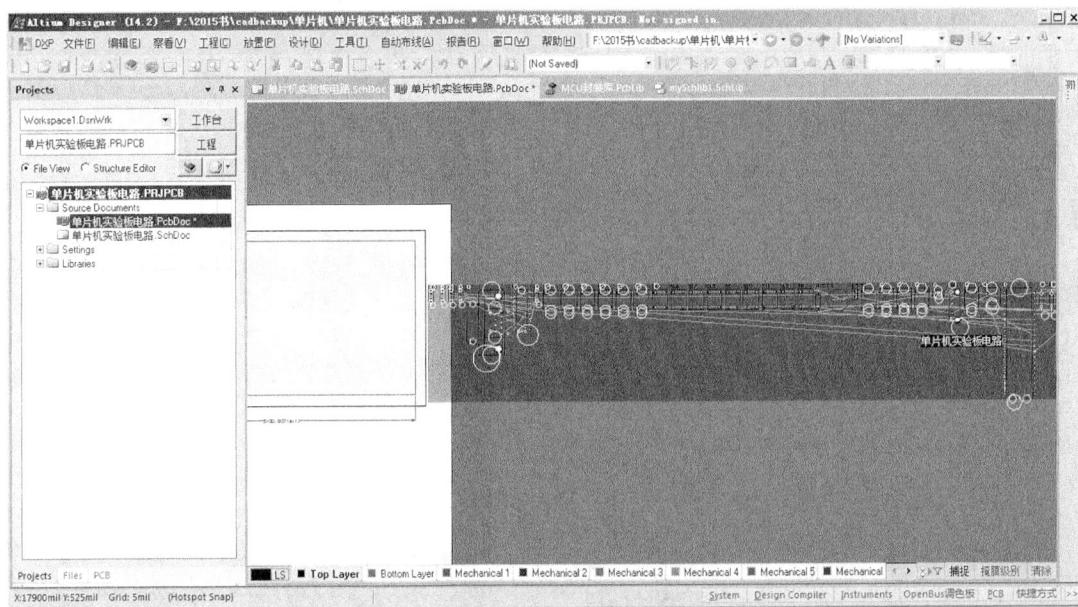

图 5-70　导入网络表完成

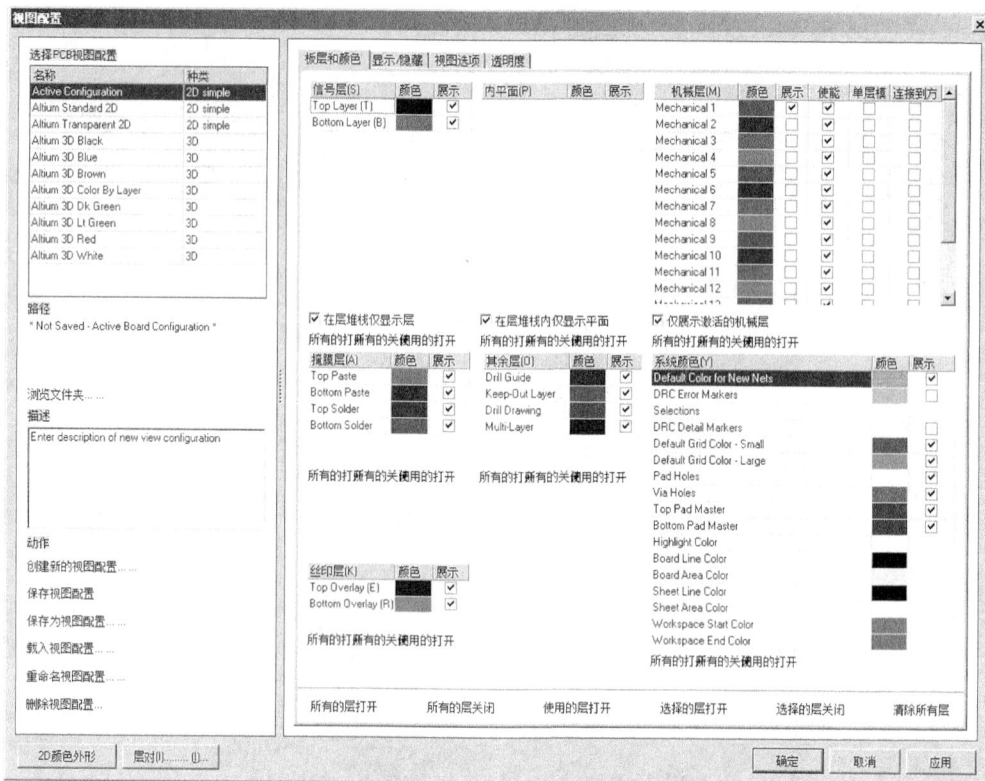

图 5-71   【视图配置】对话框

6. PCB 元件布局

（1）根据前面项目所学方法自动布局、手工调整后如图 5-72 所示。

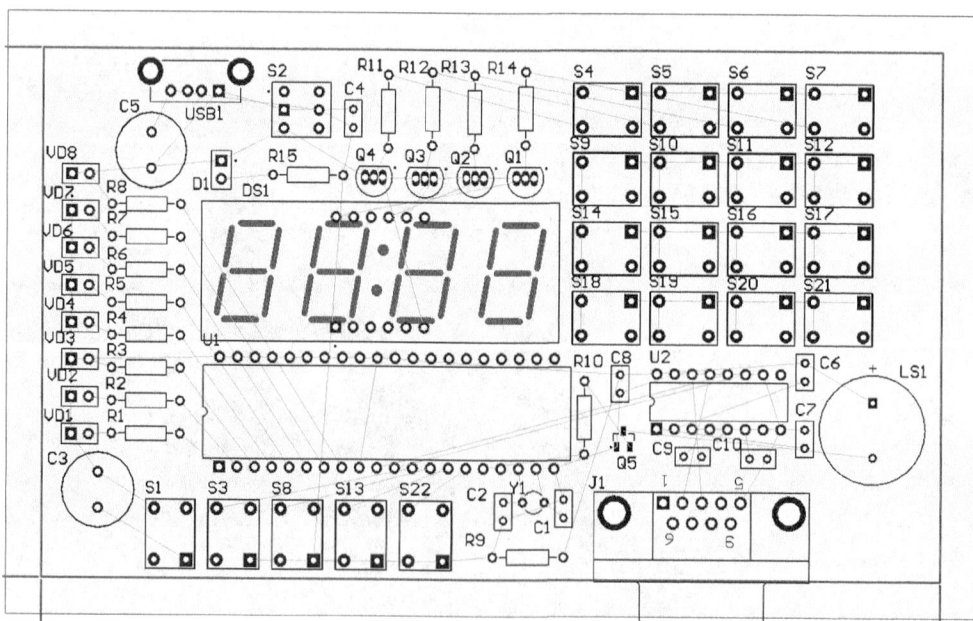

图 5-72   自动布局手工调整后结果

（2）执行【放置】→【字符串】命令，在"Top Overlay（顶层丝印层）"上放"自己姓名"字符串。

7. PCB 自动布线

（1）执行【设计】→【规则】命令，"Width"规则中将网络 NetC4_1、GND、VCC 加宽到 40mil；"Manufacturing"规则中将"Silk To Silk Clearance"、"Silk To Solder Mask Clearance"、"Minimum Solder Mask Clearance"均设置成"2mil"，如图 5-73 所示。

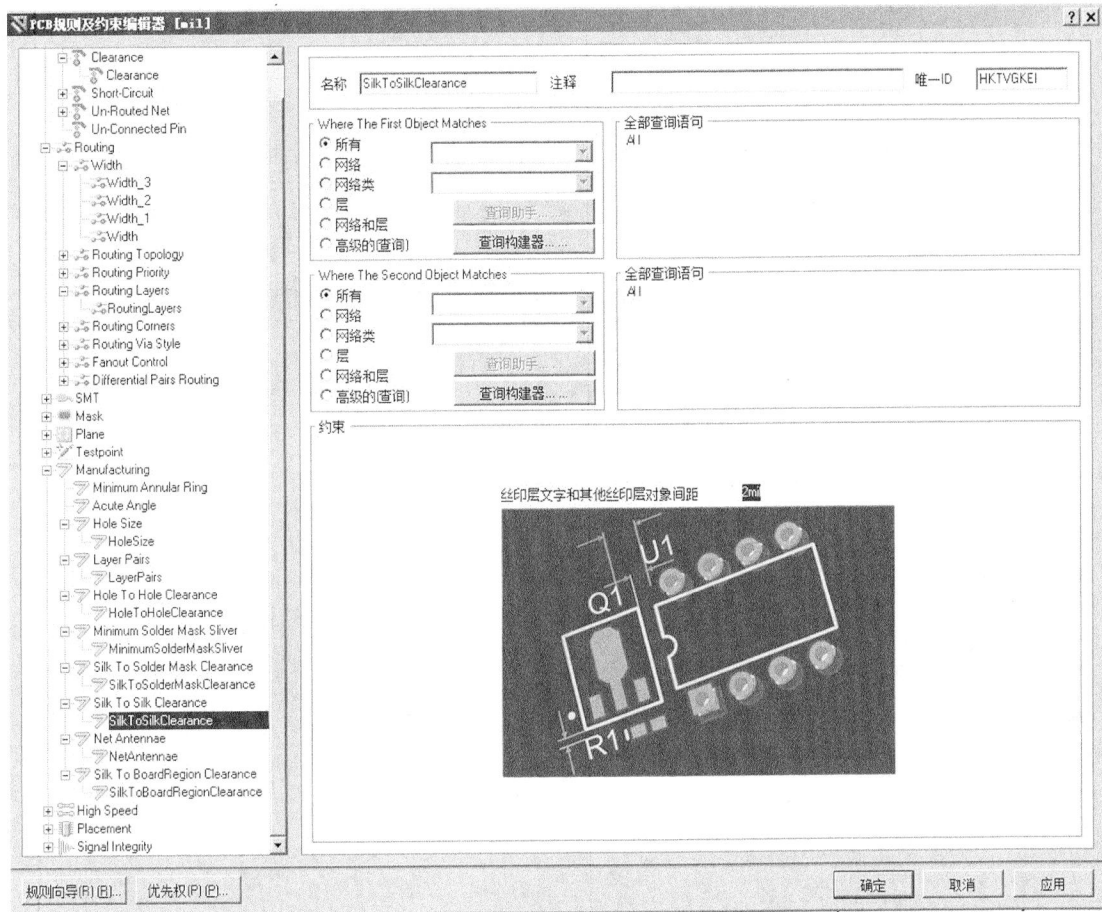

图 5-73　设置规则

（2）执行【自动布线】→【全部】命令，调出【Situs 布线策略】对话框，设置如图 5-74 所示。单击 Route All 按钮，软件开始自动布线，布线完成后的信息栏自动显示如图 5-75 所示，说明电路中网络全部布通，布线后的 PCB 板图如图 5-76 所示。

提示：

图 5-76 中字符大小修改方法参考本项目技能链接"巧用软件批量修改功能"。

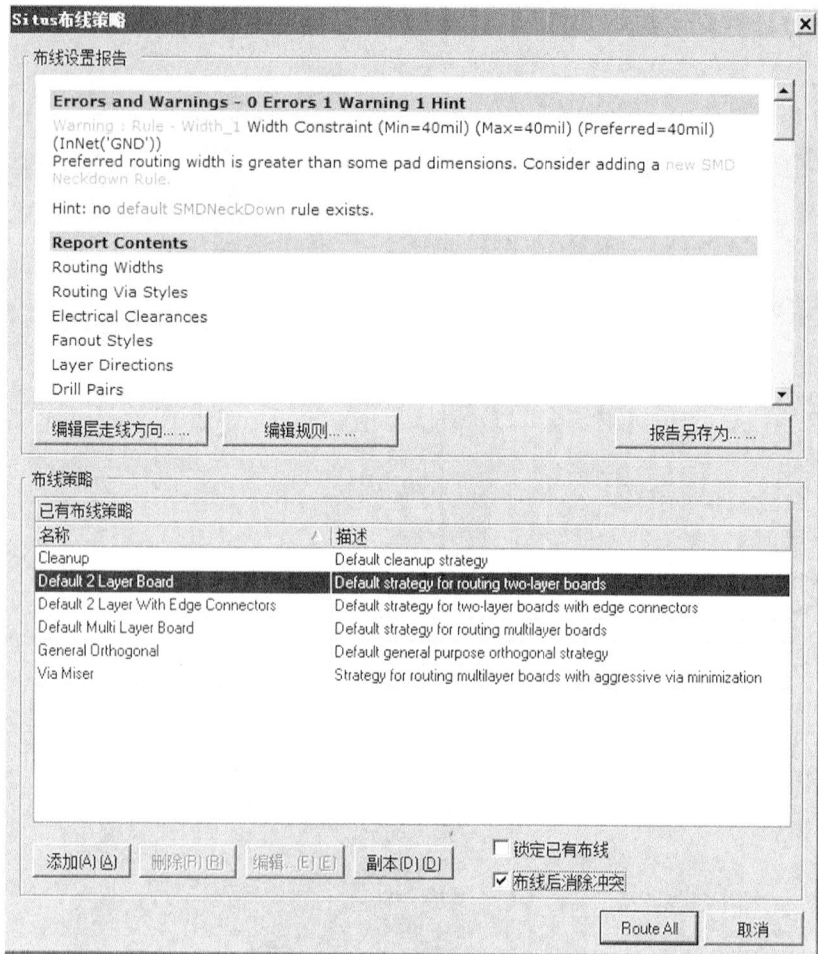

图 5-74　【Situs 布线策略】对话框

图 5-75　布线完成时的信息栏

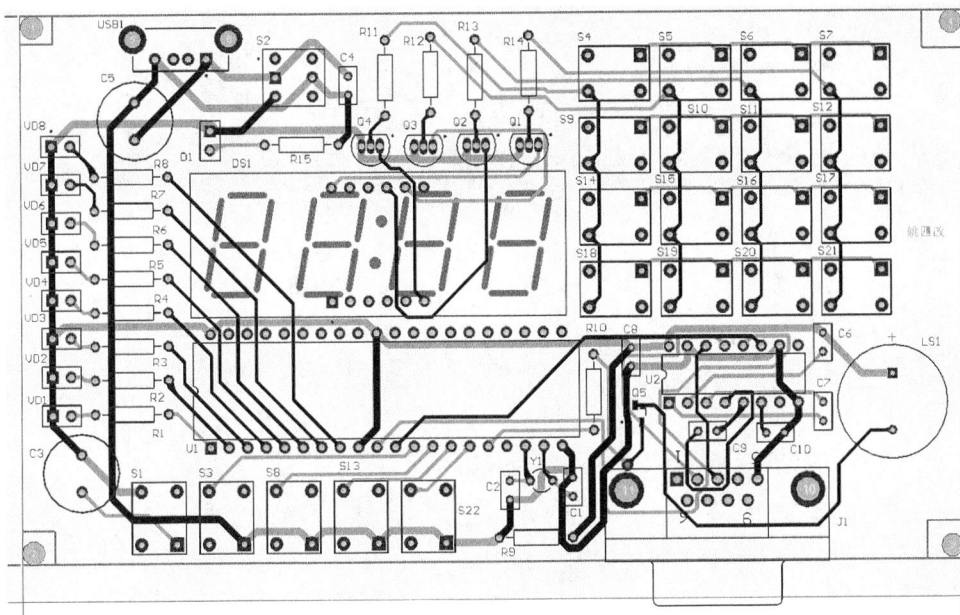

图 5-76　布线后的 PCB 板图

8. PCB 布线后优化

（1）执行【设计】→【板层颜色】命令，分别显示顶层、底层布线图，查看有无布线需要手工重新布置的，这里两个板层布线均不需要手工修改，如图 5-77 与图 5-78 所示。

提示：手工优化布线的原则提示：

① 重叠导线，需删除手工重新布线。

② 绕行较远的导线，需移动元件后手工重新布线。

③ 导线较弯曲并有锐角出现需手工重新布线。

④ 手工重新布线过程中按【Tab】或【+】、【−】键改变布线导线的板层。

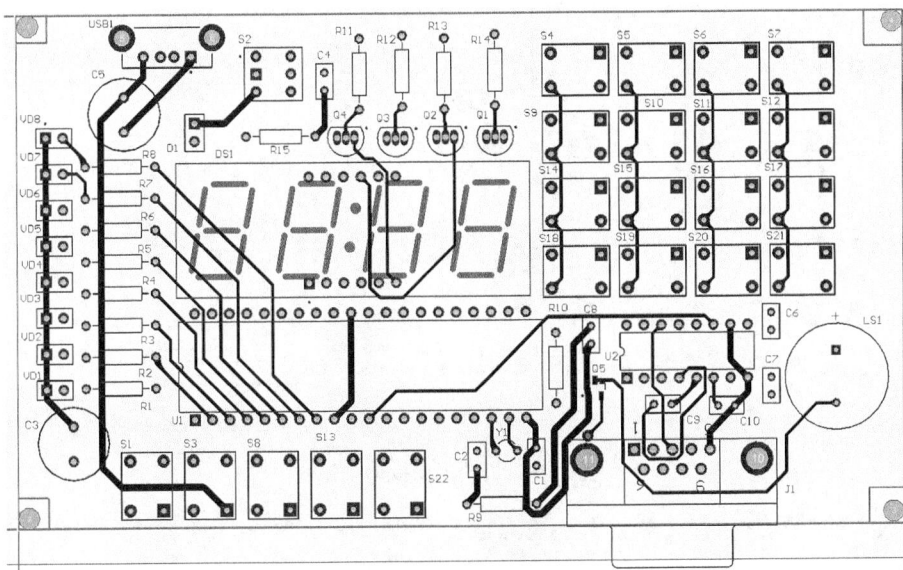

图 5-77　顶层布线图

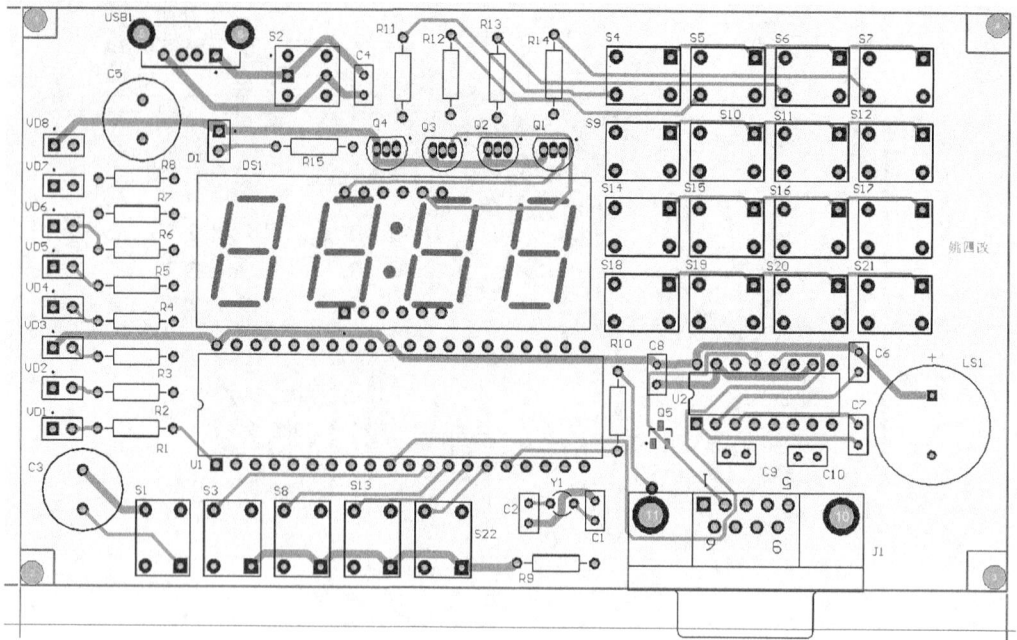

图 5-78　底层布线图

（2）执行【工具】→【泪滴】命令，对 PCB 板中所有焊盘、过孔添加圆弧形泪滴。

（3）用前面学过的批量修改元件属性方法，调整 PCB 板图中字符高度由原来的"60mil"改为"40mil"，所有字符均不能放在布置的电线上，如图 5-79 所示。

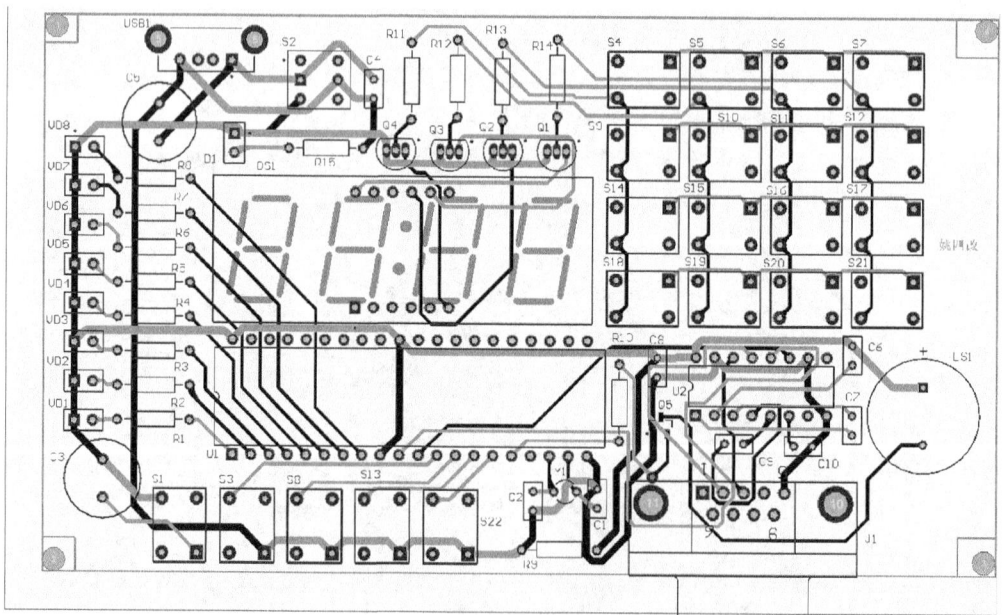

图 5-79　修改电路板上字符

（4）放置安装孔。执行【放置】→【焊盘】命令，在 PCB 板四角上放四个孔径为 120mil 的安装孔，并在"Keep-Out layer"层用直线将它们围起来。

（5）执行【工具】→【设计规则检查】命令，调出【设计规则检查】对话框，如图 5-80 所示，单击 运行DRC(R)(B)... 按钮，设计规则检查结果如图 5-81 所示，出现了对 J1 元件、PCB 板四个安装孔错误提示，不用理会（注意若学生在放置四个安装孔之前执行 DRC 规则检测，则图 5-81 中只会有对 J1 元件两条错误提示）。

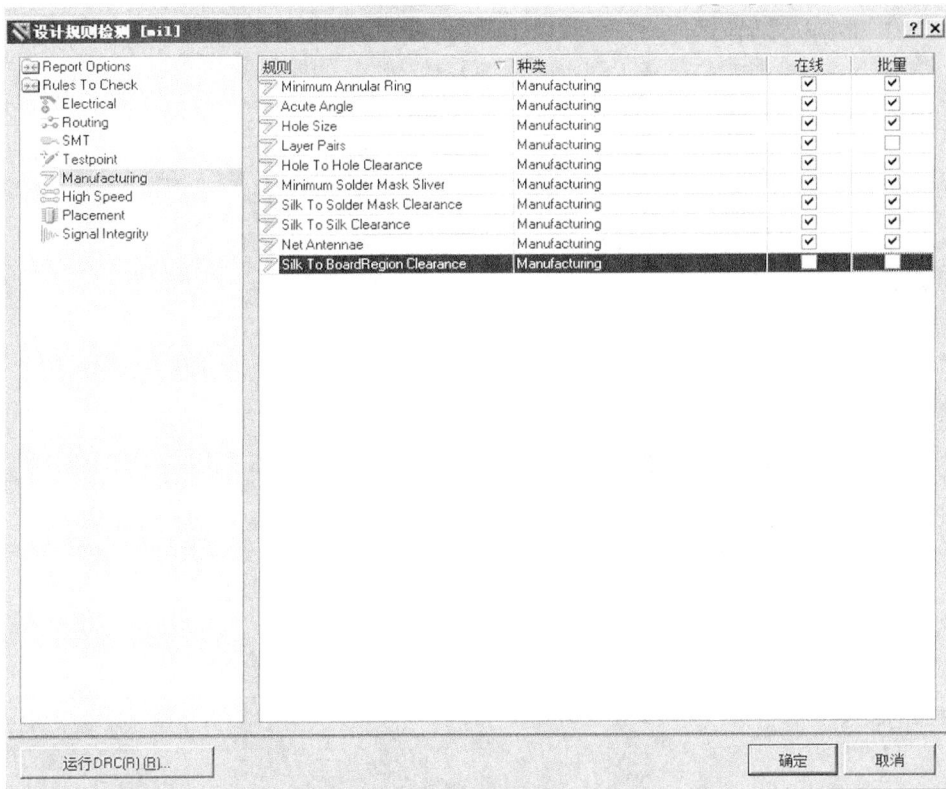

图 5-80　【设计规则检查】对话框

图 5-81　设计规则检查结果

（6）对 PCB 板大面积覆铜。执行【放置】→【多边形覆铜】命令，对 PCB 板图分别在"顶层（Top Layer）"和"底层（Bottom Layer）"进行多边形覆铜。

9. PCB 板图输出

直接将设计好的印刷电路板文件"单片机实验板电路.PcbDoc"发给制板厂家，一个星期左右就可以拿到制好的电路板实物了。

提示：请注意 PCB 制板厂家网站上的工艺要求，按其具体要求修改 PCB 文件。

任务 5.5　创建单片机实验板集成元件库

1. 从 PCB 更新原理图

打开单片机实验电路板 PCB 图，执行【设计】→【Update Schematics In 单片机实验板电路.PRJPCB】命令，弹出如图 5-82 所示的对话框，提示 PCB 文件与对应原理图文件之间有不同点，单击【Yes】按钮，调出【工程更改顺序】对话框，如图 5-83 所示，依次单击【生效更改】和【执行更改】按钮完成从 PCB 到原理图的更新工作。

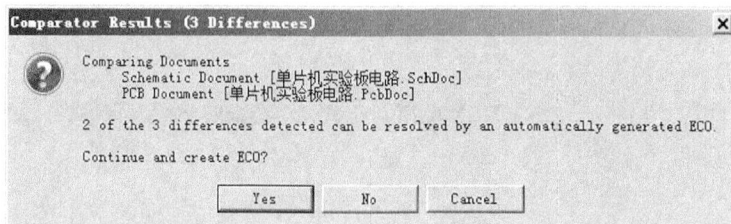

图 5-82　提示信息

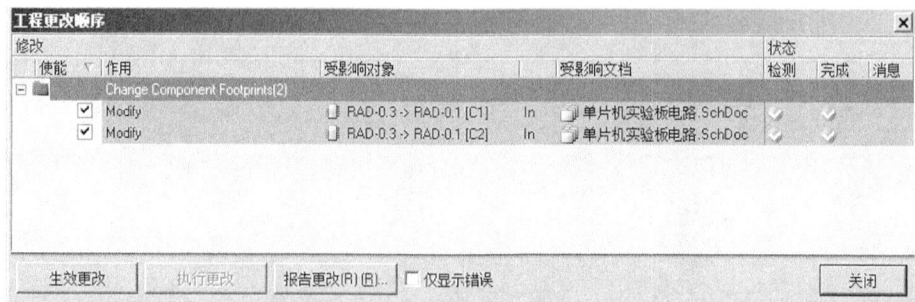

图 5-83　【工程更改顺序】对话框

2. 生成工程集成元件库

在生成集成元件库之前，一定要注意原理图与 PCB 板图的联动，确保每个元件的相关信息在这原理图环境和 PCB 环境中的属性参数是一致的，在两种环境中均可产生集成元件库文件。在此回到单片机实验电路板原理图环境，执行【设计】→【生成集成库】命令，弹出如图 5-84 所示的提示信息，单击"确定"按钮后软件自动在工程文件夹中针对本工程产生一个"单片机实验电路板.IntLib"，如图 5-85 所示。

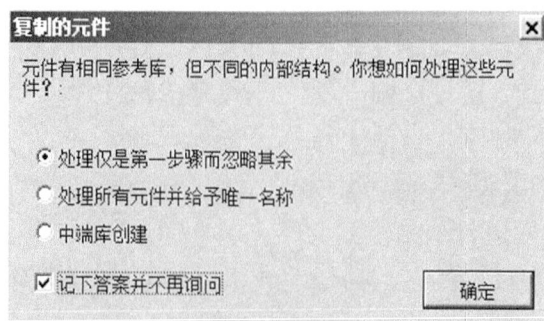

图 5-84　提示信息

3. 浏览工程的集成元件库

执行【设计】→【浏览库】命令，调出【库】工作面板，如图 5-86 所示，在当前可用元件库名称中就已经含有"单片机实验电路板.IntLib"，该集成库中含有单片机实验电路板工程项目制图所需的所有原理图符号和相对应的封装类型。

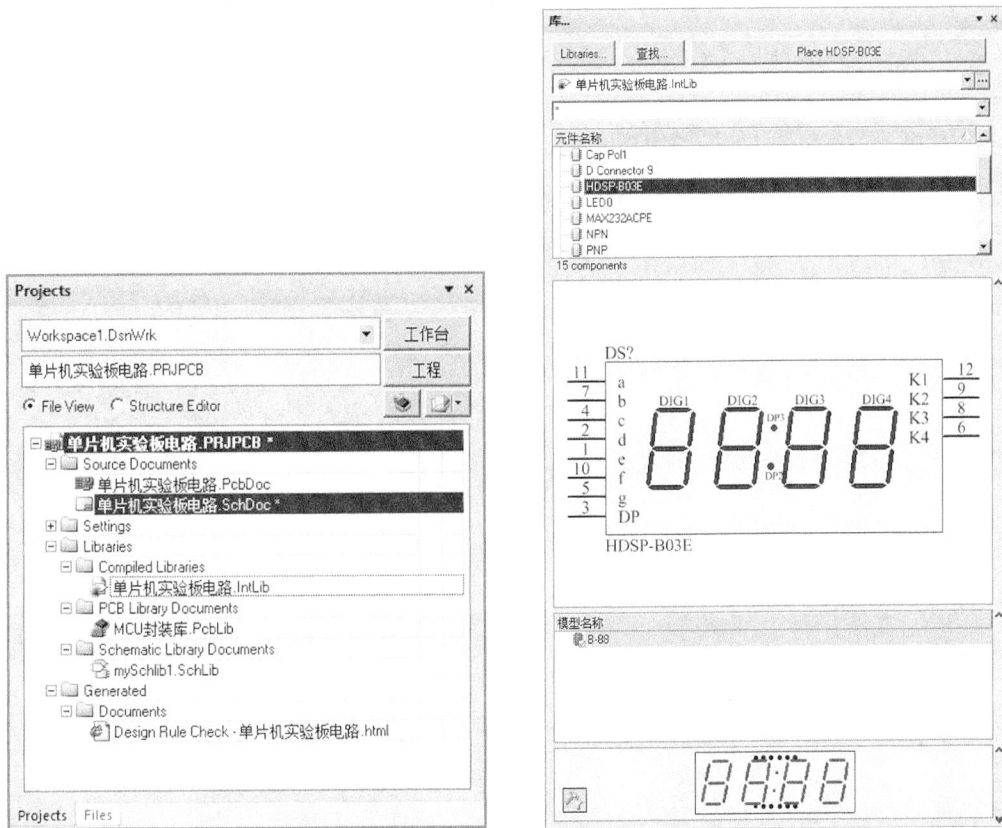

图 5-85　创建工程的集成元件库

图 5-86　浏览工程的集成元件库

技能链接　巧用软件批量修改功能

在"单片机实验电路板.PRJPCB"工程中，多次用到了"查找相似对象"的功能。对于这种复杂的工作项目，电气对象很多，编辑时需要修改的内容也很多，一个一个地修改显然太费时费力，寻找到需要修改的多个对象的共同之处一次性修改能够很好地提高人们的工作效率。

1. 在 PCB 中修改字符的大小

（1）寻找共同之处。布线后会发现很多字符太大，还有好多字符放在所布置的电线上，这样不利于 PCB 板实际制作，因此，人们设计时需要对字符进行相关的处理。双击 PCB 图中多个字符，发现这些字符尽管它们的具体文本内容、具体放置坐标位置不同，但这些字符的高、宽的值是一样的，如图 5-87 所示，这就是多样化字符的共同点。

（2）统一修改字符。右击 PCB 图中任一字符，在弹出的快捷菜单中执行【查找相似对象】命令，将【Text Height】值均为"60mil"所有字符找出来，如图 5-88 所示，单击【确定】按钮后，所有高度为"60mil"的字符在图纸中高亮显示，同时弹出一个新的对话框，如图 5-89 所示，在该对话框中将【Text Height】值由"60mil"改为"40mil"，按【Enter】键并关闭对话框，会发现 PCB 图中所有字符均变小了。请不要将字符放在所布置的线上。

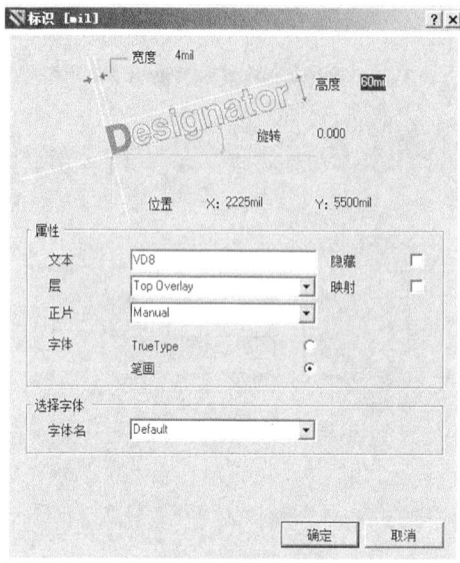

图 5-87　修改字符属性

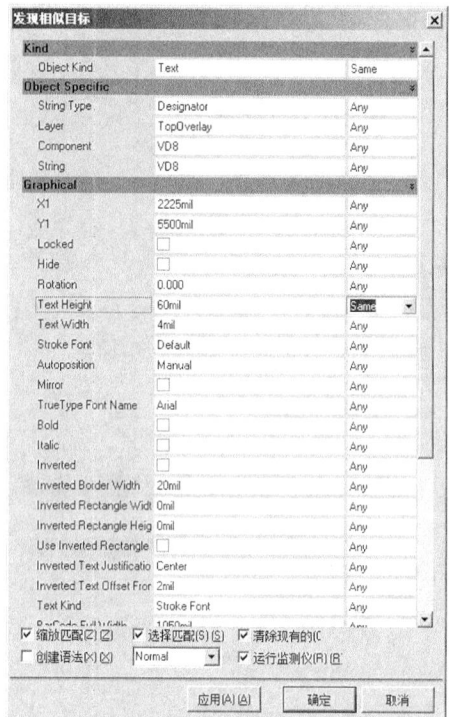

图 5-88　选定查找条件

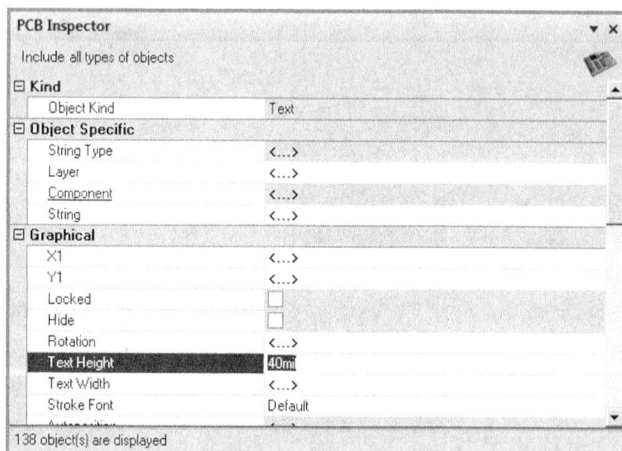

图 5-89　填写目标参数

2. 在 SCH 中修改开关 S1、S3、…、S22 的封装类型

（1）寻找共同之处。在设计电路原理图时，这些开关均来自元件库中同一种元件 SW-PB，即它们库中参考名称是一样的。

（2）统一修改开关的封装类型。右击图中任一开关元件，在弹出的快捷菜单中执行【查找相似对象】命令，在【发现相似目标】对话框中将【Symbol Reference】项改为"Same"，如图 5-90 所示，按【确定】按钮后这 21 个开关就会高亮显示，同时出现新的对话框，在该对话框的【Current Footprint】栏填写上自制封装"BUTTON"，如图 5-91 所示。按【Enter】键并关闭对话框，单击右下角 清除 按钮消除高亮显示。

图 5-90　【发现相似目标】对话框

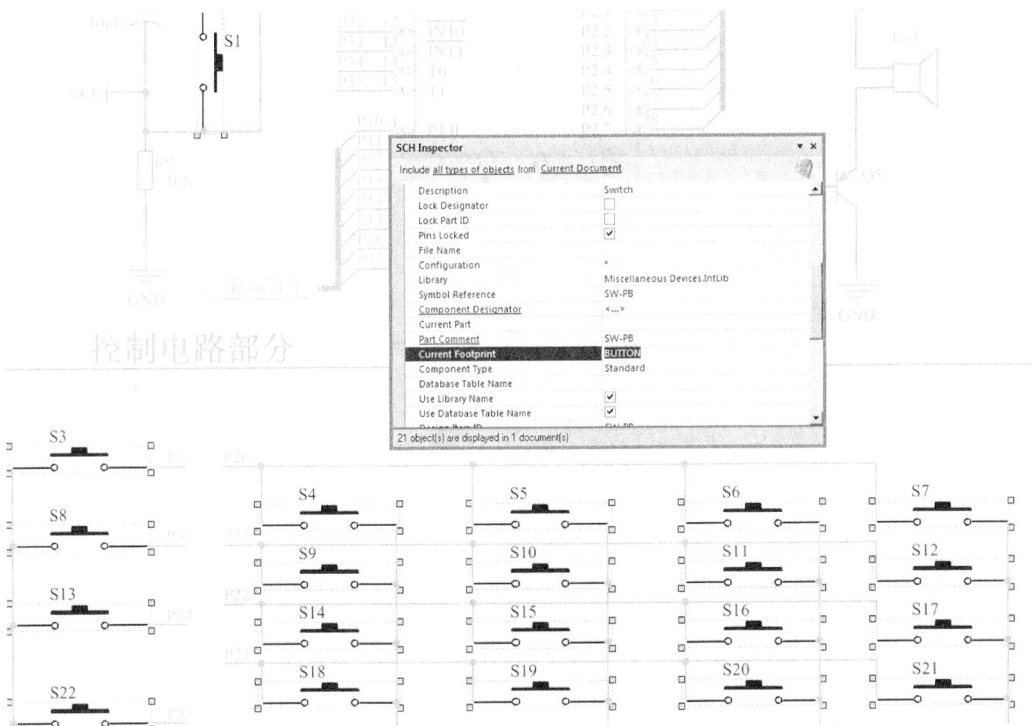

图 5-91　在电路图中发现出相似对象

（3）检查更新结果。双击这 21 个开关中的任一开关，在其属性对话框中将封装名已改为"BUTTON"自制封装类型，如图 5-92 所示。

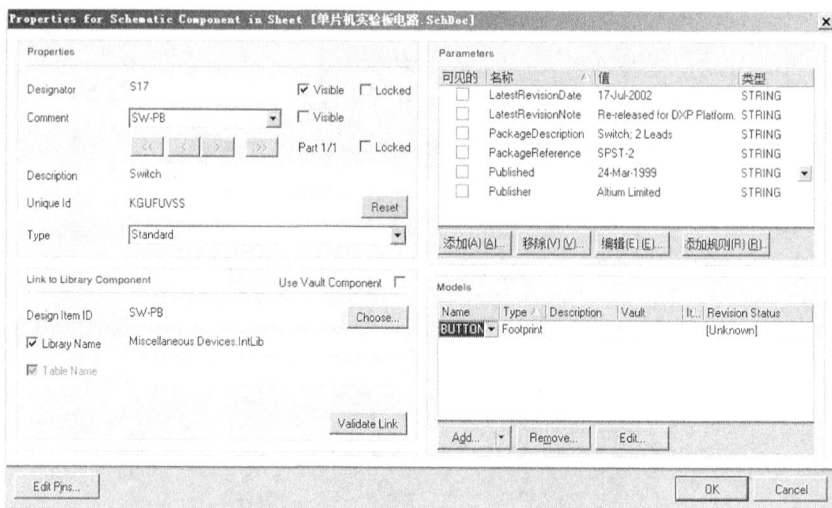

图 5-92　开关封装更改后属性对话框

实战项目　8 路智力抢答器双面 PCB 板设计

如图 5-93 所示，请将该 8 路智力抢答器电路设计成双面 PCB 板，类似图 5-94 双面 PCB 所示，图中多个开关 S 均采用项目 5 中已制作的封装"BUTTON"。PCB 技术指标要求如下。

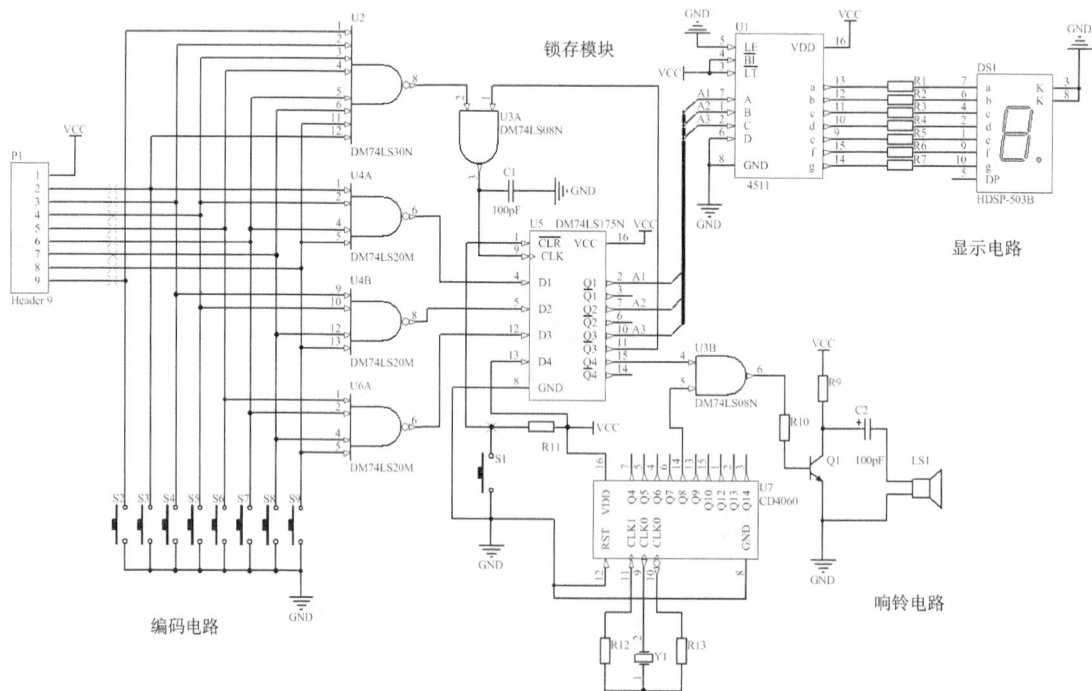

图 5-93　8 路智力抢答器电路图

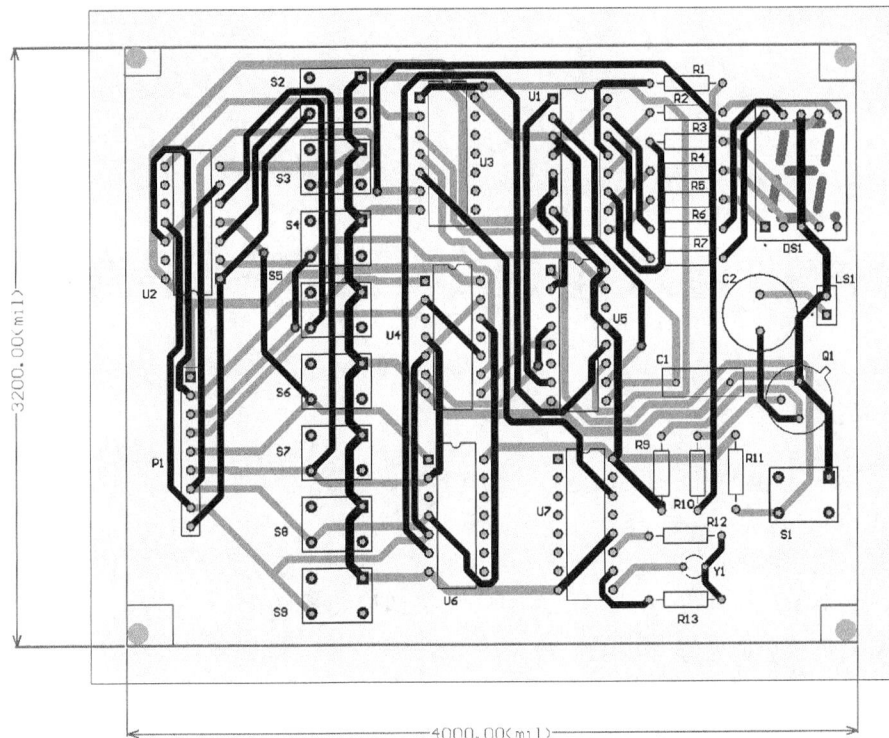

图 5-94　8 路抢答器双面 PCB 板

（1）双面板，电路板尺寸为 4400mil×3600mil，禁止布线区与板子边沿的距离为 200mil。

（2）最小间距为 10mil。

（3）最小铜膜导线宽度为 40mil，电源、地线的铜膜导线宽度为 50mil，导线拐角为 45°。

（4）优化布线修改夹角小于 90°的同面铜膜导线，执行【工具】→【泪滴】命令，加固细铜膜导线与焊盘间连接。

（5）对 PCB 进行设计规则检查。

（6）在四角放置 4 个安装孔，孔径为 120mil，并对设计的 PCB 板进行大面积覆铜处理。

（7）输出工程的集成元件库。

单片机层次电路的四层 PCB 板设计

➡ 项目导读

本项目用到的电路原理图仍然是单片机实验实训板原理图，但是在本项目中将采用自顶向下的层次电路图的设计方法，将项目 5 中的五大功能模块：电源电路模块、下载电路模块、控制电路模块、按钮矩阵电路模块、显示电路模块等分别用 5 张图纸绘制，项目总图用 1 张图纸绘制，该项目共有 6 张图纸，6 张图纸构成上、下两层关系。单片机层次电路设计可以利用项目 5 已设计好的电路图简化设计工作。

单片机电路的四层 PCB 板设计原理图可以用项目 5 的单片机电路的单张原理图，也可以用项目 6 单片机层次电路的 6 张原理图，而这里采用的是后者，若读者想采用前者则完全可参照本项目的后半部分内容。

➡ 教学方式

项目引领，"教学做"一体化，可以利用上一个项目节省绘制 5 张子图的时间（从上一项目中复制粘贴过来即可），原理图设计重点放在 6 张图纸之间的层次关系的建立，整个项目的重点放在四层 PCB 板的设计工作上。厘清四层 PCB 板与双面、单面 PCB 板的本质区别：单面 PCB 板只有一个布线信号层（Bottom Layer）；双面 PCB 板有两个布线信号层（Top Layer 和 Bottom Layer）；四层 PCB 板除了有两个布线信号层（Top Layer 和 Bottom Layer）外，还可以在地和电源两个中间层布线。建议 16 个学时。

➡ 相关知识

1. 原理图模块化设计

通过前面的几个项目，学会了一般电路原理图的基本设计方法，将整个项目的电路图都绘制在一张图纸上。这种方法适用于规模小、逻辑结构比较简单的电路设计，当项目或原理图比较复杂时，可以采用另一种设计方法，即模块化设计方法。这种方法将一个庞大的系统电路项目按照其电路功能分解成若干个小的电路模块，每个电路模块均能够独立地完成一定的电路功能，具有相对独立性，它们之间是平等的关系，或是包含与被包含的关系，设计工作可以由不同的设计者、在不同地点、设计在不同的图纸上，最后由一个项目管理文件把它们组成一个有机的项目整体。模块化设计最大特点是：项目电路图之间结构清晰、层次分明，既培养了一个设计团队，同时也提高了电子产品整机的设计速度，突出个人在某一方面的设计特长，增强新产品的社会竞争力。

2. 自顶向下的层次电路图设计

自顶向下的层次电路图设计方法，是实际工作中最常用的硬件电路设计方法。首先要对整个电路系统从宏观上把它划分为若干个功能模块，根据系统的实际结构与功能，把这些功能模块正确地连接起来，整个电路系统形成一个有机的整体。单片机实验板电路原理图可划分为 5 个功能模块：电源电路、控制电路、显示电路、下载电路、按钮矩阵电路，用自顶向下层次法设计绘制单片机实验板层次原理图的流程如图 6-1 所示。

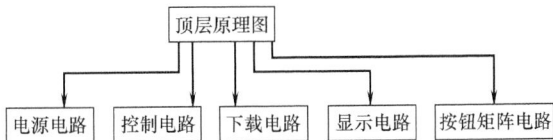

图 6-1　自顶向下的层次法设计单片机实验板电路的流程

3. PCB 多层板设计

随着电子技术的发展，高速度、高密度是现代电子产品的发展趋势之一，高速、低耗、小体积、抗干扰性良好的电子产品越来越多，对印制电路板设计提出了更高的防干扰和布线的特殊要求，为此，手机、计算机、U 盘、MP4 高科技产品等均已使用了四层以上的 PCB 板设计，这些产品的电路板不仅有上下两面布线，在板的中间还设有走线较为简单的电源或接地的夹层铜箔，并常用大面积填充的办法来布线。上下位置的表面层与中间各层通过"过孔（Via）"来联通。多层印制电路板以其电路复杂、布线层数多、装配密度高、可靠性高、抗干扰能力强等优势广泛应用于高速电子设备中，基本解决单面板、双面板中无法解决的问题。因此，多层印制电路板的设计是 PCB 设计人员的必备技能之一。

4. 层次电路图设计中常用电气对象

绘制层次电路原理图时，需要用到另外两个电气对象，即图纸符号▣、图纸入口▣，如图 6-2 所示。

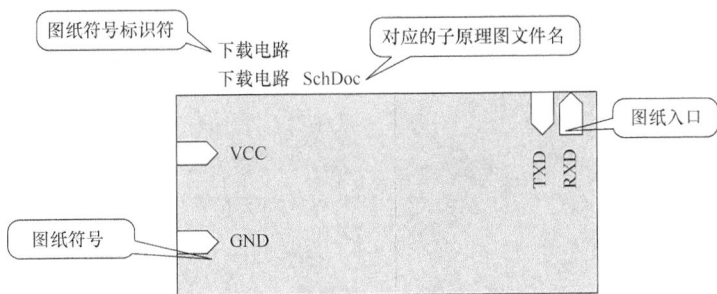

图 6-2　图纸符号和图纸入口

（1）图纸符号。执行【放置】→【图表符】命令，或单击【配线】工具栏中的【图表符】按钮▣，十字形工作光标上就会黏附一个绿色长方块，单击确定图表符的起点，移动鼠标后再单击鼠标左键确定图表符的终点。双击图表符，弹出【方块符号】对话框，如图 6-3 所示。只需填写以下两栏，其他不变。

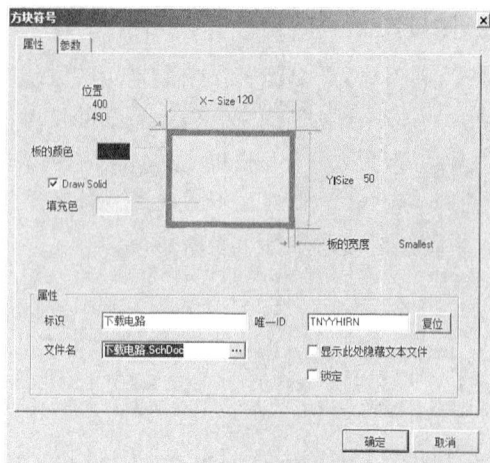

图 6-3   【方块符号】对话框

① 标识：方块符号也是一个元器件，该栏填入图纸符号的名称，类似于普通电路图中的元件标识符，具有唯一性。

② 文件名：具有唯一性，是该方块符号所代表的电路原理图的文件名。

（2）图纸入口。执行【放置】→【添加图纸入口】命令，或单击【配线】工具栏中的【放置图纸入口】按钮，将"十"字形工作光标移到图表符号内边沿后，单击一次鼠标左键放置一个图纸入口。双击图纸入口（或在放置状态下，按【Tab】键），弹出【方块入口】对话框，如图 6-4 所示。只需填写以下两栏，其他不变。

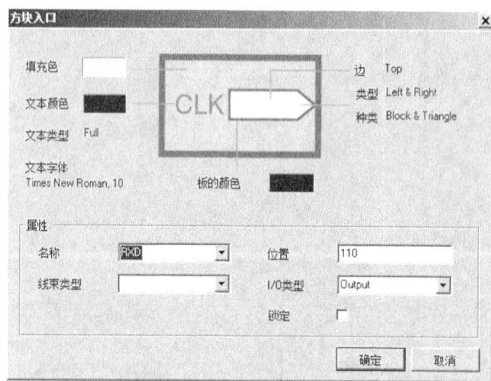

图 6-4   【方块入口】对话框

① 名称：方块入口的名称，应与子电路原理图中相应的端口名称一致。

② I/O 类型：要根据具体电路工作原理确定类型。有 4 种，即不确定型（Unspecified）、输入型（Input）、输出型（Output）和双向型（Bidirectional）。

提示： ① 一个图纸符号内所有图纸入口只需单击一次【图纸入口】按钮。

② 图纸入口的属性若不知道，可以暂时用"Unspecified"。

项目目标

- 掌握多张图纸的层次电路图设计方法。
- 掌握四层印制电路板的设计方法。

● 掌握 PCB 与原理图相互更新的方法。

任务 6.1　单片机层次电路图的设计

6.1.1　建立一个 PCB 项目

（1）执行【文件】→【创建】→【工程】→【PCB 工程】命令。

（2）执行【文件】→【保存工程为】命令，保存到指定目录中，命名为"单片机四层板.PrjPCB"。

（3）执行【文件】→【创建】→【原理图】命令，新建一个原理图文件。

（4）执行【文件】→【另存为】命令，并命名为"单片机四层板顶层.SchDoc"原理图文件。

6.1.2　顶层原理图的绘制

1. 图纸参数设置

（1）双击"单片机四层板顶层.SchDoc"原理图文件名，打开该空白图纸。

（2）执行【设计】→【文档选项】命令，弹出【文档选项】对话框，在【图纸选项】选项卡中设定为"使用自定义风格"，图纸大小为宽"800"、高"700"，捕获网格和可视网格均设置为"10"，电气网格设置为"4"。

（3）在【参数】选项卡中，【DrawnBy】参数值设置为学生姓名，【Title】数值设置为"单片机实验板电路顶层"，【SheetNumber】数值为"1"，【SheetTotal】数值为"6"，如图 6-5 所示。

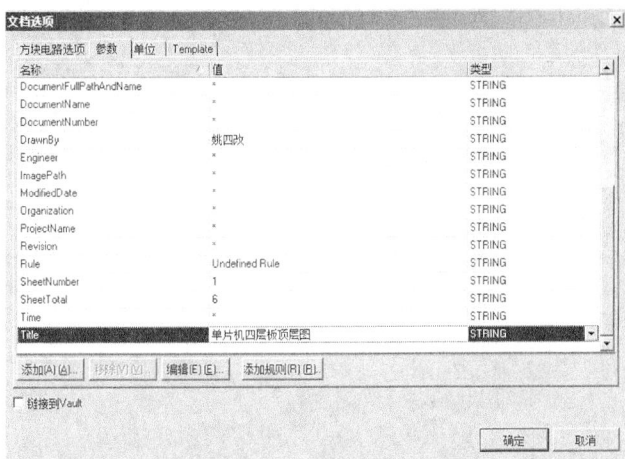

图 6-5　【参数】选项卡

（4）选中【参数选择】中的【Schematic】项中的"转换特殊字符串"复选框。

（5）依次放置 4 个文本字符串，内容分别改为"=Title"、"=SheetNumber"、"= SheetTotal"、"= DrawnBy"，顶层原理图标题栏显示如图 6-6 所示。

Title	单片机四层板顶层图		
Size A4	Number 1		Revision
Date:	2015/7/25	Sheet of	6
File:	F:\2015书\cadbackup\单片机\单片机四层板顶层.SchDoc	Drawn By:	姚四改

图 6-6   顶层原理图标题栏

2. 放置方块符号

执行【放置】→【图表符】命令，或单击【配线】工具栏中的【图表符】按钮▣，在图纸中放置 5 个方块符号，双击各个方块符号，弹出每个方块符号属性对话框，按照图 6-3 所示方法填写方块符号名称及其所代表的子原理图名称。

（1）将 5 个方块符号的标识 Designator 分别填写"控制电路"、"按钮矩阵电路"、"显示电路"、"电源电路"、"下载电路"。

（2）将 5 个方块符号的原理图文件名 File Name 分别对应改为"控制电路.SchDoc"、"按钮矩阵电路.SchDoc"、"显示电路.SchDoc"、"电源电路.SchDoc"、"下载电路.SchDoc"，如图 6-7所示。

图 6-7   放置好方块符号

3. 放置图纸入口

执行【放置】→【添加图纸入口】命令，或单击【配线】工具栏中的【放置图纸入口】按钮▣，每单击两次鼠标左键，即可放置一个图纸入口。在 5 个图纸符号的内部放置相应图纸入口，并修改其属性，注意以下图纸入口的属性设置。

（1）在下载电路中，TXD 为输入端口，RXD 为输出端口。

（2）在控制电路中，P0 口、P1 口、P2 口、P3.2～P3.5 为双向端口，RXD 为输入端口。TXD 为输出端口。

（3）在显示电路中，P0 口、P2.4～P2.7 为输入端口，P1 口为双向端口。

（4）在按钮矩阵电路中，P2 口、P3.2～P3.5 为双向端口。

（5）电源电路中无输入、输出端口。

提示：在层次电路设计时习惯上不把 VCC、GND 绘制在顶层图中。

4．连接各图纸符号

执行【放置】→【导线】命令，或单击【配线】工具栏中的【导线】按钮，根据电路工作原理连接各个图纸符号，单片机四层板顶层图如图 6-8 所示。

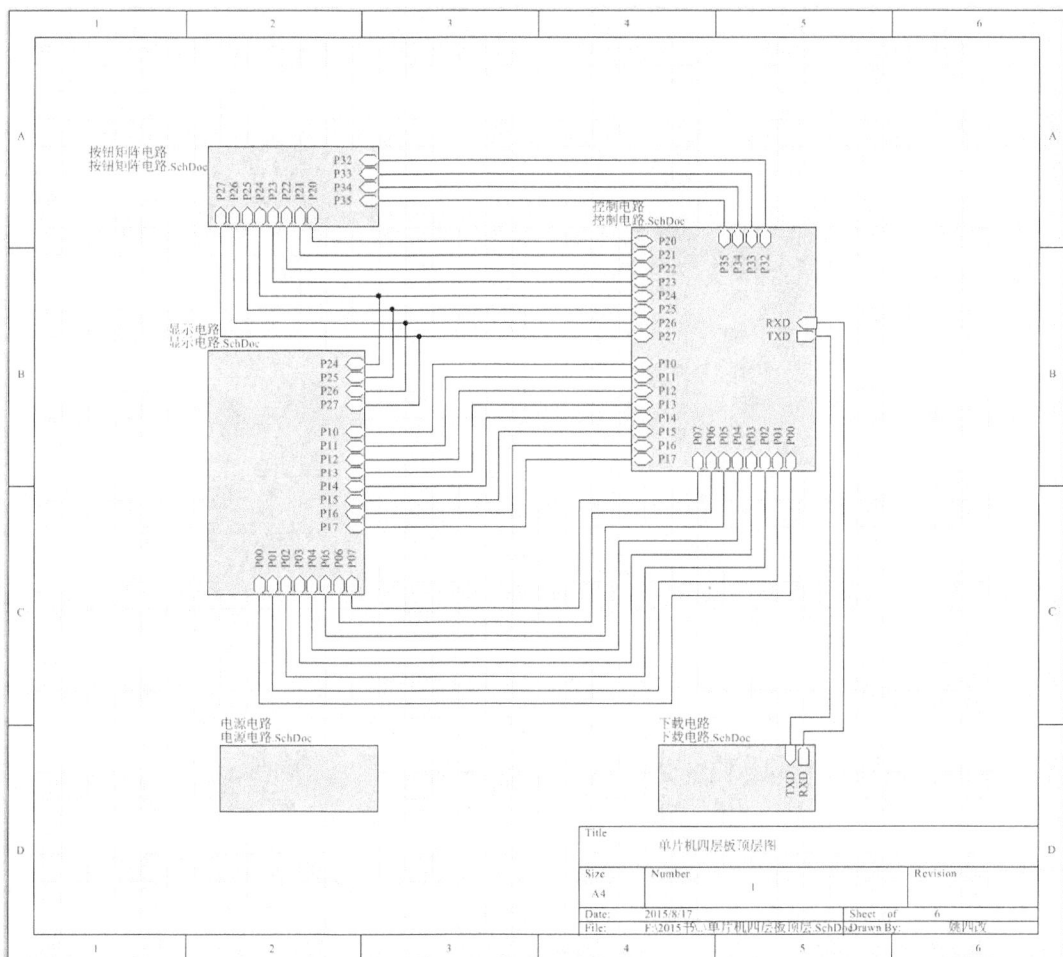

图 6-8　单片机四层板顶层图

6.1.3　建立图纸间的层次关系

1．创建各子原理图空白图纸

双击"单片机四层板顶层图.SchDoc"文件名，打开该电路图，执行【设计】→【产生图纸】命令，将工作光标对准"下载电路"图纸符号内部，单击鼠标左键，系统自动打开一张空白的原理图图纸，如图 6-9 所示，并在图纸左下方自动有两个端口 TXD、RXD，且原理图文件名为"下载电路.SchDoc"。

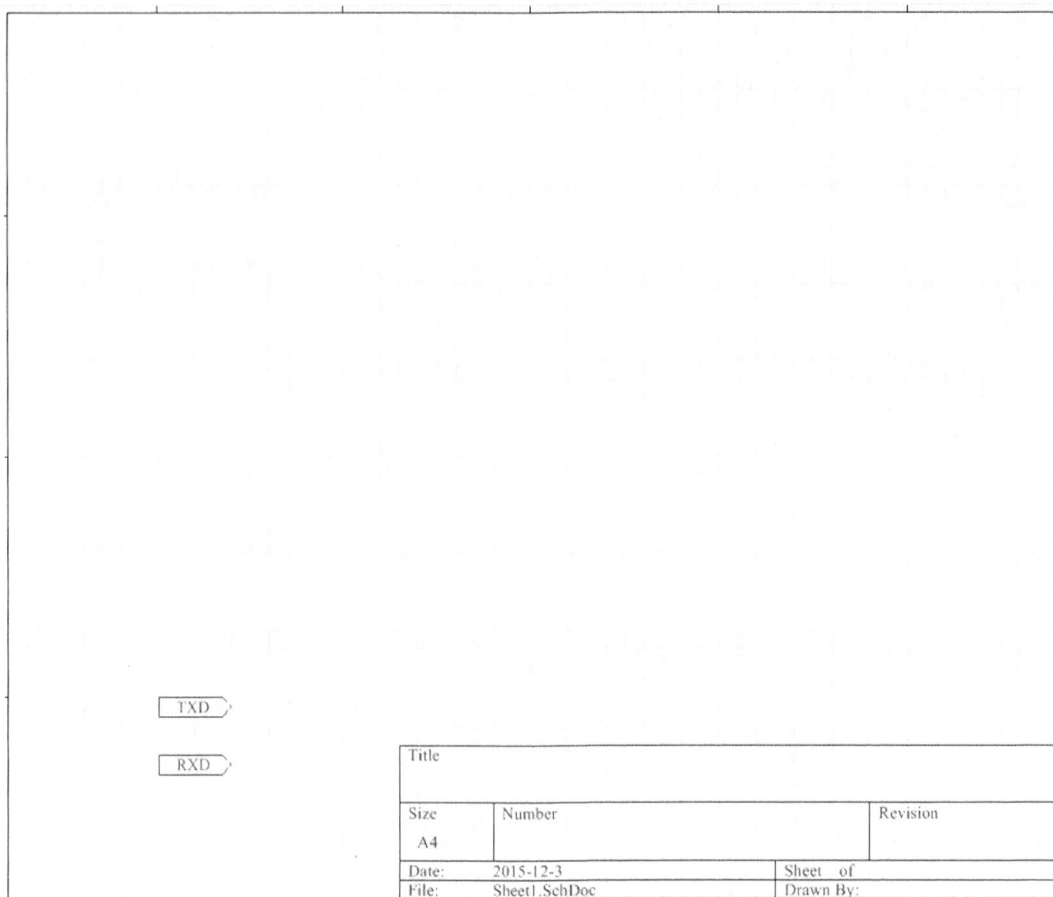

图 6-9　自动新建的"下载电路.SchDoc"图纸

多次执行【设计】→【产生图纸】命令，根据顶层中的各个图纸符号，分别另外创建 4 张空白图纸：控制电路.SchDoc、按钮矩阵电路.SchDoc、显示电路.SchDoc 和电源电路.SchDoc。

2. 建立图纸间的层次关系

执行【工程】→【阅览通道】命令，6 张图纸建立起了两层关系，如图 6-10 所示的 Projects 工作面板，这 6 张图纸形成了上下两层关系，下层 5 张图纸之间是平等的关系。

3. 保存图纸

执行【文件】→【另存为】命令，分别将这 5 张空白图纸和单片机四层板顶层图都保存到用户盘上同一个目录中。

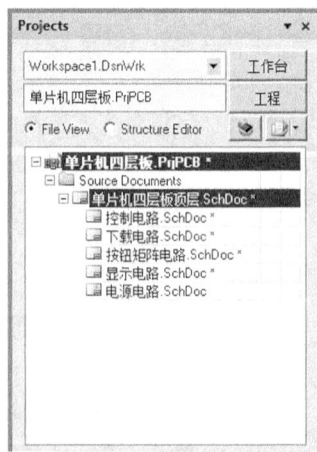

图 6-10　图纸间的层次关系

6.1.4　绘制各个子原理图

1.　绘制电源电路子原理图

（1）双击 Projects 工作面板上的"电源电路"文件名，打开电源电路的空白图纸。

（2）执行【设计】→【文档选项】命令，弹出【文档选项】对话框，将图纸自定义为宽"600"、高"400"，如图 6-11 所示；【参数】选项卡中的参数的设置如图 6-12 所示，填写好的"电源电路"图纸标题栏如图 6-13 所示。

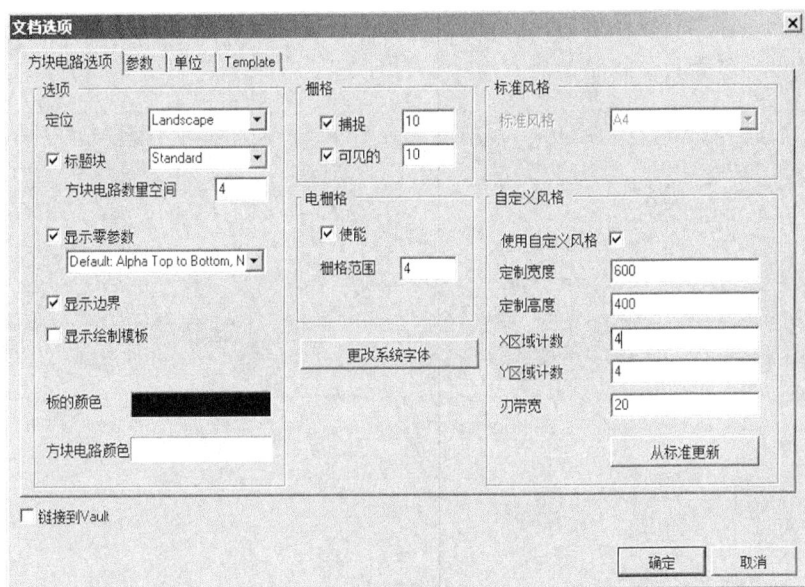

图 6-11　【文档选项】对话框

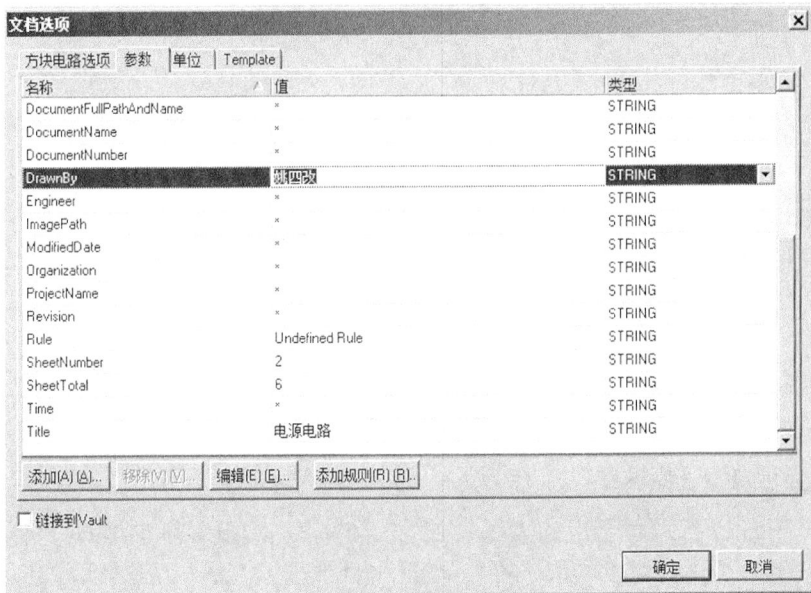

图 6-12　【参数】选项卡

Title	电源电路		
Size A4	Number 2		Revision
Date:	2015/8/17	Sheet of	6
File:	F:\2015书\..\电源电路.SchDoc	Drawn By:	姚四改

图 6-13 "电源电路"图纸标题栏

（3）按照简单电路图的绘制方法绘制电源电路，执行【工程】→【Compile Document 电源电路.SchDoc】命令，弹出如图 6-14 所示的【Messages】对话框，提示有两个"no driving source"警告（Warning），放置两个忽略检测符号☒，绘制好的电源电路如图 6-15 所示。

Class	Document	Source	Message	Time	Date	No.
[Warning]	电源电路.SchDoc	Compiler	Net NetUSB1_2 has no driving source (Pin USB1-2)	16:19:18	2015/8/17	1
[Warning]	电源电路.SchDoc	Compiler	Net NetUSB1_3 has no driving source (Pin USB1-3)	16:19:18	2015/8/17	2
[Info]	单片机四层板.PrjPCB	Compiler	Compile successful, no errors found.	16:19:18	2015/8/17	3

图 6-14 【Messages】对话框

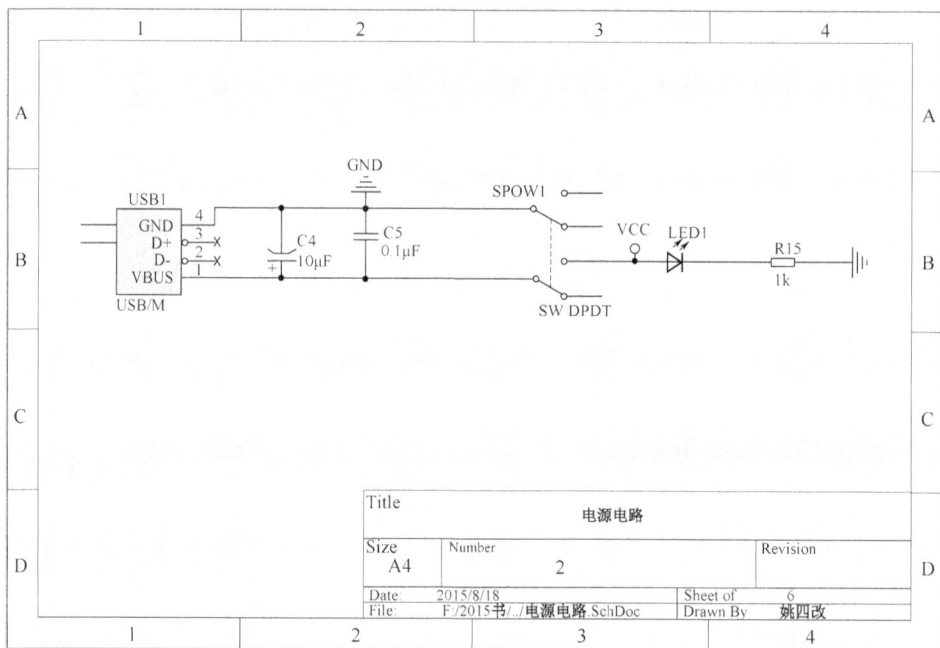

图 6-15 绘制好的电源电路.SchDoc

2. 绘制显示电路子原理图

（1）双击 Projects 工作面板上的"显示电路"文件名，打开显示电路的空白图纸。

（2）执行【设计】→【文档选项】命令，弹出【文档选项】对话框，将图纸自定义为宽"800"、高"600"，并填写图纸标题栏各参数。

（3）按照简单电路图的绘制方法（项目 1 内容）绘制显示电路，并将各个端口移到相对应的位置，绘制好的显示电路如图 6-16 所示。

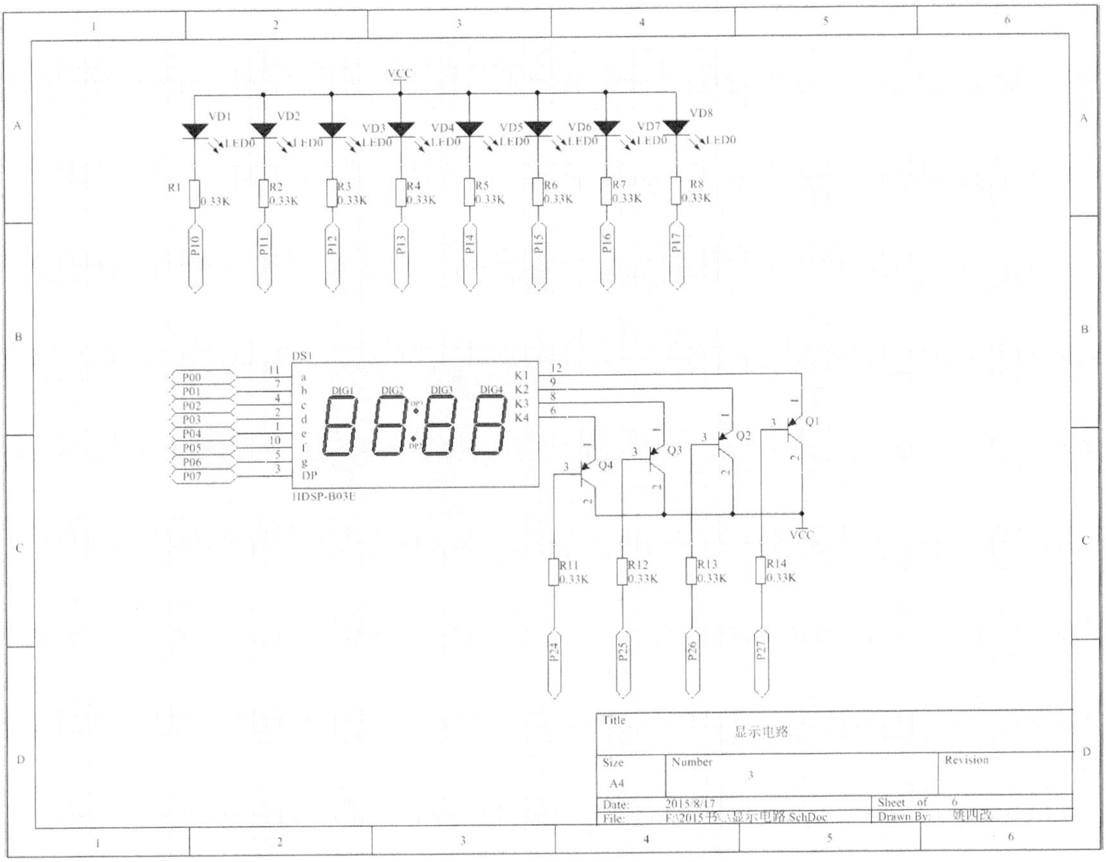

图 6-16　绘制好的显示电路.SchDoc

3. 绘制控制电路子原理图

（1）双击 Projects 工作面板上的"控制电路"文件名，打开控制电路的空白图纸。

（2）执行【设计】→【文档选项】命令，打开【文档选项】对话框，将图纸自定义为宽"800"、高"600"，并填写图纸标题栏。

（3）按照简单电路图的绘制方法绘制控制电路，并将左下角自动产生的各个端口移到相对应的位置，绘制好的控制电路如图 6-17 所示。

4. 绘制下载电路子原理图

（1）双击 Projects 工作面板上的下载电路文件名，打开下载电路的空白图纸。

（2）执行【设计】→【文档选项】命令，打开【文档选项】对话框，将图纸自定义为宽"700"、高"600"，并填写好图纸标题栏。

（3）按照简单电路图的绘制方法绘制下载电路，并将左下角自动产生的各个端口移到相对应的位置，绘制好的下载电路如图 6-18 所示。

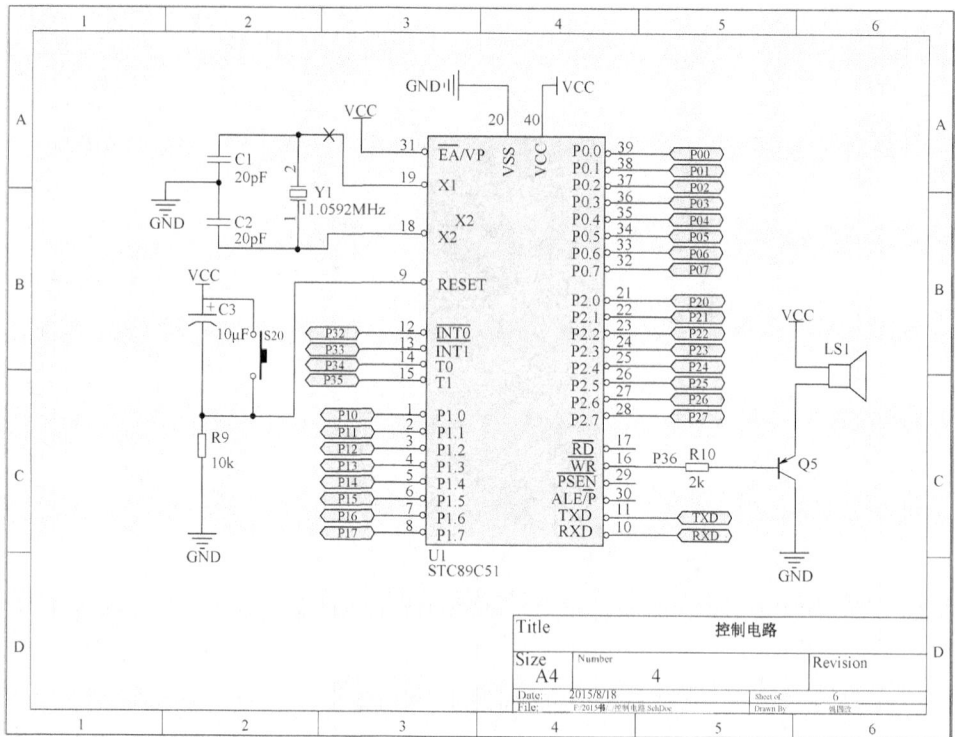

图 6-17　绘制好的控制电路.SchDoc

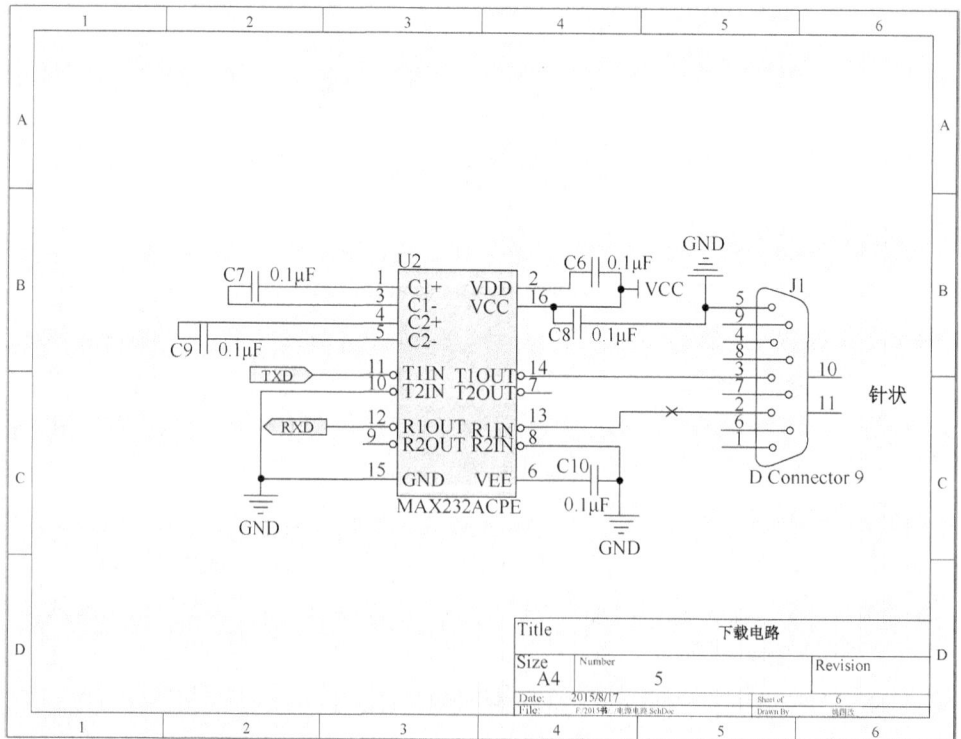

图 6-18　绘制好的下载电路.SchDoc

5．绘制按钮矩阵电路子原理图

（1）双击 Projects 工作面板上的按钮矩阵电路文件名，打开按钮矩阵电路的空白图纸。

（2）执行【设计】→【文档选项】命令，打开【文档选项】对话框，将图纸自定义为宽"800"、高"600"，并填写图纸标题栏各参数。

（3）按照简单电路图的绘制方法（项目 1 内容）绘制按钮矩阵电路，并将左下角自动产生的各个端口移到相对应的位置，绘制好的按钮矩阵电路如图 6-19 所示。

　　提示：① 在绘制子原理图时可以利用前面已绘制好单片机项目的电路图，采用复制、粘贴方式，以提高绘图速度。

　　② 注意在绘制工程时元件标识符与笔者绘制的元件标识符可能有区别。

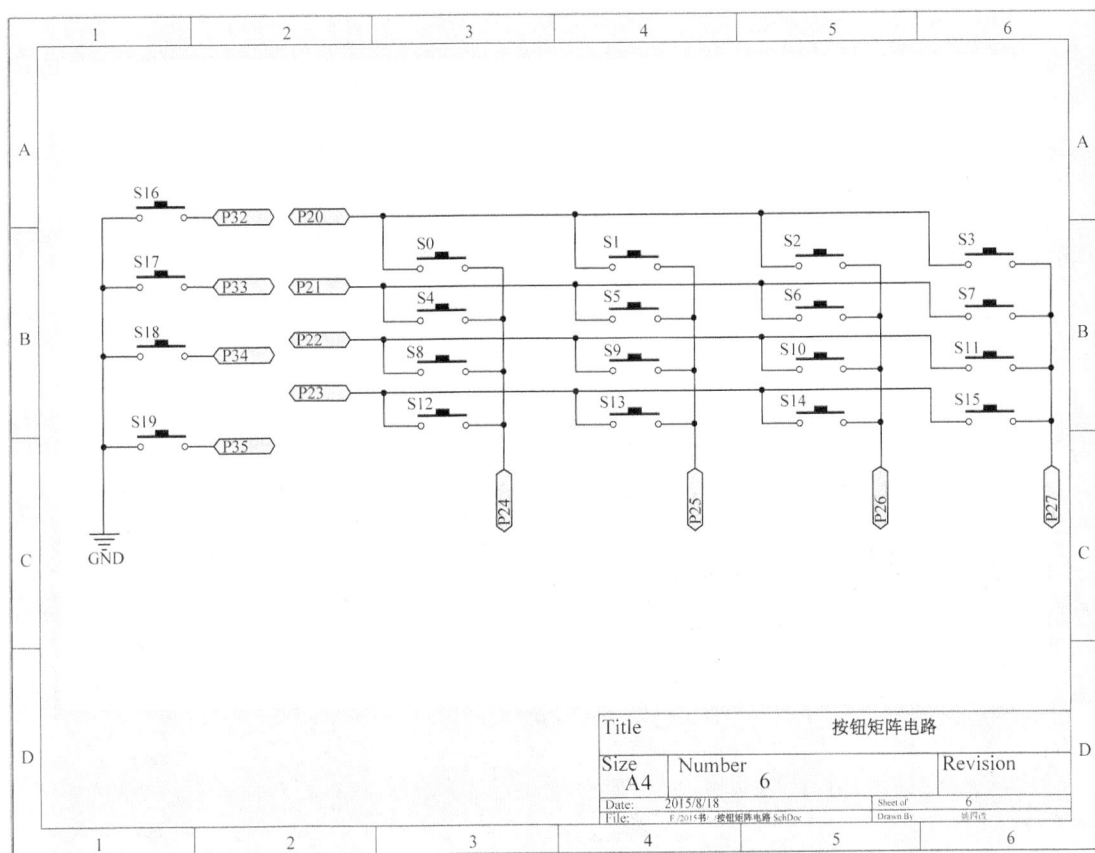

图 6-19　绘制好的按钮矩阵电路.SchDoc

6.1.5　编译并保存整个层次电路原理图

执行【工程】→【Compile PCB Project 单片机四层板.PrjPcb】命令，编译整个单片机实验板电路 PCB 项目，【Messages】面板上没有任何错误信息，如图 6-20 所示，说明该层次电路图项目绘制基本没有问题。

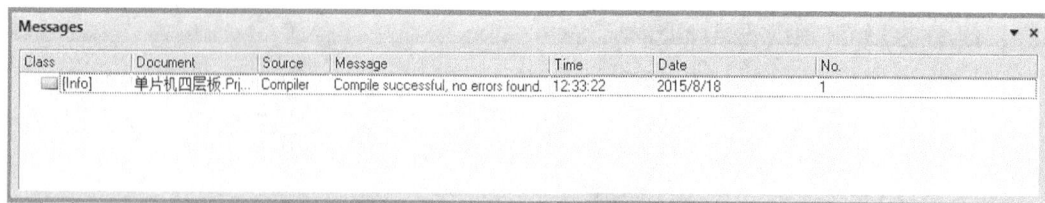

图 6-20 【Messages】编译信息

任务 6.2 手工规划单片机四层 PCB 板形状

在本任务中将设计出如图 6-21 所示的单片机四层 PCB 板,技术要求如下。

(1)四层板,电路板尺寸为 5500mil×3300mil,禁止布线区与板子边沿的距离为 200mil。

(2)信号层的安全间距为 10 mil,电源、接地层的安全间距为 20 mil。

(3)时钟线的铜膜导线宽度为 40 mil,其他铜膜导线宽度为 20 mil,导线拐角为 45°。

(4)在四角放置 4 个圆形安装孔,孔径为 120 mil。

(5)电源、接地层的连接方式为 Relief Connect,导线宽度、空隙间距和扩展距离均为 0.6mm。

(6)采用插针式元件,所有焊盘或过孔补泪滴。

(7)对所有信号层覆铜。覆铜接入地网络,与地网络的连接方式为 Relief Connect,导线宽度为 0.6mm。

(8)对 PCB 进行设计规则检查。

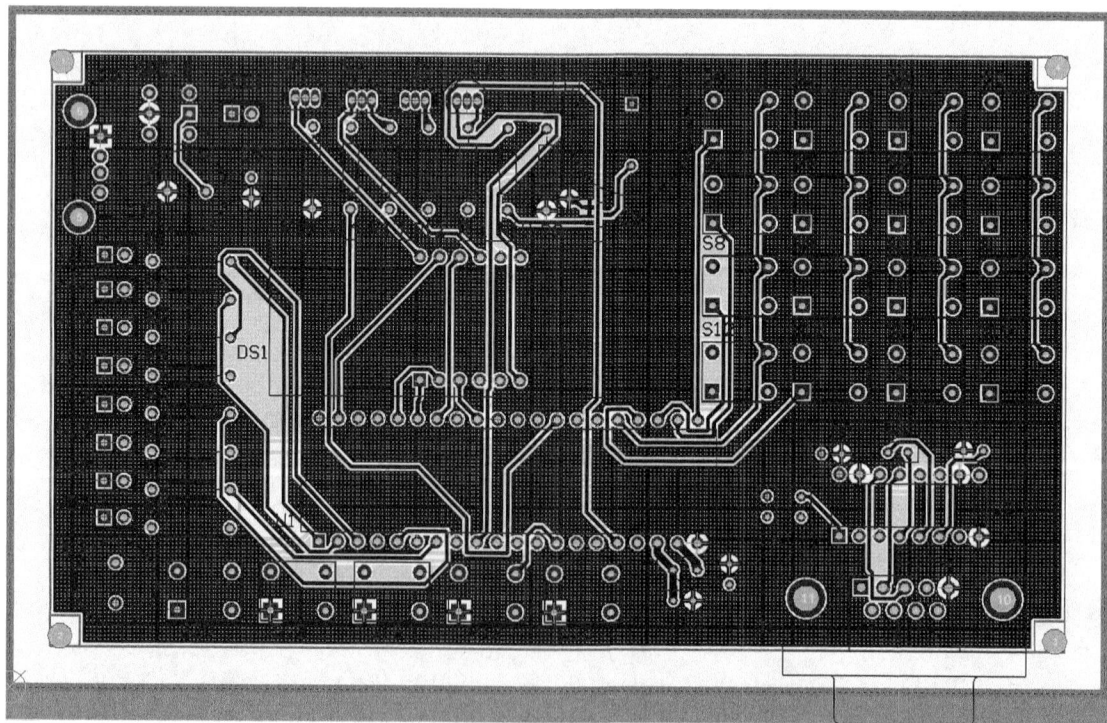

图 6-21 单片机四层 PCB 板

6.2.1　新建空白的 PCB 文件

（1）打开"单片机四层板.PrjPcb"工程，执行【文件】→【创建】→【PCB】命令。

（2）单击主工具栏中的【保存】按钮 ，或执行【文件】→【保存】命令，保存新建的 PCB 文件至"单片机四层板.PrjPcb"所在文件夹中，如图 6-22 所示。

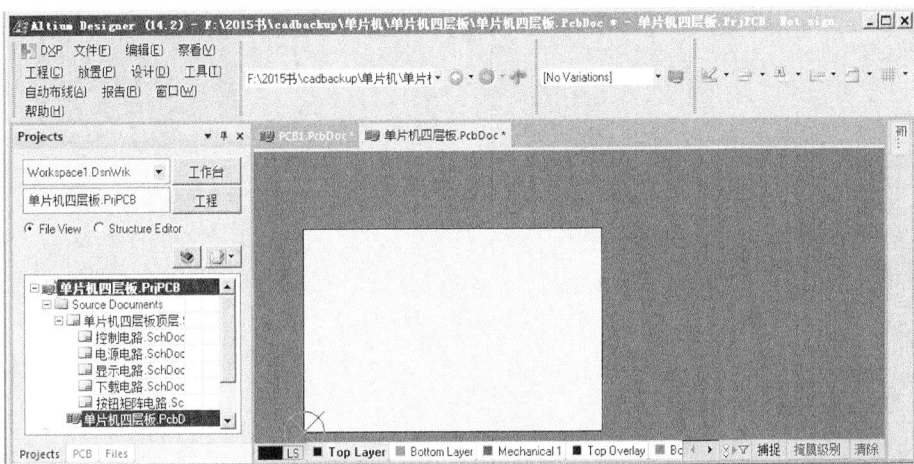

图 6-22　保存新建的 PCB 文件

6.2.2　PCB 环境设定

（1）执行【编辑】→【原点】→【设置】命令，将板子的左下角设定为坐标原点，如图 6-22 所示。

（2）设置 PCB 板选择项。在图 6-22 中板子空白处右击，在弹出的快捷菜单中执行【选择】→【栅格】命令，弹出【栅格管理器】对话框，如图 6-23 所示，双击"描述"栏，将网格步进值改为"10mil"，如图 6-24 所示，两次确定后关闭相应的对话框。

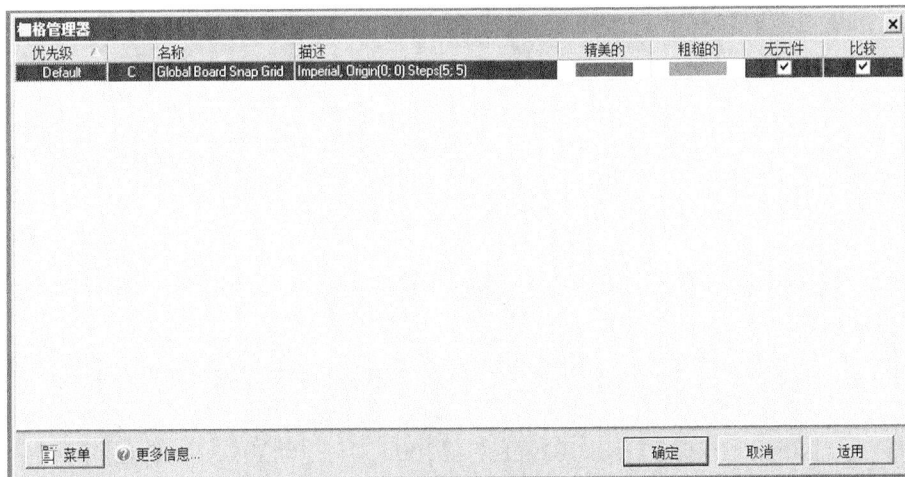

图 6-23　【栅格管理器】对话框

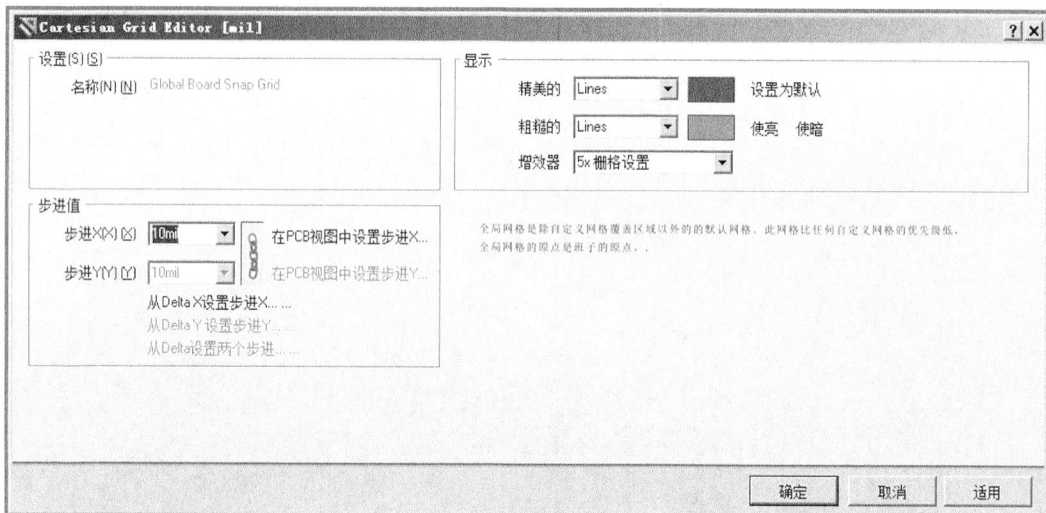

图 6-24　修改栅格步进值

6.2.3　绘制电路板物理边界及电气边界

（1）执行【设计】→【板子形状】→【根据板子外形生成线条】命令，弹出如图 6-25 所示的对话框，确认后在板子形状四周加上外框。按住鼠标左键框选整个板子，将工作光标分别放到上面、右边两根边框上并移动它们，将长方形的尺寸缩小为 5500mil×3300mil。

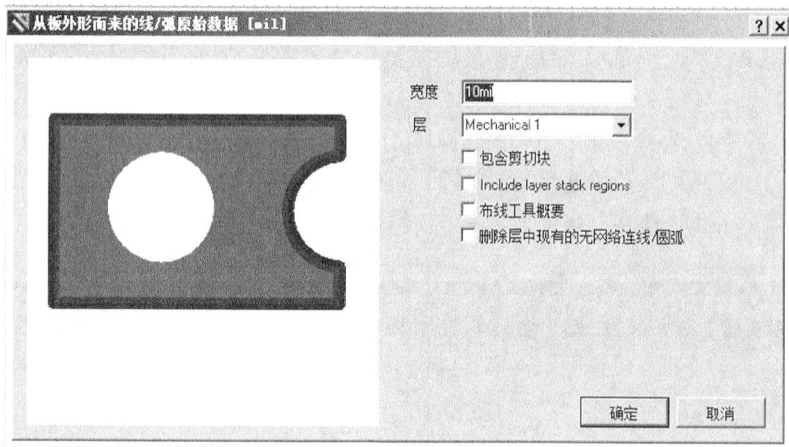

图 6-25　加板子外线

（2）执行【设计】→【板子形状】→【按照选择对象定义】命令，将 PCB 板大小改为 5500mil×3300mil。

（3）用【+】或【－】键将 PCB 下边当前工作板层改为"Keep-Out Layer"，执行【放置】→【走线】命令，放置一个 5100mil×2900mil 的封闭矩形，电气边界 4 个顶点坐标分别为（200mil，200mil）、（5300mil，200mil）、（5300mil，3100mil）、（200mil，3100mil），距物理边界 200mil。电气边框线宽设置如图 6-26 所示。两个边框设定好后如图 6-27 所示。

提示：

① 物理边界定义了印制电路板的实际物理尺寸。

② 电气边界定义了在印制电路板上可以放置元件和布线的区域。

③ 按【Q】键可以将环境单位在 mm 与 mil 之间转换。

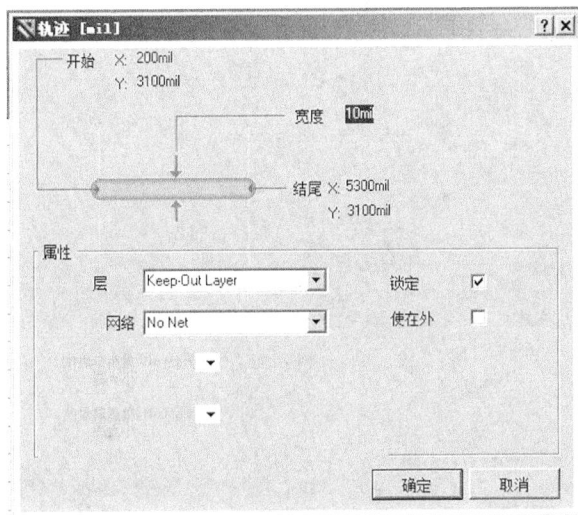

图 6-26　外线宽度设置

图 6-27　电路边框

6.2.4　设定 PCB 板层数量

（1）执行【设计】→【层堆栈（叠）管理】命令，弹出【层堆栈管理器】对话框，如图 6-28 所示。单击 `Presets ▾` 按钮，弹出如图 6-29 所示的快捷菜单，选择第二项"四层板"，即"Four Layer（2×Signal，2×Plane）"。在图 6-30 所示确认信息中单击【是】按钮，图 6-28

变为图 6-31 所示四层板，四层板具体参数情况如图 6-31 所示，单击【OK】按钮关闭对话框，此时可以观察到当前 PCB 环境中下边的 PCB 板层项已有所改变。

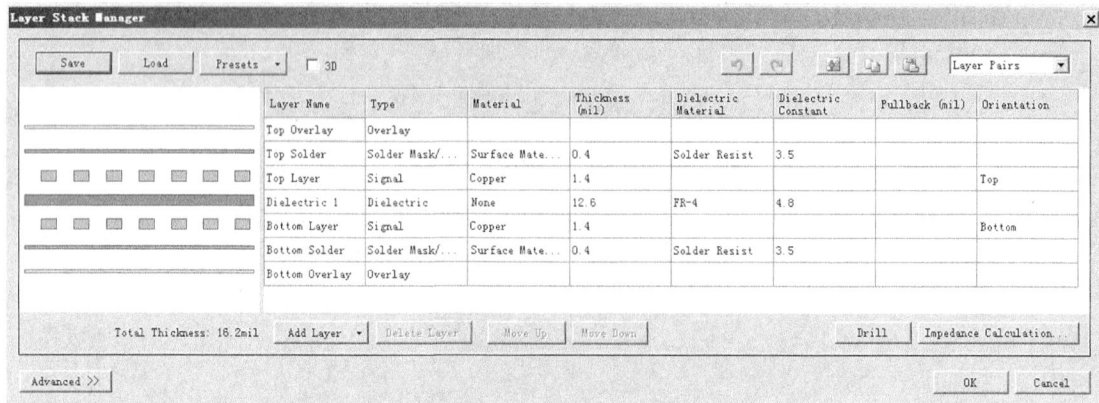

Layer Name	Type	Material	Thickness (mil)	Dielectric Material	Dielectric Constant	Pullback (mil)	Orientation
Top Overlay	Overlay						
Top Solder	Solder Mask/...	Surface Mate...	0.4	Solder Resist	3.5		
Top Layer	Signal	Copper	1.4				Top
Dielectric 1	Dielectric	None	12.6	FR-4	4.8		
Bottom Layer	Signal	Copper	1.4				Bottom
Bottom Solder	Solder Mask/...	Surface Mate...	0.4	Solder Resist	3.5		
Bottom Overlay	Overlay						

Total Thickness: 16.2mil

图 6-28　【层堆栈管理器】对话框

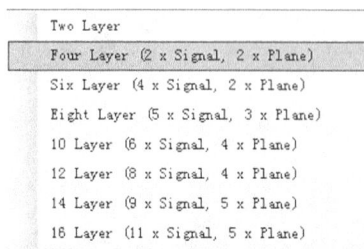

Two Layer	
Four Layer (2 x Signal, 2 x Plane)	
Six Layer (4 x Signal, 2 x Plane)	
Eight Layer (5 x Signal, 3 x Plane)	
10 Layer (6 x Signal, 4 x Plane)	
12 Layer (8 x Signal, 4 x Plane)	
14 Layer (9 x Signal, 5 x Plane)	
16 Layer (11 x Signal, 5 x Plane)	

图 6-29　【Presets】快捷菜单

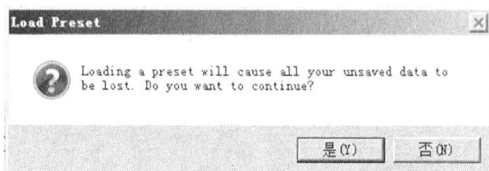

Load Preset

Loading a preset will cause all your unsaved data to be lost. Do you want to continue?

是(Y)　否(N)

图 6-30　确认信息

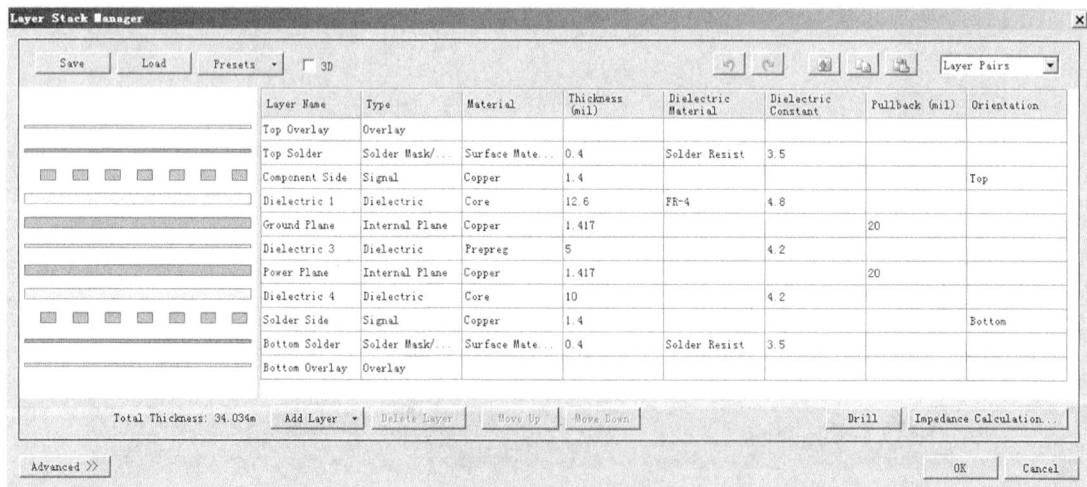

Layer Name	Type	Material	Thickness (mil)	Dielectric Material	Dielectric Constant	Pullback (mil)	Orientation
Top Overlay	Overlay						
Top Solder	Solder Mask/...	Surface Mate...	0.4	Solder Resist	3.5		
Component Side	Signal	Copper	1.4				Top
Dielectric 1	Dielectric	Core	12.6	FR-4	4.8		
Ground Plane	Internal Plane	Copper	1.417			20	
Dielectric 3	Dielectric	Prepreg	5		4.2		
Power Plane	Internal Plane	Copper	1.417			20	
Dielectric 4	Dielectric	Core	10		4.2		
Solder Side	Signal	Copper	1.4				Bottom
Bottom Solder	Solder Mask/...	Surface Mate...	0.4	Solder Resist	3.5		
Bottom Overlay	Overlay						

Total Thickness: 34.034m

图 6-31　四层板各层具体参数

（2）设置显示板层及颜色。

执行【设计】→【板层颜色】命令，弹出【视图配置】对话框，如图 6-32 所示。单击【确定】按钮后，关闭【视图配置】对话框。

（3）框选边框，执行【设计】→【板子形状】→【按照选择对象定义】命令，再执行【编辑】→【Undo】命令，板子外框全部显示出来。

（4）用【＋】或【－】键将 PCB 下边当前工作板层改为"Mechanical 1"，先后执行【放置】→【走线】命令和【放置】→【尺寸】→【尺寸】命令，将电路板的尺寸标注出来，如图 6-33 所示。

图 6-32　【板层和颜色】对话框

图 6-33　手工规划的电路板

6.2.5　放置安装孔

（1）执行【放置】→【焊盘】命令，或单击【配线】工具栏中的【焊盘】按钮▣，按【Tab】键弹出【焊盘】对话框，填写安装孔的相关参数，如图 6-34 所示。4 个安装孔中心的坐标为（250mil，250mil）、（250mil，3050mil）、（5250mil，3050mil）、（5250mil，250mil）。

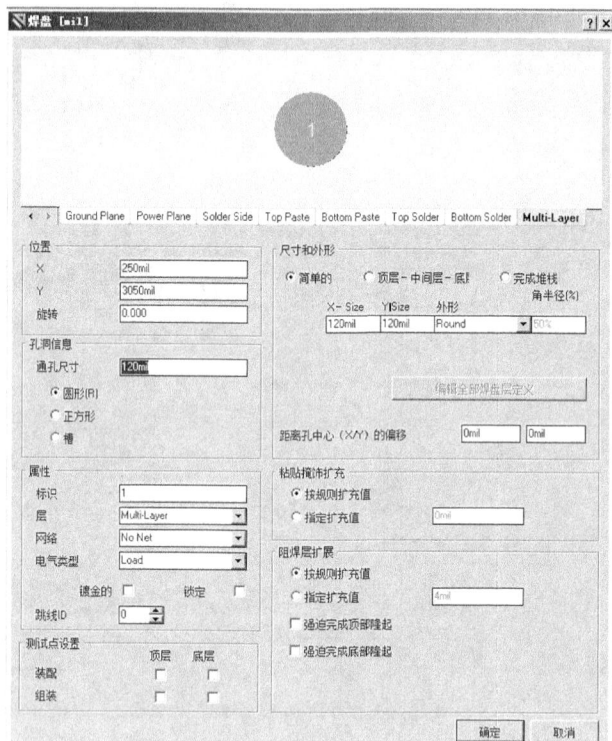

图 6-34　安装孔属性设置

（2）用【+】或【－】键将 PCB 下边当前工作板层改为"Keep-Out Layer"，执行【放置】→【走线】命令，将 4 个安装孔围起来，如图 6-35 所示。

图 6-35　安装孔放置完成

任务 6.3　单片机四层电路板的设计

在本任务中将设计出如图 6-21 所示的单片机四层 PCB 板，技术要求如下。

（1）四层板，电路板尺寸为 5500mil×3300mil，禁止布线区与板子边沿的距离为 200mil。

（2）信号层的安全间距为 10 mil，电源、接地层的安全间距为 20 mil。

（3）时钟线的铜膜导线宽度为 40 mil，其他铜膜导线宽度为 20 mil，导线拐角为 45°。

（4）在四角放置 4 个圆形安装孔，孔径为 120 mil。

（5）电源、接地层的连接方式为 Relief Connect，导线宽度、空隙间距和扩展距离均为 0.6mm。

（6）采用插针式元件，所有焊盘或过孔补泪滴。

（7）对所有信号层覆铜。覆铜接入地网络，与地网络的连接方式为 Relief Connect，导线宽度为 0.6mm。

（8）对 PCB 进行设计规则检查。

6.3.1　装载元件封装库

安装项目 5 中自制元件封装库：MCU 封装库.PcbLib、单片机实验板电路.IntLib，如图 6-36 所示。

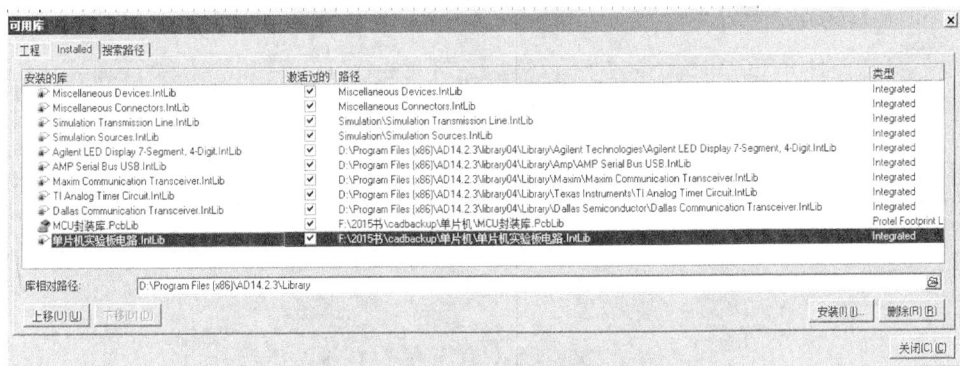

图 6-36　装载元件封装库

6.3.2　检查、更改单片机实验板原理图中各元器件的封装类型

分别在 6 张电路原理图文件中，从左到右、从上到下依次双击元器件检查电路图中所有元器件的封装类型。如图 6-37 所示，每个元件属性对话框中【Models】区域一定要有 "Footprint" 项，且【Name】处有封装名称，单击 Edit... 按钮可查看具体封装图形。

注意：

（1）电路中所有发光二极管的封装均为 PIN2。

（2）电路中自锁开关 S2 的封装改为自制封装 SWITCH。

（3）电路中所针状数据口 J1 封装改为自制封装 DB9/M。

（4）电路中 U1 集成块 STC89C51 的封装指定为 DIP40。

（5）电路中开关 S1、S3、…、S22 的封装改为自制封装 BUTTON。

（6）电路中 0.1μF 的电容封装改为 RAD0.1，电路中 10μF 的电容封装改为 RB5-10.5。

（7）电路中蜂鸣器的封装改为 RB7.6-15。

（8）保存更改后的原理图文件。

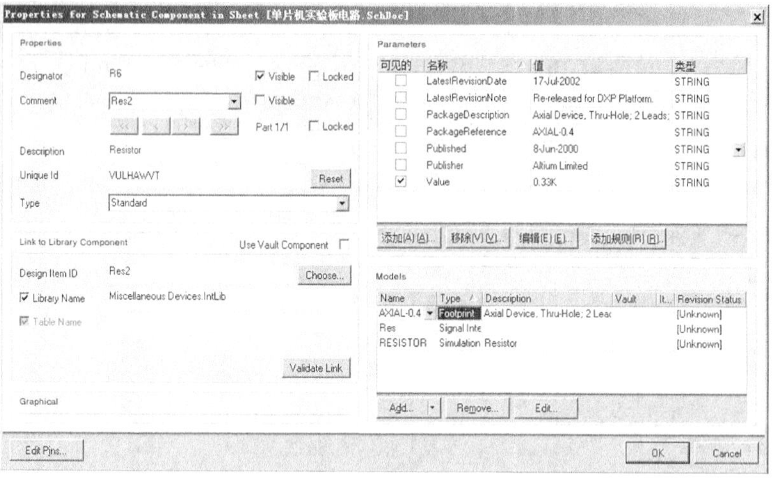

图 6-37　元件属性对话框

6.3.3　向 PCB 板导入元件网络及封装

（1）在图 6-35 所示 PCB 环境中，执行【设计】→【Import Changes From　单片机四层板.PrjPcb】命令，调出【工程更改顺序】对话框，如图 6-38 所示。

（2）单击 生效更改 或 执行更改 按钮，将原理图中电气对象、网络、元件类、Rooms 等电连接信息导入到 PCB 环境中，如图 6-39 所示，两列上全是"√"，说明导入时没有任何错误（若有"×"，则应该根据提示修改原理图中相关内容），关闭对话框后 PCB 文件如图 6-40 所示。

图 6-38　【工程更改顺序】对话框

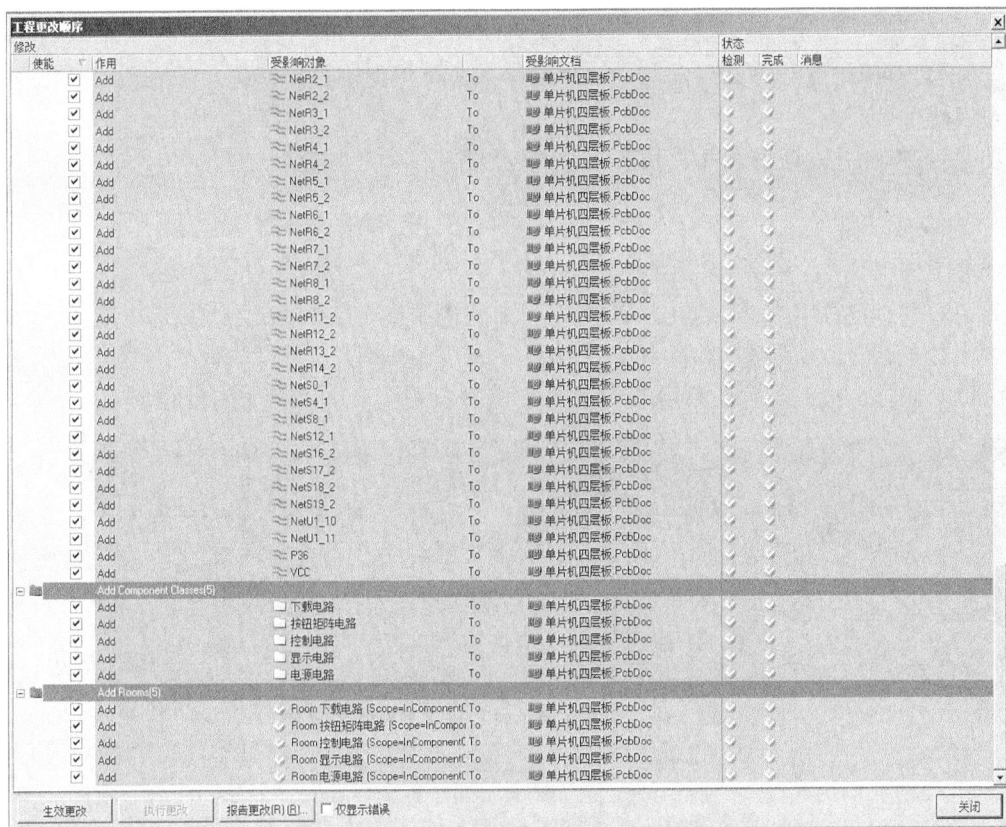

图 6-39　【工程更改顺序】导入情况

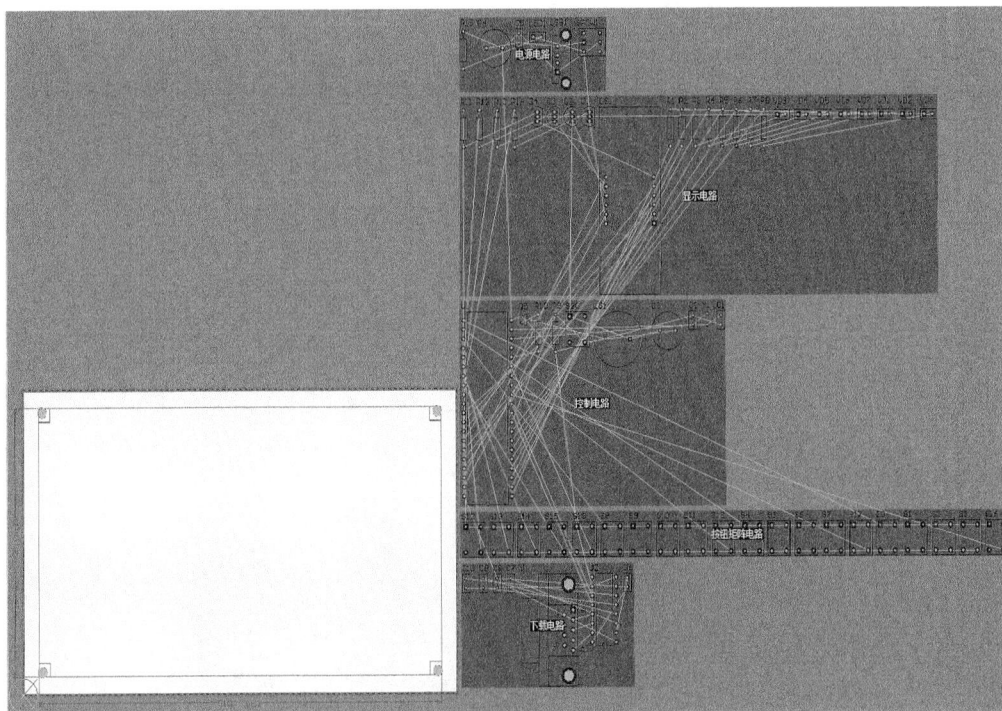

图 6-40　导入元件网络及封装后的 PCB 板

提示

① 一定要保证【检查】列没有 ⊗，才能单击【执行变化】按钮载入网络表，否则载入的内容会有缺陷。

② 所有默认导入的内容（包括 Room）均要导入。

6.3.4　元件布局

（1）对准"电源电路"Room 区域单击一次，"电源电路"Room 区域被选中，按住鼠标左键将"电源电路"Room 区域移动到 PCB 板内，按【Delete】键删除 Room 区域。其他 Room 区域可依次操作，按键矩阵电路可缓一步进入 PCB 板内，如图 6-41 所示。

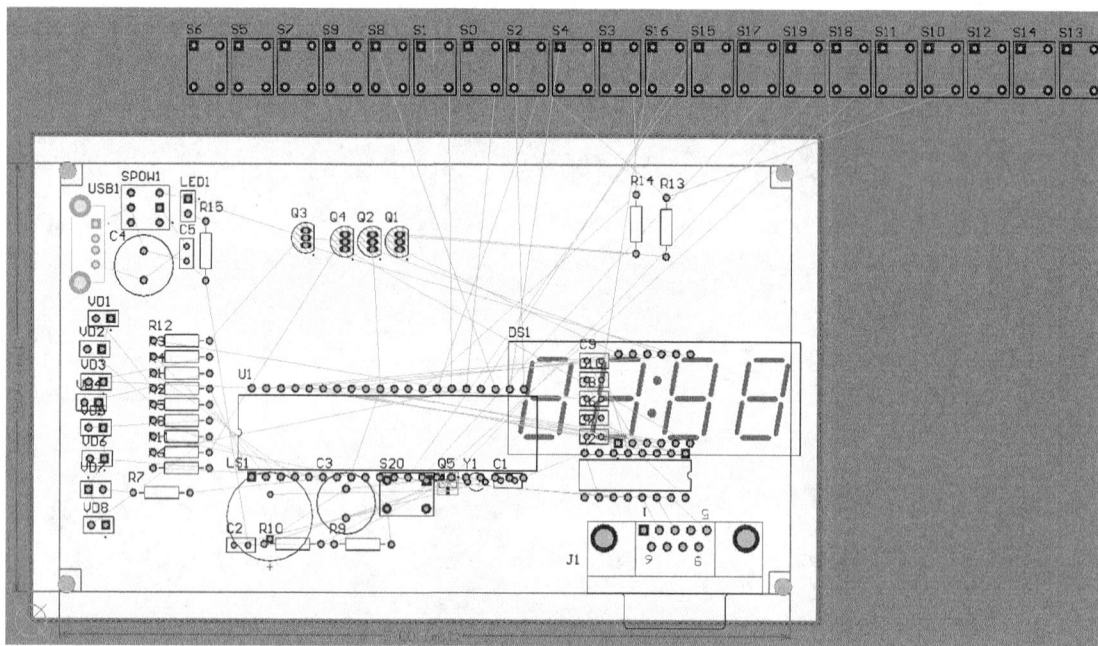

图 6-41　手工拖动所有元件到电气边框内部

（2）特殊元件布局位置锁定。对单片机电路分析可知，接插件 USB1、串行口 J1 位置需锁定。

① 执行【编辑】→【跳转】→【器件】命令，在弹出【元件编号】对话框填入要查找的元件编号，如图 6-42 所示，单击【确定】按钮，光标将自动定位于元件 USB1 处，将其拖动到相应位置，按【Tab】键弹出元件 USB1 的属性对话框，选中【元件属性】选项组内的【锁定】复选框，如图 6-43 所示，单击【确定】按钮，关闭元件 USB1 的属性对话框。至此，元件 USB1 的预布局锁定操作完成。

图 6-42　填入要查找的元件编号

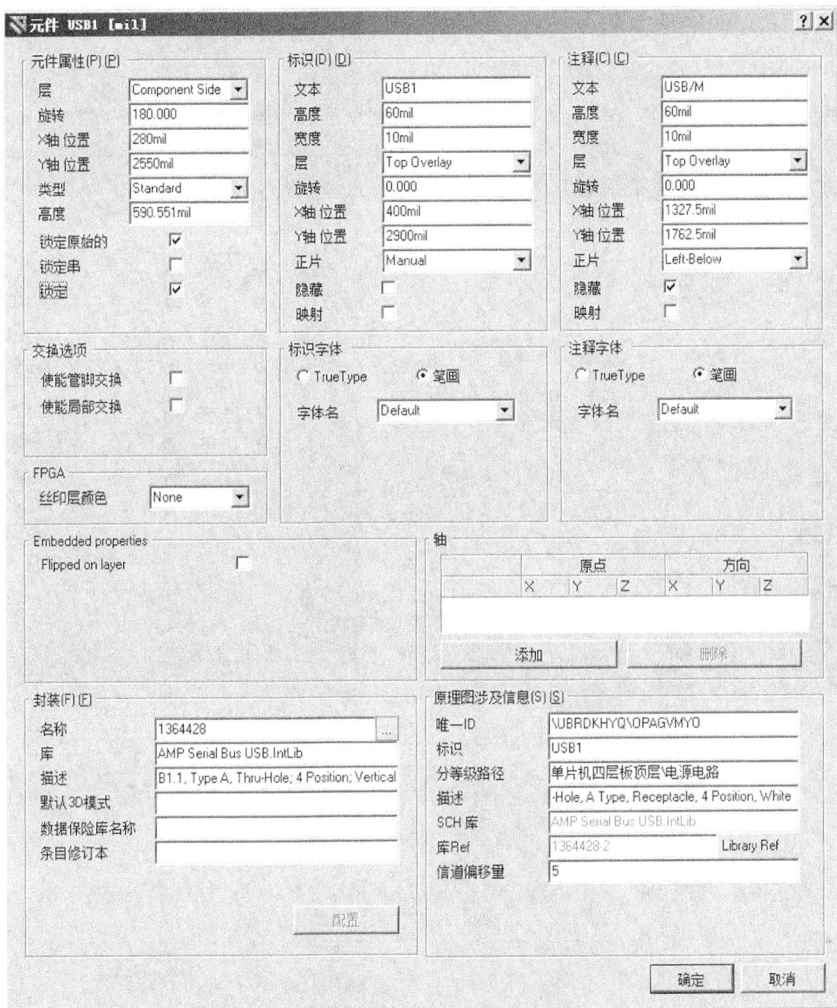

图 6-43　USB1 元件锁定对话框

② 用同样的方法将元件 J1 移到相应位置并锁定。

（3）手动布局。如图 6-44 所示，利用排列、对齐、移动、旋转等功能摆放元器件，所有元件距板子的边缘不小于 3mm，所有标识符不能放在元件图形上，同一个 Room 内的元件尽量布局在一起。

（4）通过反复进行手工调整，最终的布局如图 6-45 所示。

提示： ① 手动或自动布局时，不会对锁定元件进行再布局。

② 当操作涉及锁定对象时，只有取消锁定功能才可以重新对其进行操作。

6.3.5　设置 PCB 规则

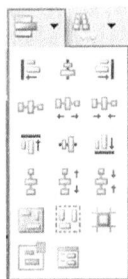

图 6-44　对齐工具

（1）设置布局规则。执行【设计】→【规则】命令，弹出【PCB 规则和约束编辑器】对话框，选择【Placement】选项，如图 6-46 所示，设置元器件之间的绝缘间隔为 "5mil"。本任务中没有给出这个参数值，由于器件较多，把这个值略微改小一点。

（2）设置电气规则。执行【设计】→【规则】命令，弹出【PCB 规则和约束编辑器】对话框，选择【Electrical】选项，根据 PCB 制板技术要求，设置信号层电气对象之间的安全间距为"10mil"，如图 6-47 所示。

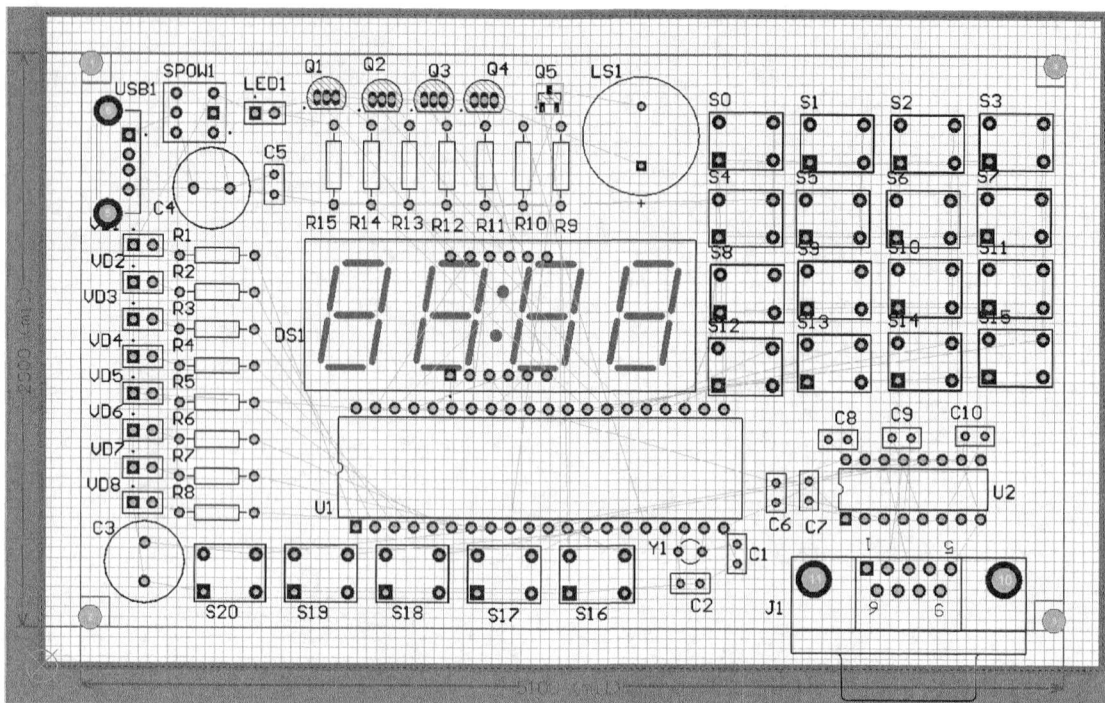

图 6-45　手动布局结果

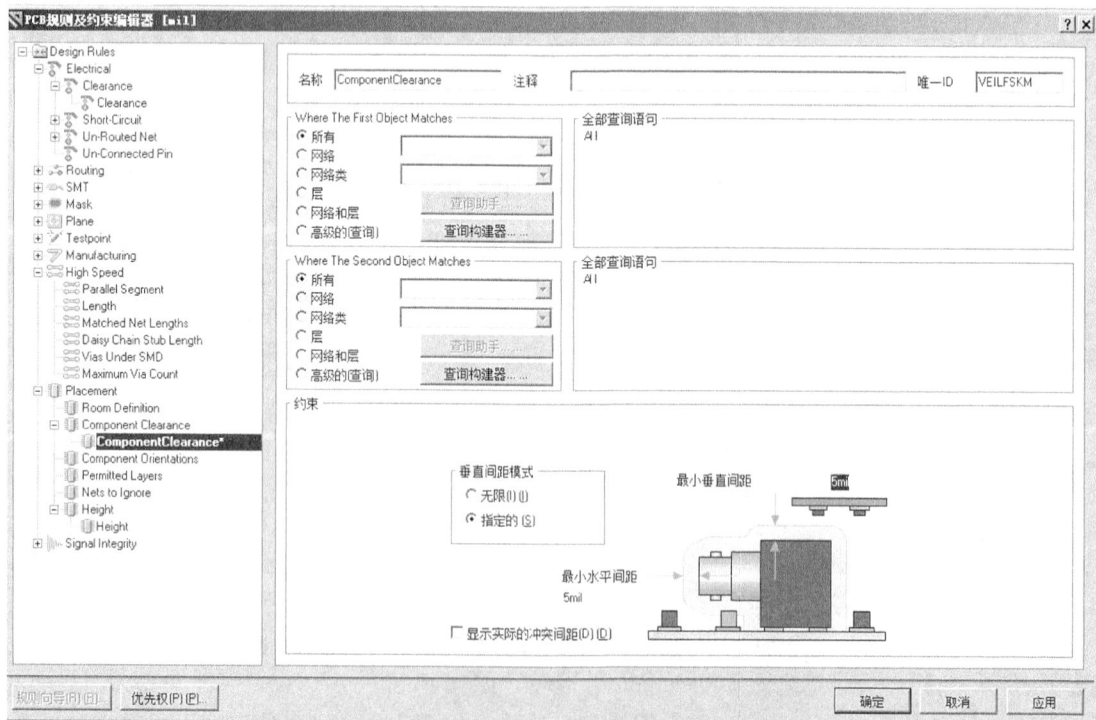

图 6-46　元器件绝缘间隔

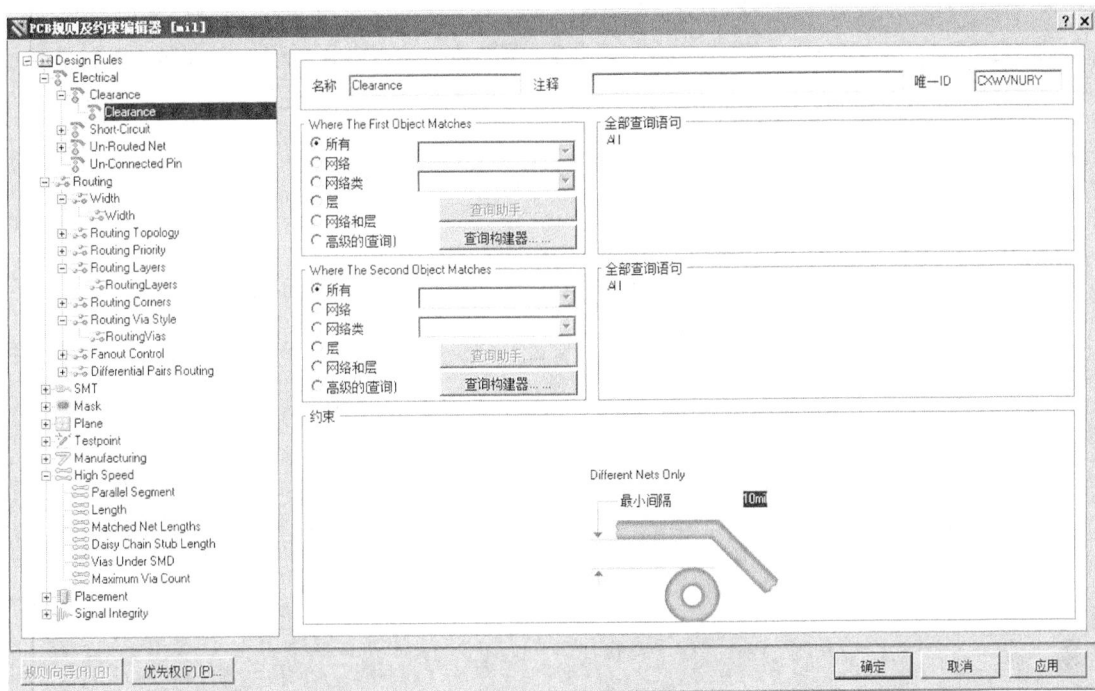

图 6-47   电气对象间的安全间距

（3）设置布线规则。执行【设计】→【规则】命令，弹出【PCB 规则和约束编辑器】对话框，选择【Routing】选项，根据 PCB 板制作技术要求设置线宽、布线层、布线转角，如图 6-48～图 6-52 所示。时钟线的铜膜导线宽度为"40 mil"，其他铜膜导线宽度为"20 mil"，导线拐角为"45°"。

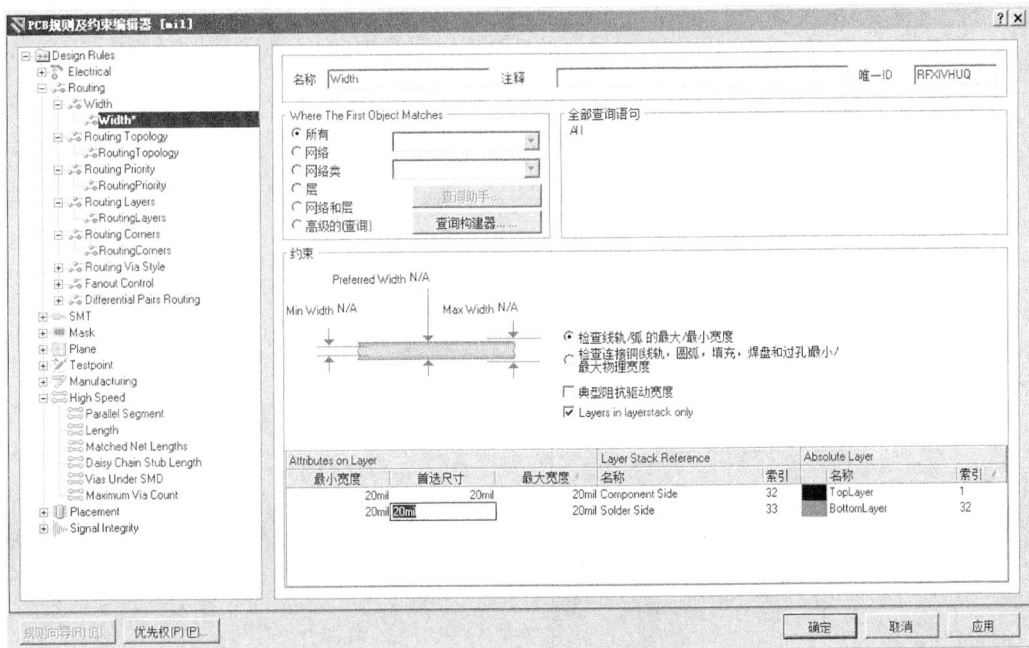

图 6-48   设置普通线的宽度为"20mil"

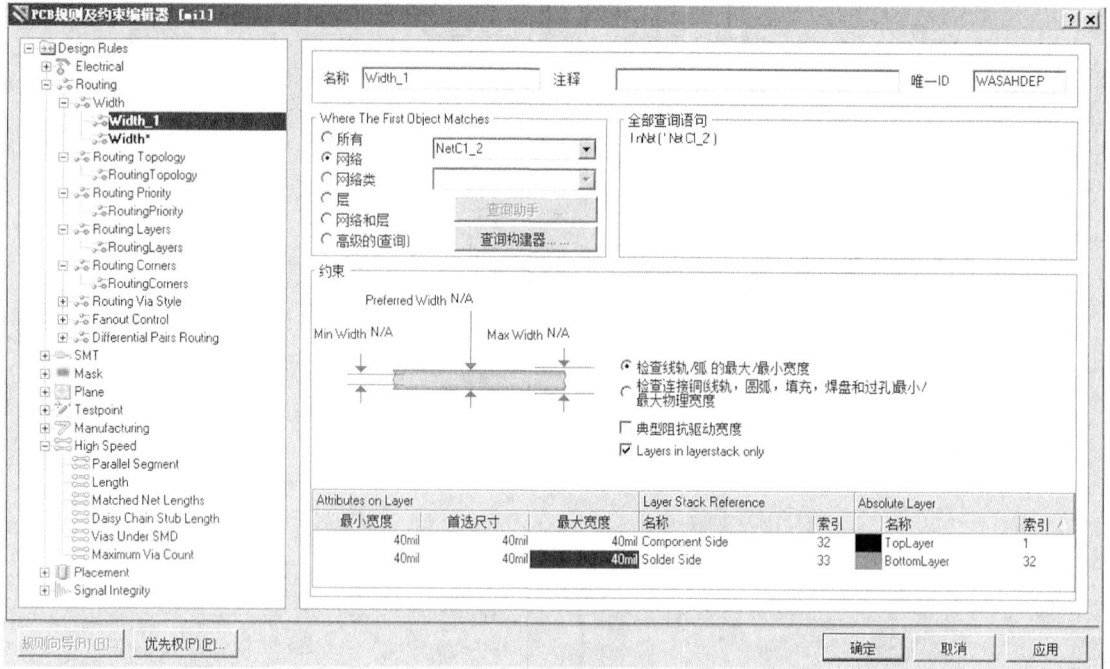

图 6-49　设置时钟网络 NetC1_2 的线宽为"40mil"

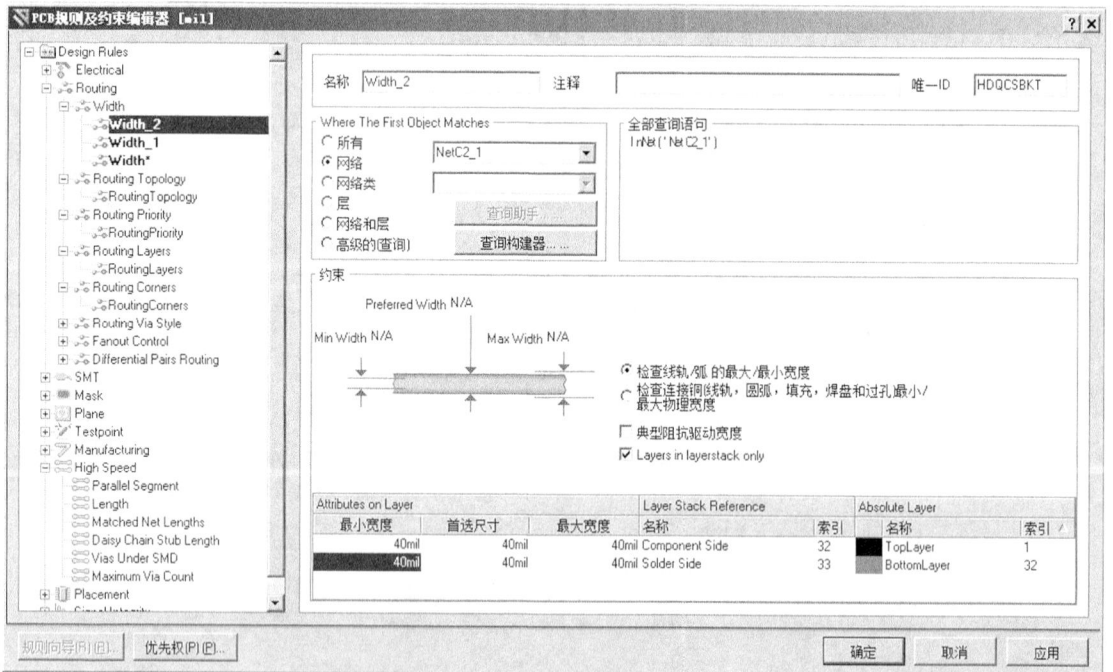

图 6-50　设置时钟网络 NetC2_1 的线宽为"40mil"

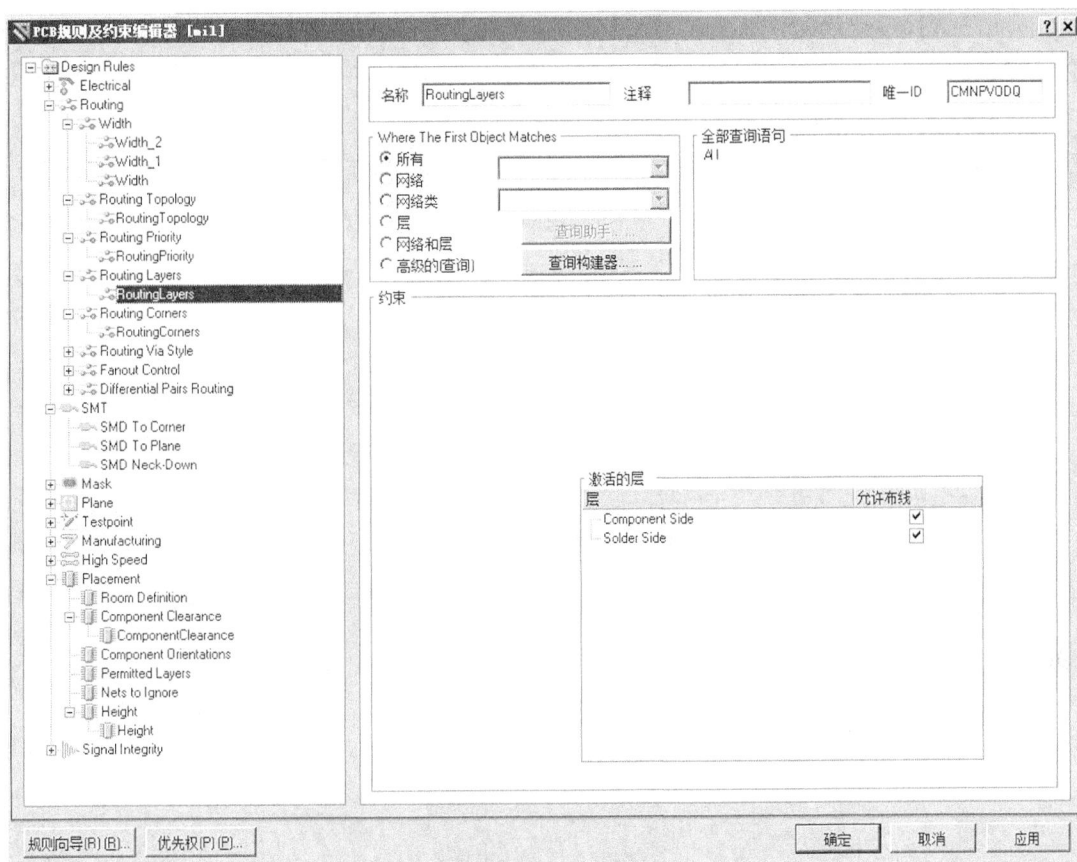

图 6-51　设置布线层

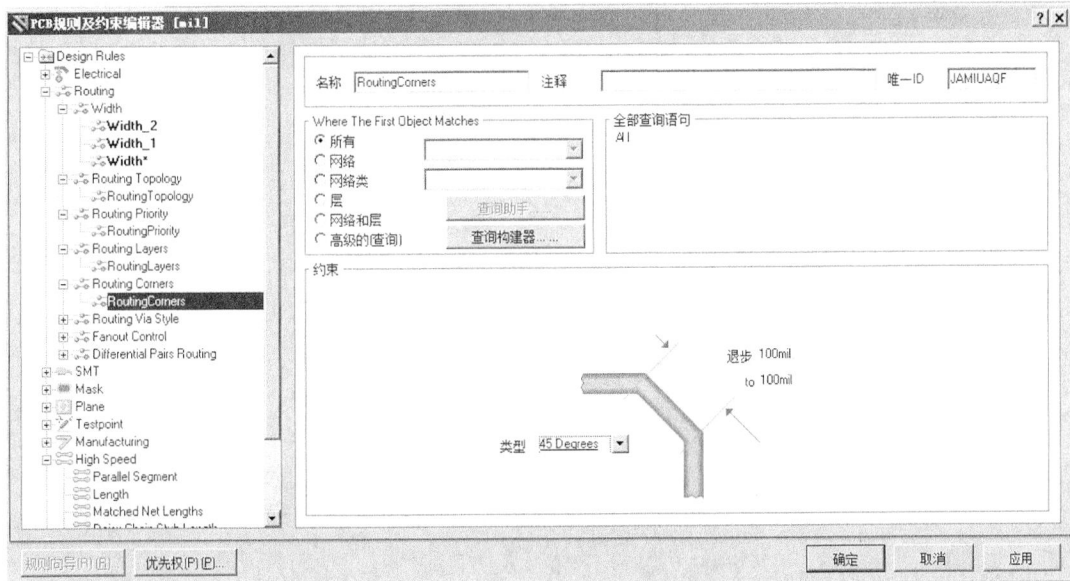

图 6-52　设置信号层布线的转角为"45°"

（4）设置内部电源、地层规则。执行【设计】→【规则】命令，弹出【PCB 规则和约束编辑器】对话框，选择【Plane】选项，根据 PCB 板制作技术要求设置电源、接地层的连接方式为"Relief

Connect",导线宽度、空隙间距和扩展距离均为"0.6mm",覆铜接入地网络,与地网络的连接方式为"Relief Connect",导线宽度为"0.6mm"。具体设置如图6-53～图6-55所示。

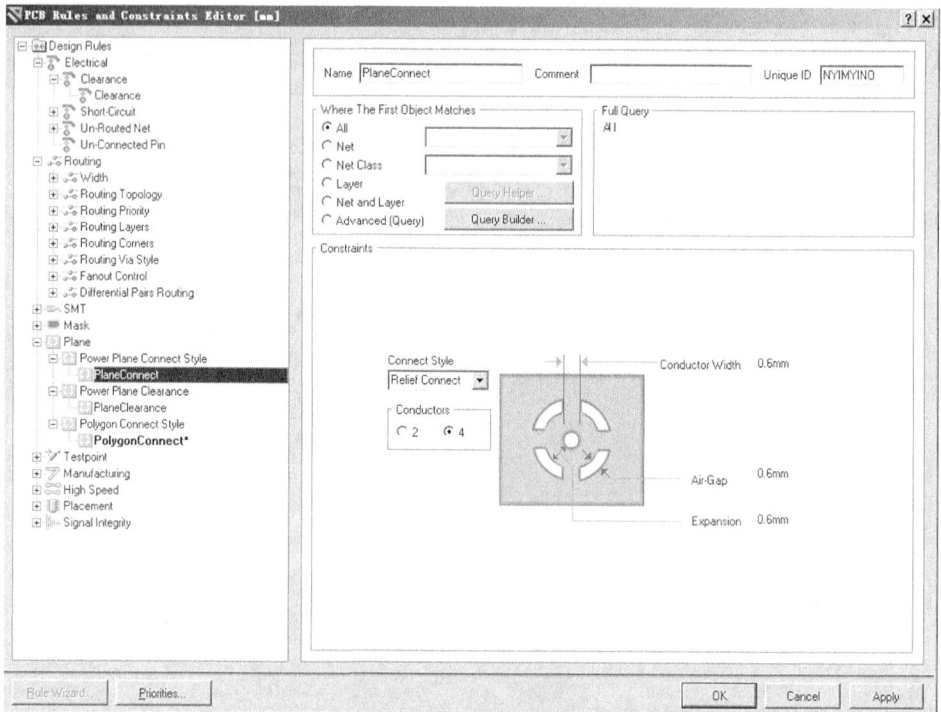

图6-53　设置内层的连接方式、导线宽度、空隙间距和扩展距离

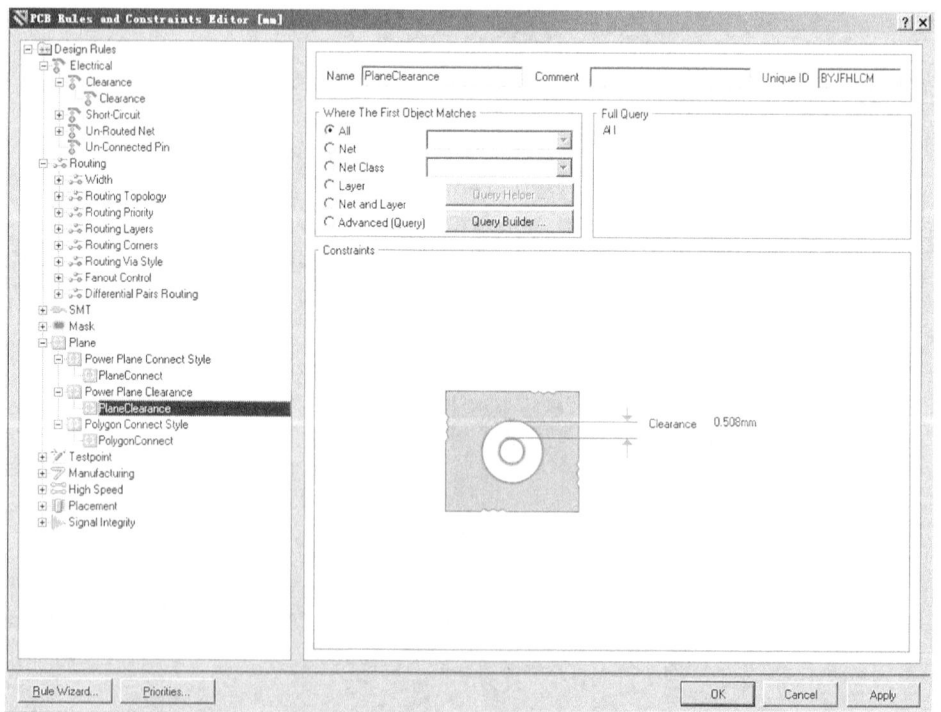

图6-54　设置电源、接地层的安全间距为"20 mil"(即0.508mm)

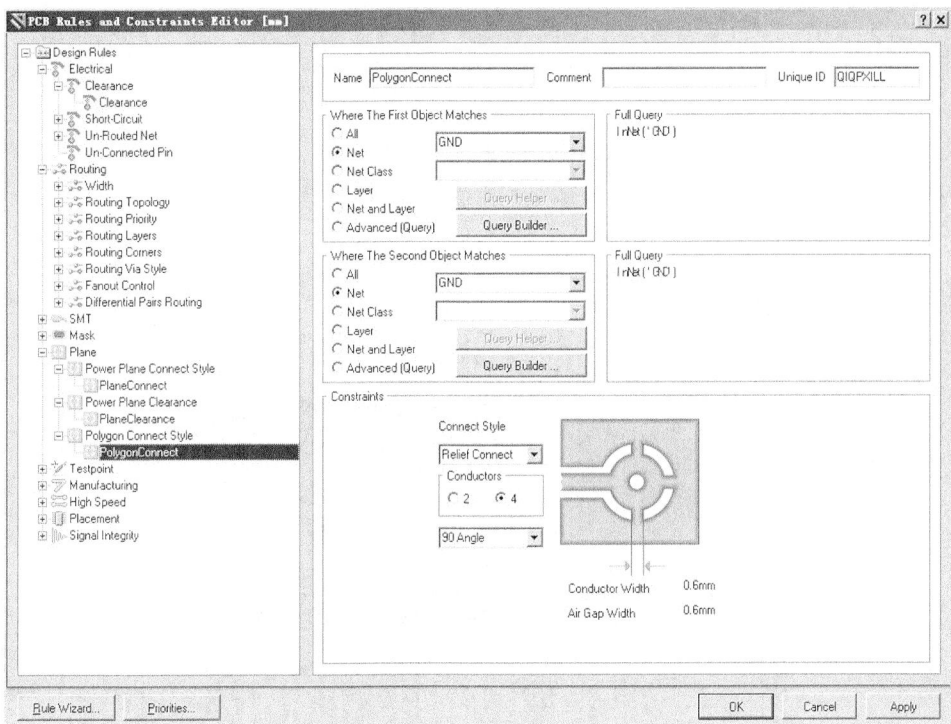

图 6-55　设置覆铜接入地网络，与地网络的连接方式、导线宽度

（5）设置 PCB 制作规则。执行【设计】→【规则】命令，弹出【PCB 规则和约束编辑器】对话框，选择【Manufacturing】选项，为了使 PCB 板制作出来能够正常使用，还必须使设计出来的 PCB 板图符合厂家的制作要求，相关设置如图 6-56～图 6-59 所示。

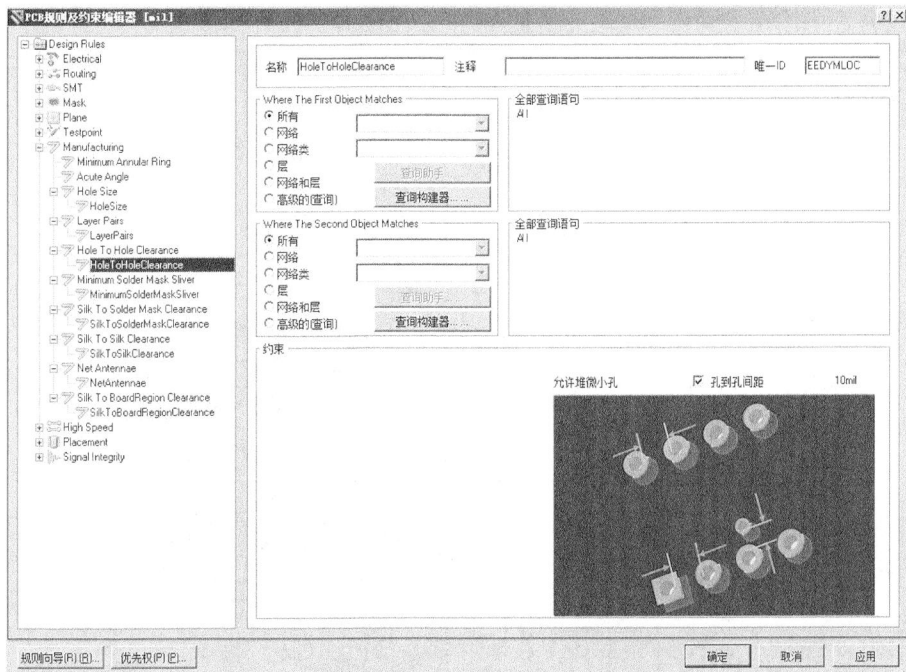

图 6-56　孔间距设置为"10mil"

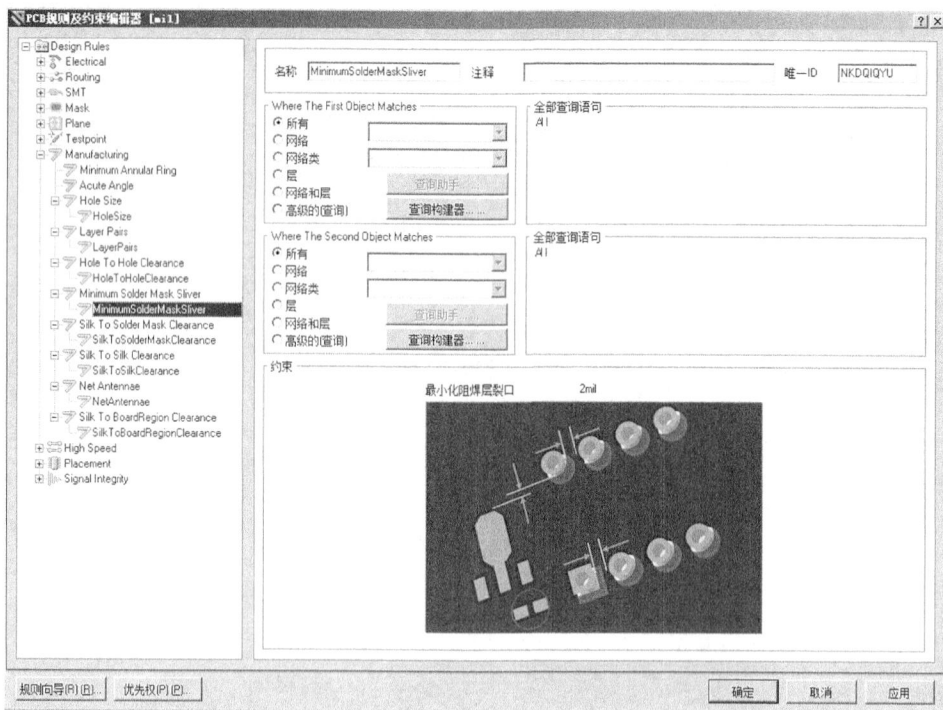

图 6-57 阻焊层间距设置为 "2mil"

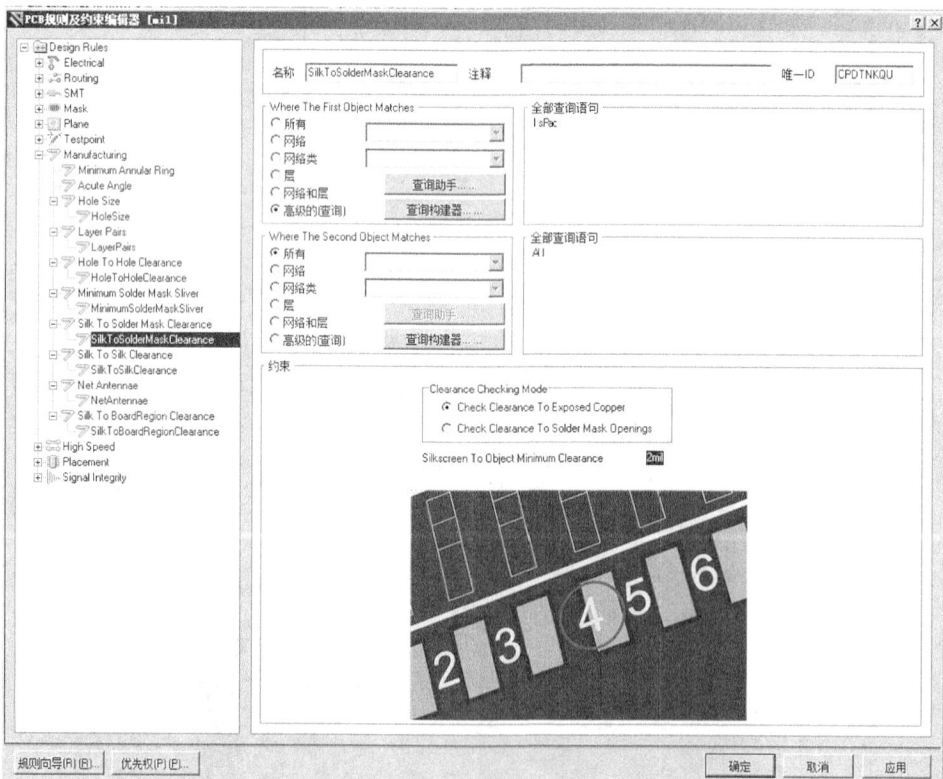

图 6-58 丝印层到物体间距设置为 "2mil"

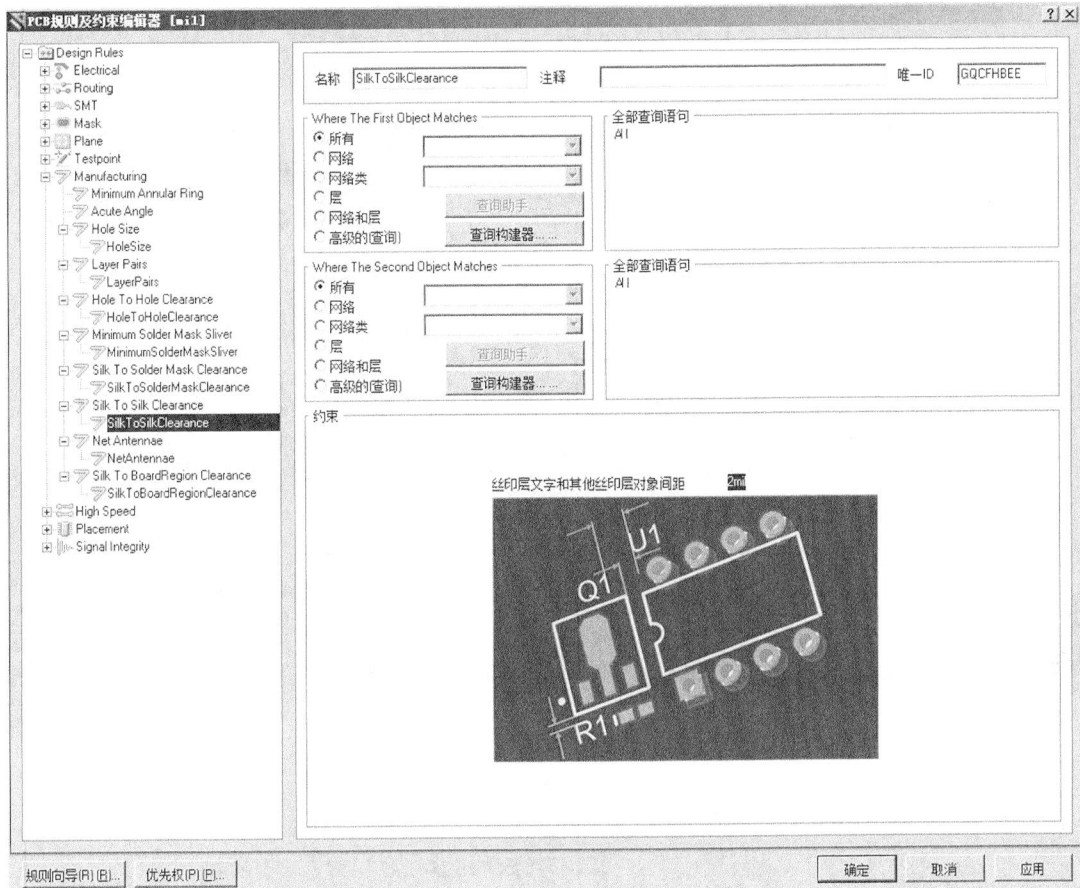

图 6-59　丝印层间距设置为"2mil"

（6）设置内电层连接网络。双击 PCB 文件下方的板层名 Ground Plane、Power Plane。分别弹出如图 6-60 与图 6-61 所示的两个对话框，请将 Power Plane 层的网络名设置为"VCC"，Ground Plane 层的网络名设置为"GND"。此时可以发现电路板中原来连接到网络 GND、VCC 的所有飞线均已取消，如图 6-62 所示，内电层通常是整片铜膜，与铜膜具有相同网络名称的焊盘系统会自动地将其与铜膜连接起来。

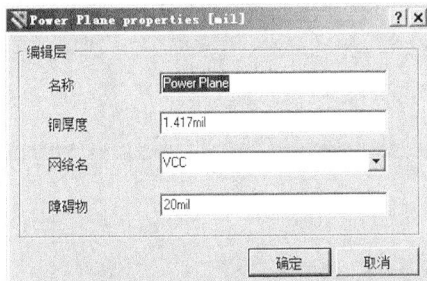

图 6-60　设置 Power Plane 层的网络名为"VCC"

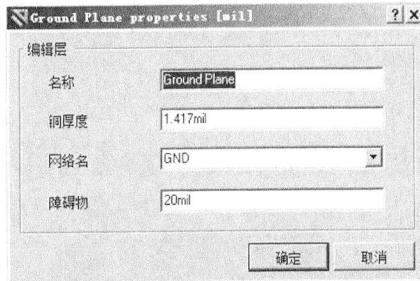

图 6-61　设置 Ground Plane 层的网络名为"GND"

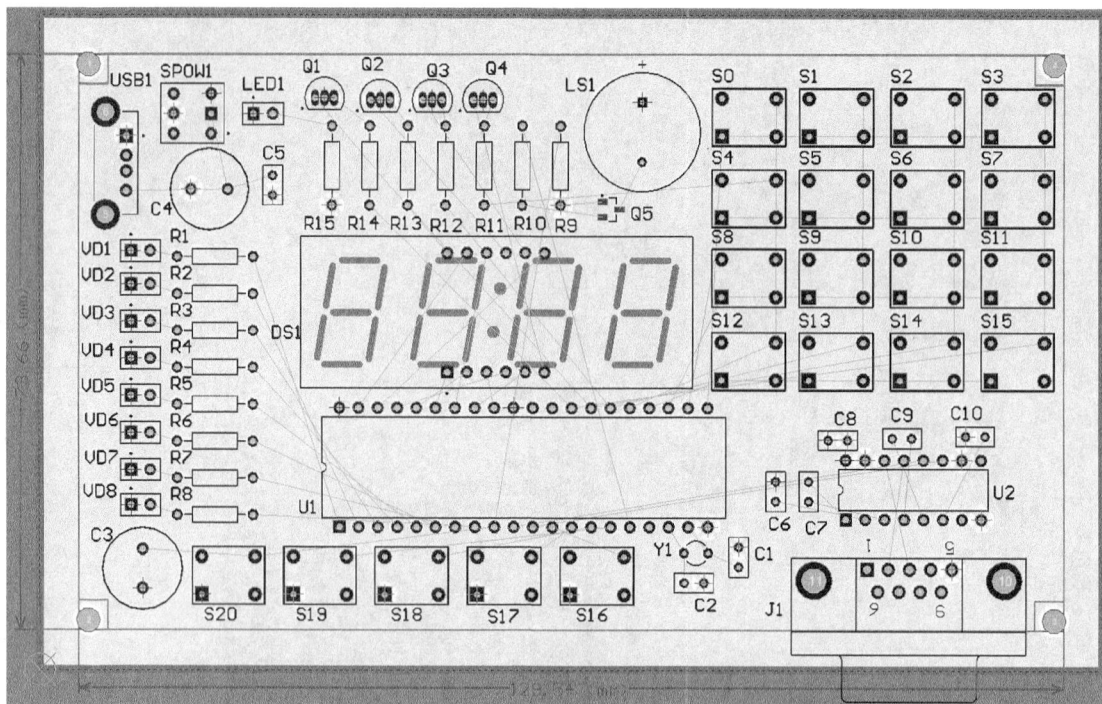

图 6-62　内电层连接网络设置后效果

6.3.6　PCB 布线及分层显示

1.　自动布线

执行【自动布线】→【全部】命令，调出【Situs 布线策略】复选框对话框如图 6-63 所示，选择"Via Miser"过孔最少布线策略，同时选中【布线后消除冲突】复选框，单击 Route All 按钮执行自动布线工作，布线完成后自动弹出如图 6-64 所示的提示信息，关闭它可以看到已布好线的四层 PCB 板如图 6-65 所示。

2.　分层显示布线

执行【设计】→【板层颜色】命令，选中与顶层信号层有关的板层，如图 6-66 所示，单击【确定】按钮后 PCB 板的顶层布线图如图 6-67 所示。底层信号层单层显示、地内电层单层显示、电源内电层单层显示如图 6-68～图 6-73 所示。

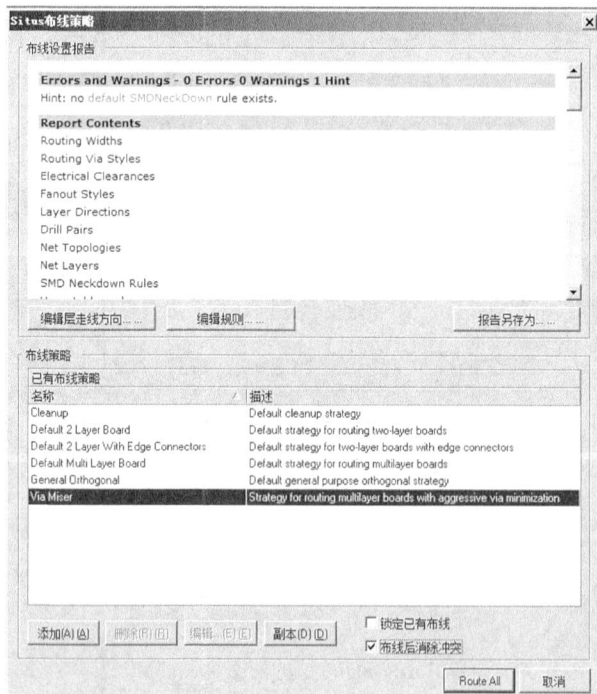

图 6-63　【Situs 布线策略】对话框

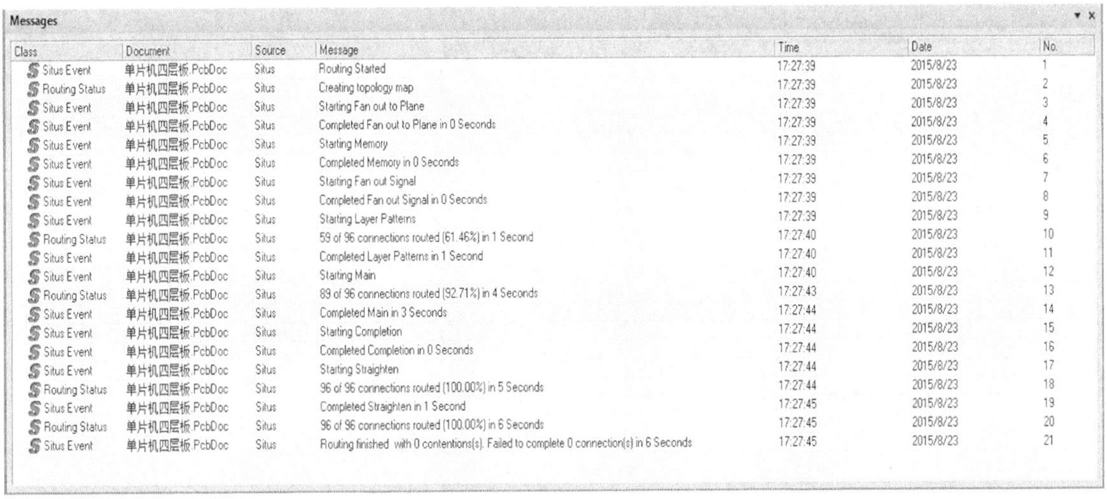

Messages

Class	Document	Source	Message	Time	Date	No.
Situs Event	单片机四层板.PcbDoc	Situs	Routing Started	17:27:39	2015/8/23	1
Routing Status	单片机四层板.PcbDoc	Situs	Creating topology map	17:27:39	2015/8/23	2
Situs Event	单片机四层板.PcbDoc	Situs	Starting Fan out to Plane	17:27:39	2015/8/23	3
Situs Event	单片机四层板.PcbDoc	Situs	Completed Fan out to Plane in 0 Seconds	17:27:39	2015/8/23	4
Situs Event	单片机四层板.PcbDoc	Situs	Starting Memory	17:27:39	2015/8/23	5
Situs Event	单片机四层板.PcbDoc	Situs	Completed Memory in 0 Seconds	17:27:39	2015/8/23	6
Situs Event	单片机四层板.PcbDoc	Situs	Starting Fan out Signal	17:27:39	2015/8/23	7
Situs Event	单片机四层板.PcbDoc	Situs	Completed Fan out Signal in 0 Seconds	17:27:39	2015/8/23	8
Situs Event	单片机四层板.PcbDoc	Situs	Starting Layer Patterns	17:27:39	2015/8/23	9
Routing Status	单片机四层板.PcbDoc	Situs	59 of 96 connections routed (61.46%) in 1 Second	17:27:40	2015/8/23	10
Situs Event	单片机四层板.PcbDoc	Situs	Completed Layer Patterns in 1 Second	17:27:40	2015/8/23	11
Situs Event	单片机四层板.PcbDoc	Situs	Starting Main	17:27:40	2015/8/23	12
Routing Status	单片机四层板.PcbDoc	Situs	89 of 96 connections routed (92.71%) in 4 Seconds	17:27:43	2015/8/23	13
Situs Event	单片机四层板.PcbDoc	Situs	Completed Main in 3 Seconds	17:27:44	2015/8/23	14
Situs Event	单片机四层板.PcbDoc	Situs	Starting Completion	17:27:44	2015/8/23	15
Situs Event	单片机四层板.PcbDoc	Situs	Completed Completion in 0 Seconds	17:27:44	2015/8/23	16
Situs Event	单片机四层板.PcbDoc	Situs	Starting Straighten	17:27:44	2015/8/23	17
Routing Status	单片机四层板.PcbDoc	Situs	96 of 96 connections routed (100.00%) in 5 Seconds	17:27:44	2015/8/23	18
Situs Event	单片机四层板.PcbDoc	Situs	Completed Straighten in 1 Second	17:27:45	2015/8/23	19
Routing Status	单片机四层板.PcbDoc	Situs	96 of 96 connections routed (100.00%) in 6 Seconds	17:27:45	2015/8/23	20
Situs Event	单片机四层板.PcbDoc	Situs	Routing finished with 0 contentions(s). Failed to complete 0 connection(s) in 6 Seconds	17:27:45	2015/8/23	21

图 6-64　布线后自动弹出的【Messages】对话框

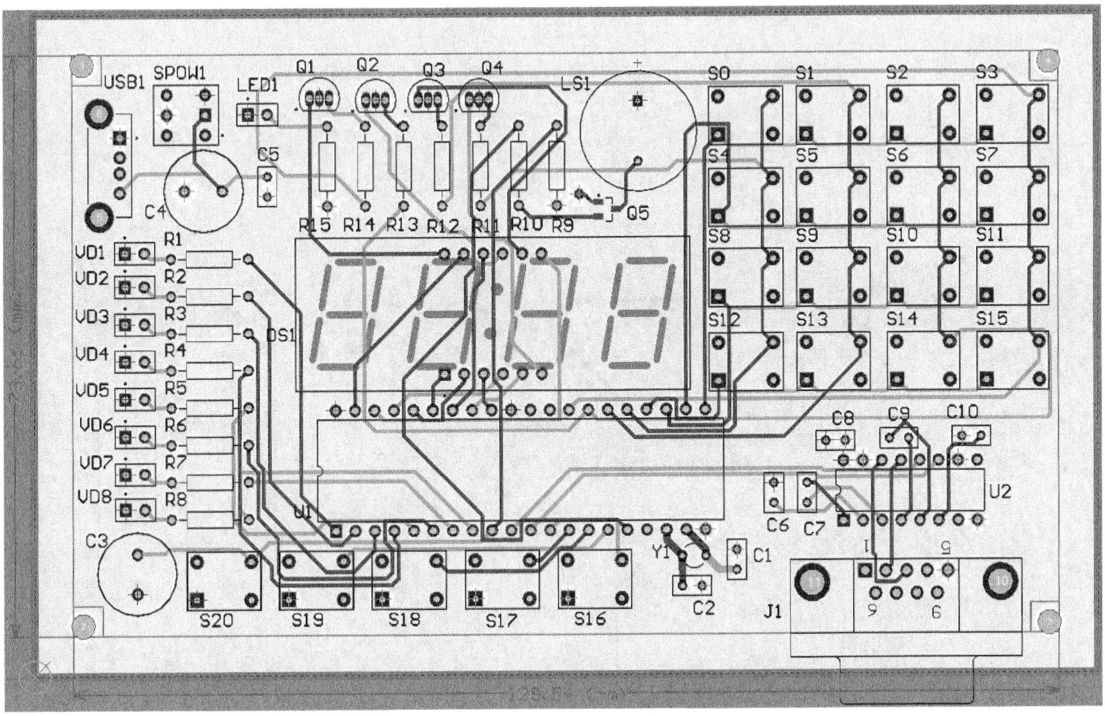

图 6-65　布线后四层 PCB 板

3. 手工调整布线

通过观察图 6-66 至图 6-73，我们认为自动布线结果较满意，不需要再进行手动调整布线。

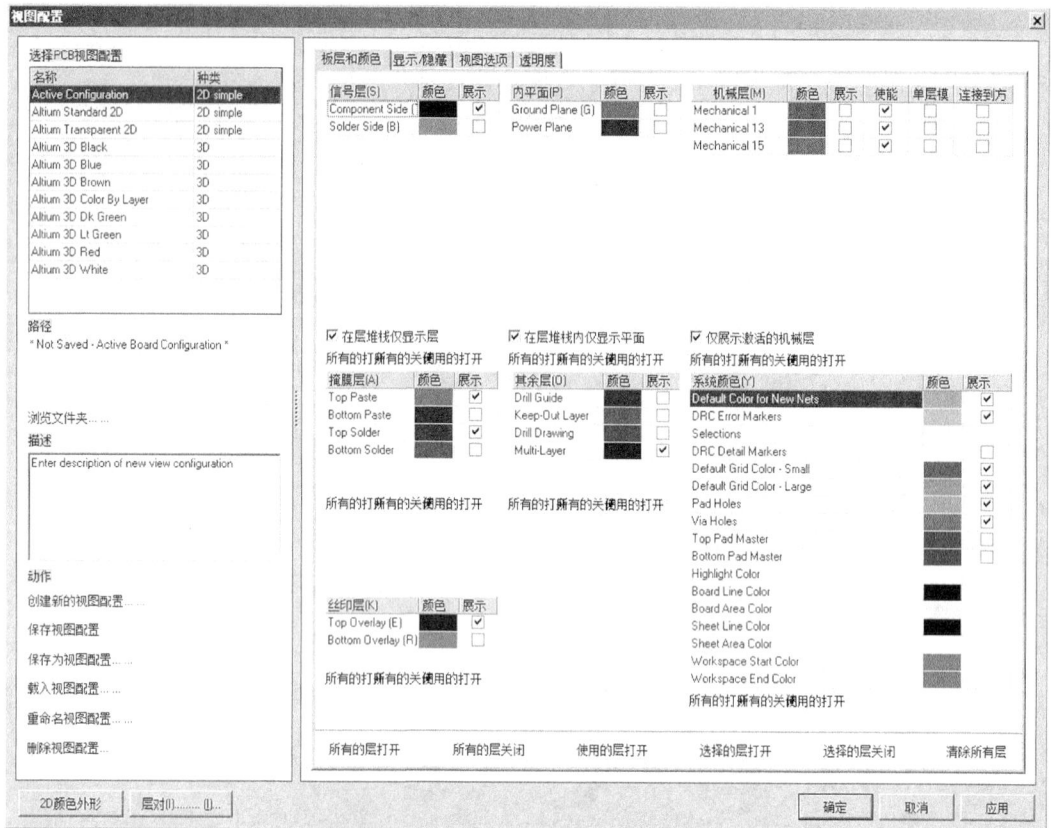

图 6-66　选中与顶层信号层有关的板层

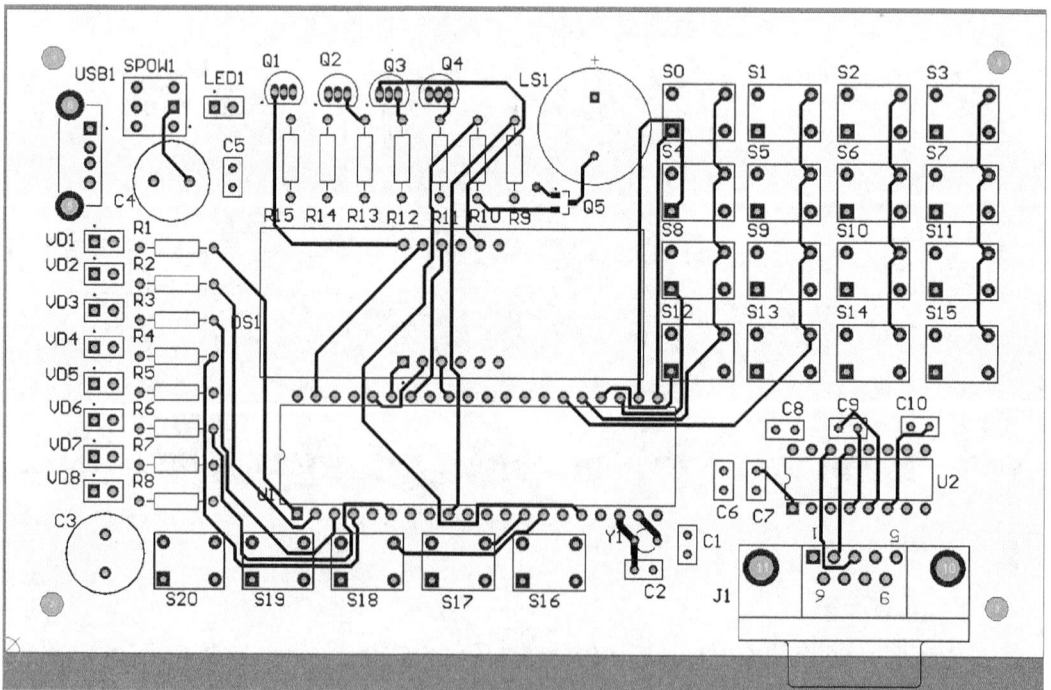

图 6-67　顶层布线图

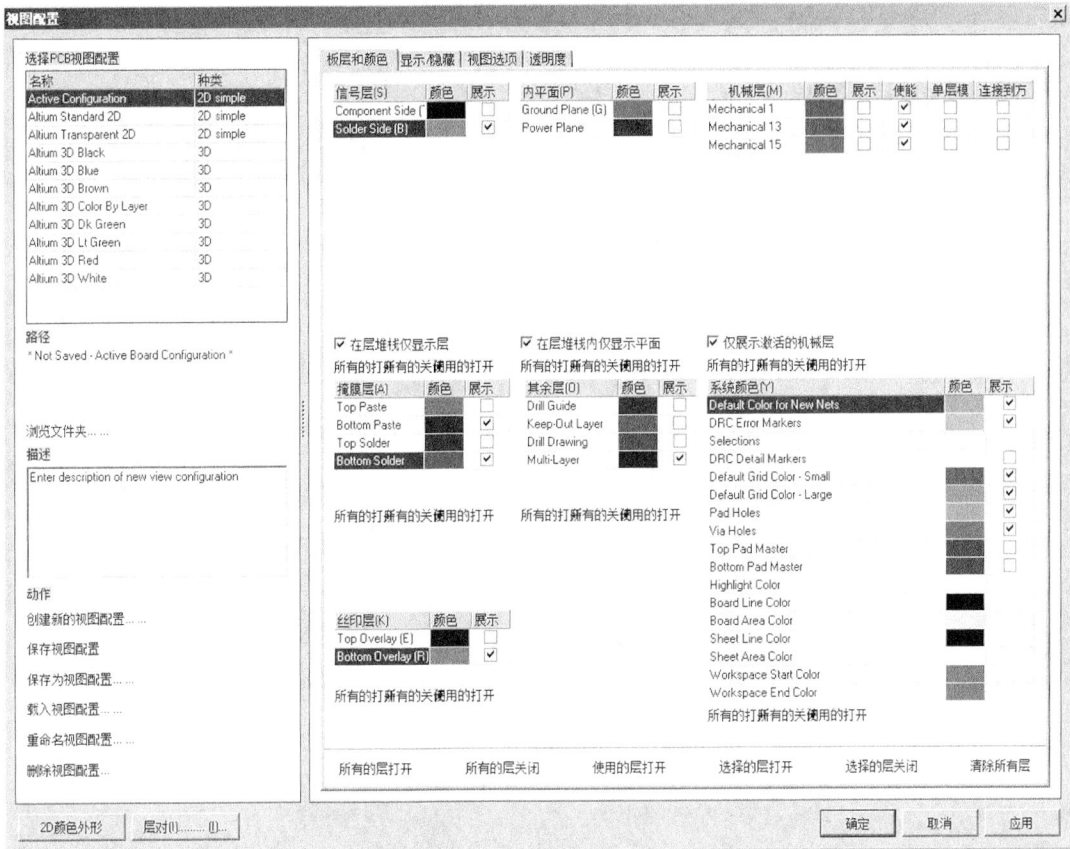

图 6-68　选中与底层信号层有关的板层

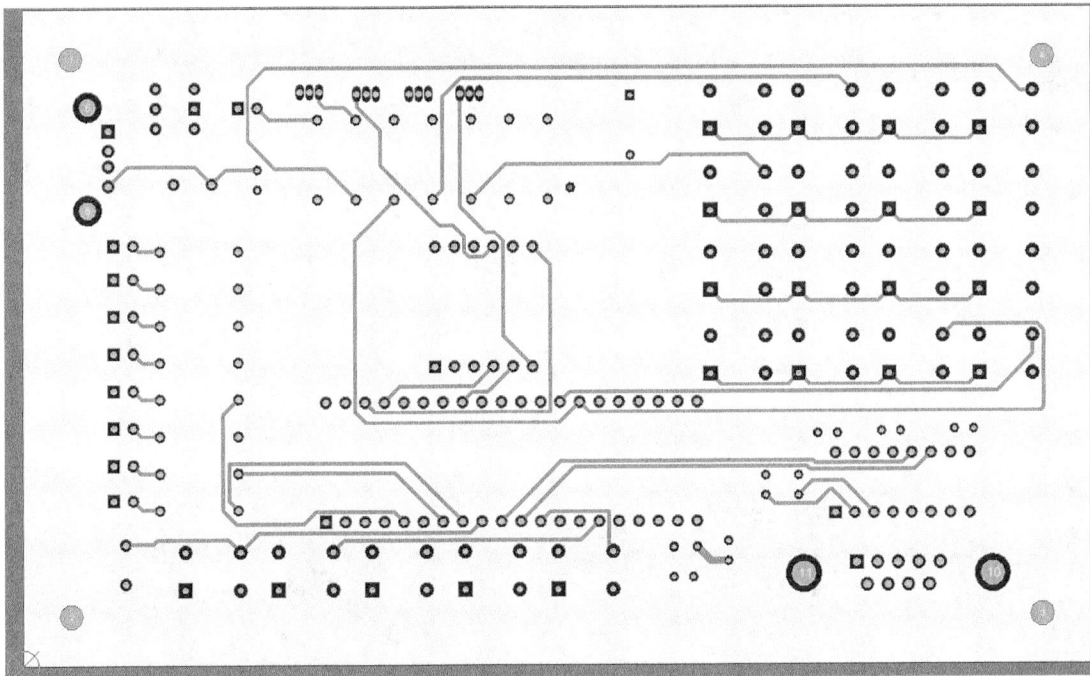

图 6-69　底层布线图

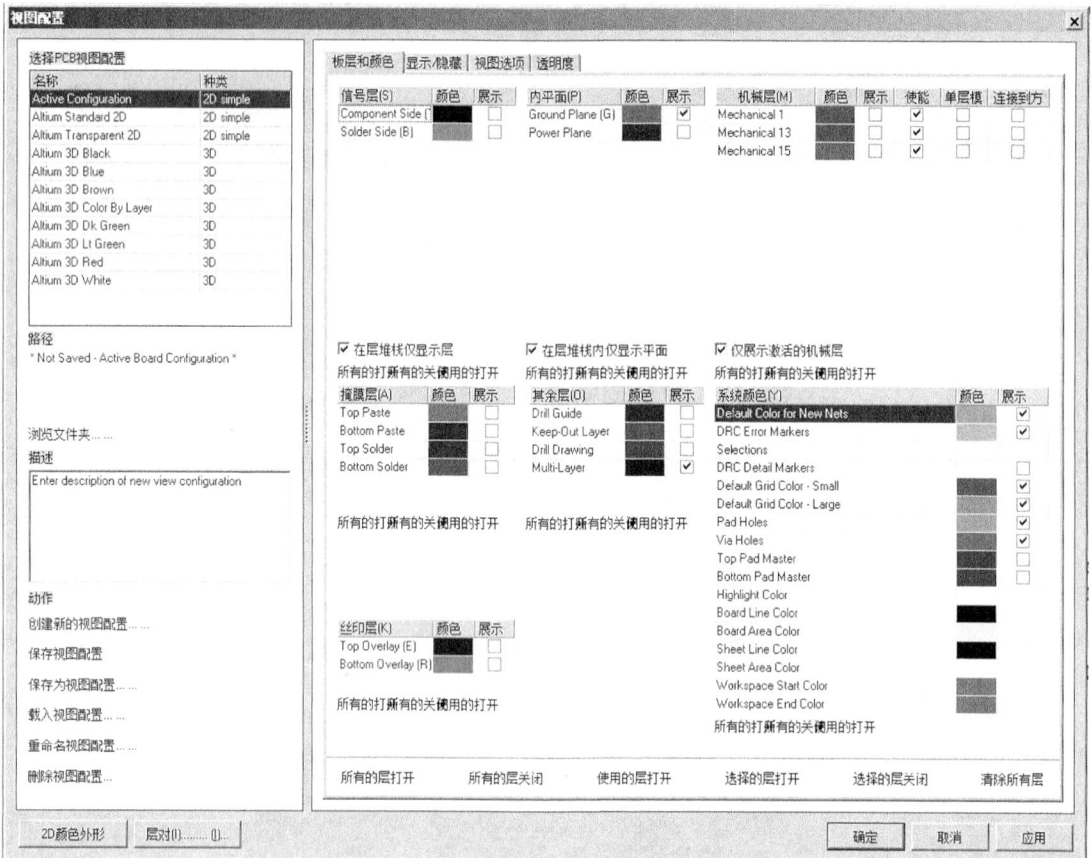

图 6-70　选中与地内电层有关的板层

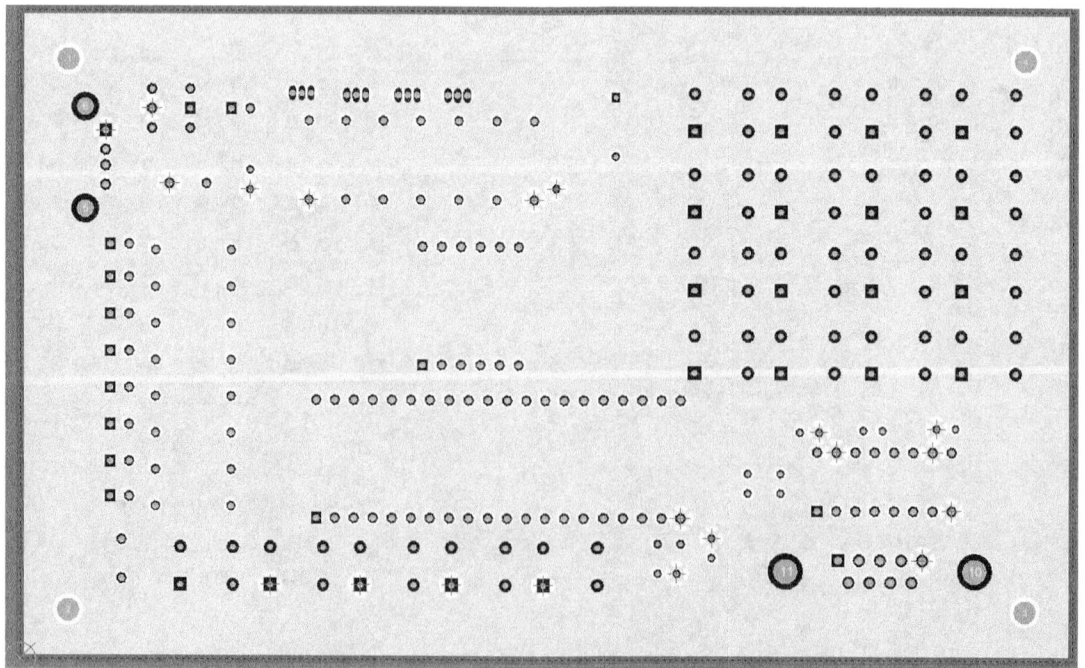

图 6-71　地内电层布线图

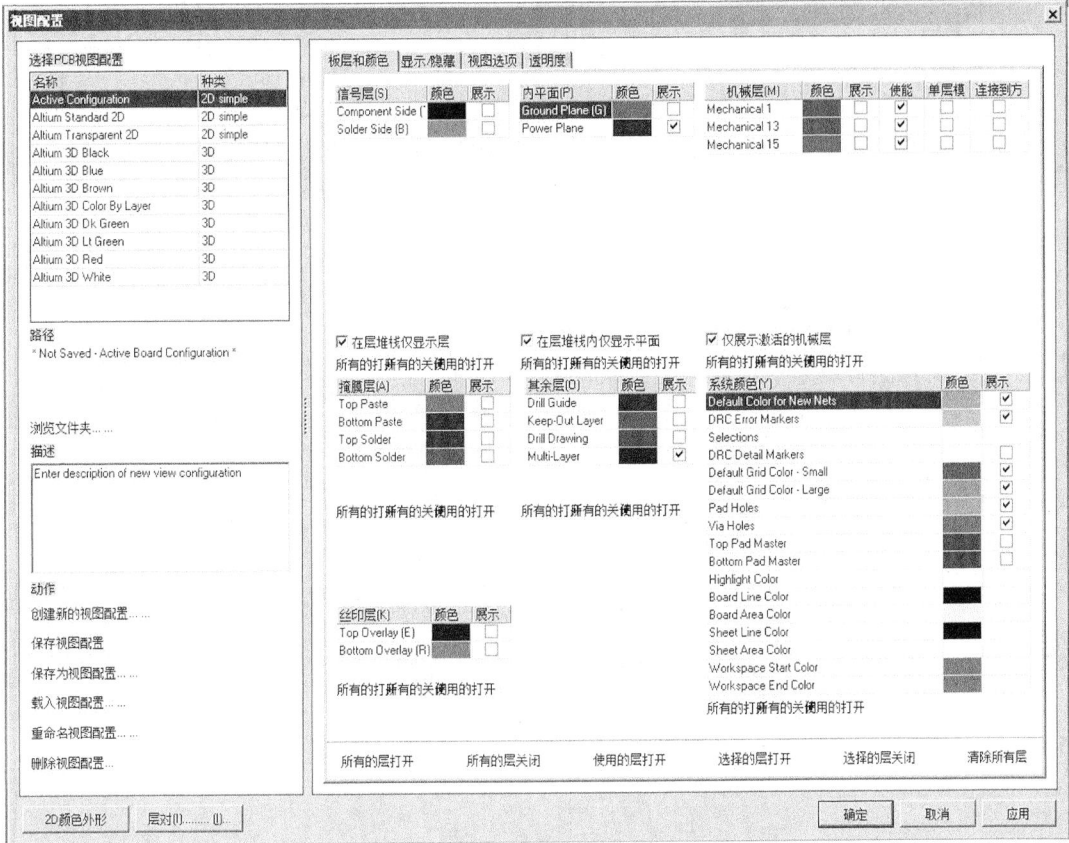

图 6-72　选中与电源内电层有关的板层

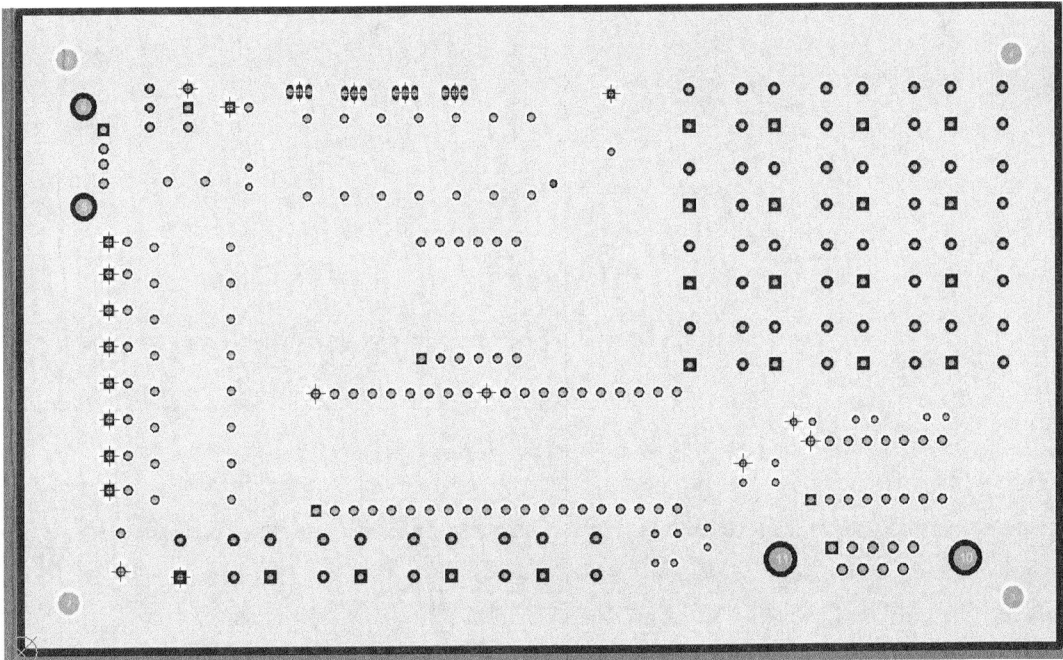

图 6-73　电源内电层布线图

6.3.7 DRC 设计规则检查

执行【工具】→【设计规则检查】命令，弹出如图 6-74 所示的【设计规则检测】对话框，设置检测项，单击【运行 DRC】按钮进行检查，检查结果如图 6-75 所示。

可见，此 PCB 设计有 7 处违规，后面 6 个错误不需要修改（涉及 4 个安装孔、串口的固定孔），只需解决第一个检测错误，需要移动字符"DS1"位置，如图 6-76 所示。保存后执行【工具】→【设计规则检查】命令，单击【运行 DRC】按钮再次进行检查，检查结果如图 6-77 所示。

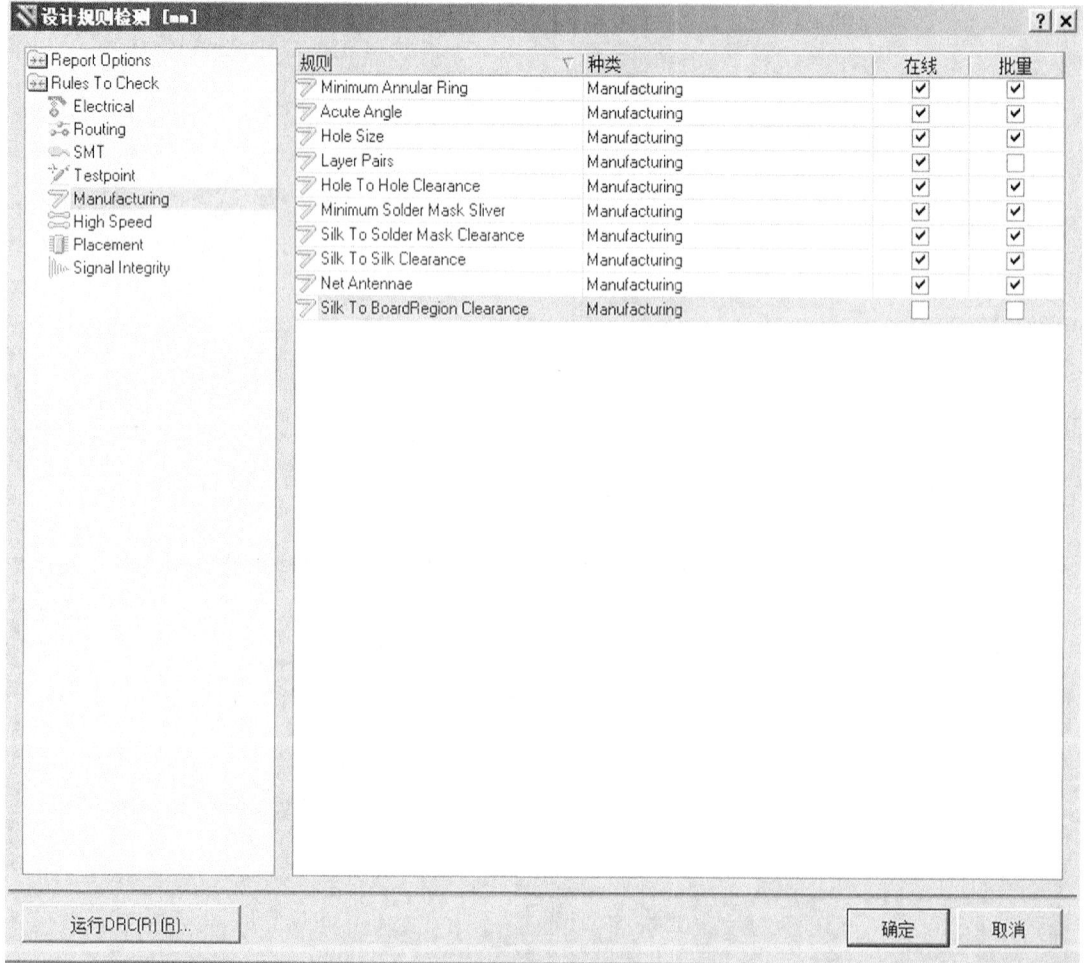

图 6-74 【设计规则检测】对话框

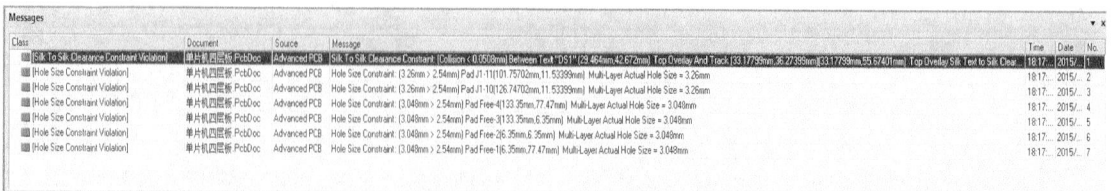

图 6-75 修改前 ERC 检测结果

图 6-76　字符"DS1"移动前后

图 6-77　修改后第二次设计规则检测结果

6.3.8　PCB 布线后的优化处理

1. 补泪滴

（1）执行【工具】→【泪滴】命令，弹出【泪滴选项】对话框，按照图 6-78 所示进行参数设置。

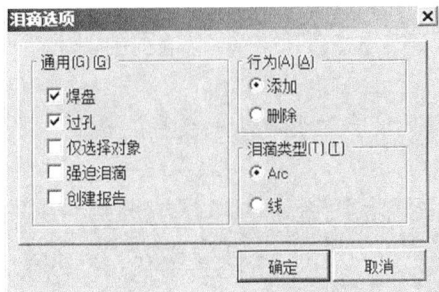

图 6-78　【泪滴选项】对话框

（2）单击图 6-78 中的【确定】按钮，即可执行补泪滴操作，完成后的效果如图 6-79 所示。

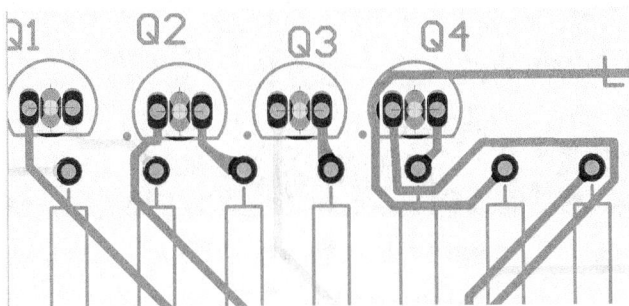

图 6-79　补泪滴后的局部效果

2. 覆铜

（1）将工作层面切换到 Component Side。

（2）执行【放置】→【覆铜】命令，弹出【多边形覆铜】对话框如图 6-80 所示。

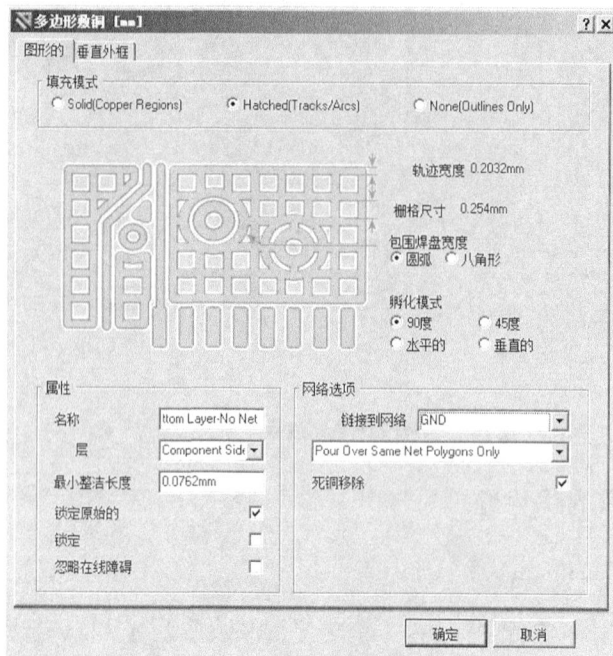

图 6-80 【多边形覆铜】对话框

（3）单击图 6-80 中的【确定】按钮，在覆铜范围的各个端点处单击确定其位置，完成覆铜后的效果如图 6-81 所示。

提示：覆铜区域必须为封闭的多边形状，一般要接地。

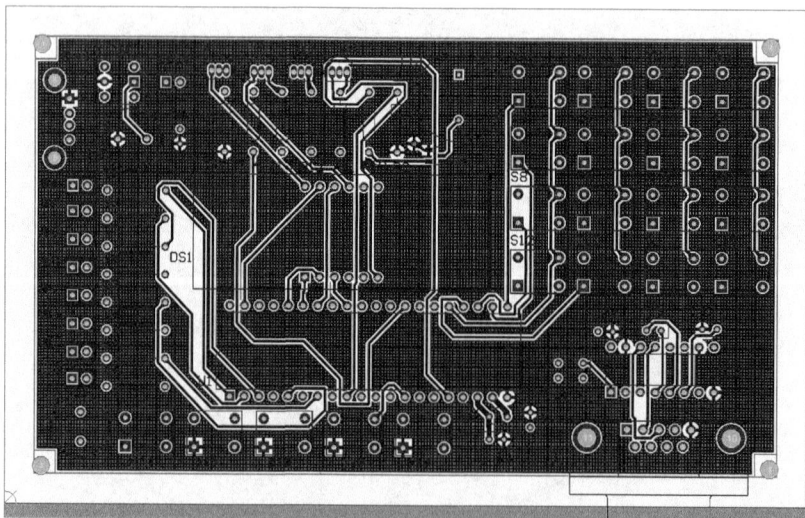

图 6-81 Component Side 顶层覆铜后的效果

（4）用同样的方法对 Solder Side 进行覆铜操作，覆铜后的效果如图 6-82 所示。

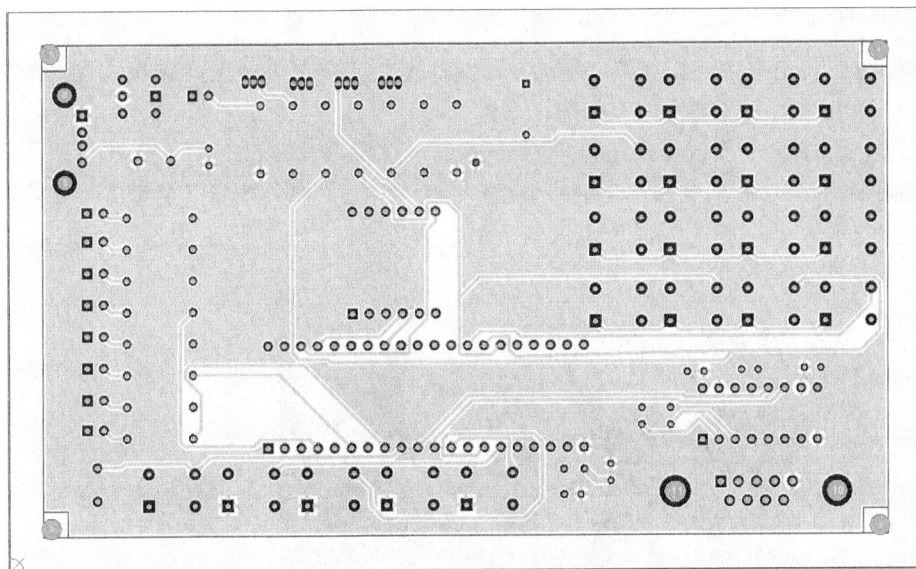

图 6-82　Solder Side 底层覆铜后的效果

技能链接　内部电源层的分割

在单片机实验电路四层板工程中，把中间两层网络名分别定义为"VCC"和"GND"，而在实战项目 USB 移动电子盘工程中，有三种电源 VD3V3、VD1V8、VDD5 和一种地 GND，如图 6-90 所示，而四层板只有一个 Power Plane 电源层，所以需要对电源内层进行分割。方法和步骤如下。

（1）PCB 板面太小，所以要将字符改小。利用前面学过的批量修改方法将电路板中的所有字符均改为如图 6-83 所示的字形、字体，并放置在对应元件的附近，便于使用。

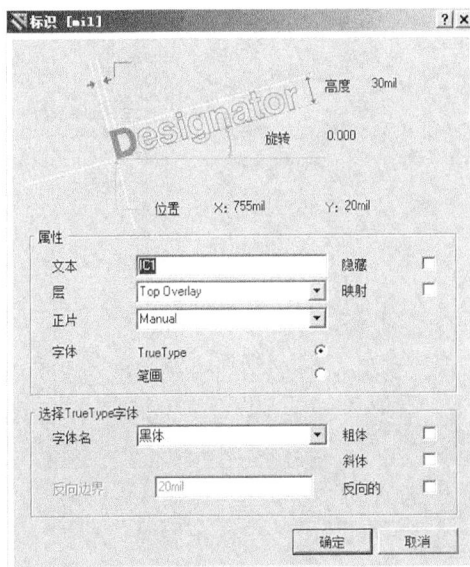

图 6-83　修改字符大小

（2）元件布局。TOSHIBA FLASH 闪存元件放置到焊接面（底层），其他元件放置在顶层。根据电路原理图和电路中电源种类（VD3V3、VD1V8、VDD5）情况布置相关元件的位置，尽量将与同一种电源相关联的元件引脚放在一起。

（3）将当前板层改为 Power Plane 层，分割内电源层 Power Plane。

① 布局时将 R4、C5、C9 尽量靠近集成块 IC1 的"1"脚，执行【放置】→【走线】命令画一个封闭的多边形，如图 6-84 所示，双击该多边形，在弹出对话框中选取"SplitPlane"项，将连接到网络栏改为"VDD5"，如图 6-85 所示。

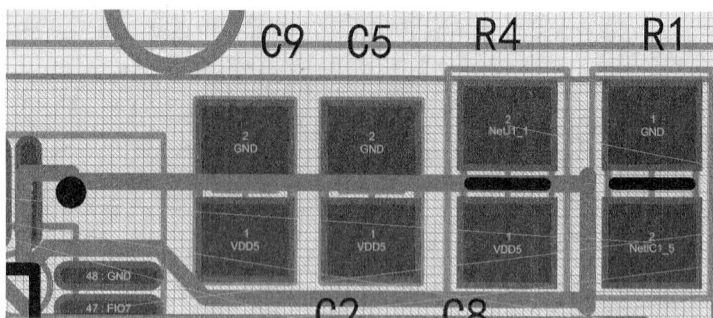

图 6-84　电源 VDD5 分割区域　　　　　　图 6-85　确定 VDD5 分割区域

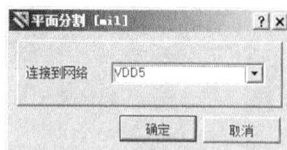

② 由于电源"VD1V8"分布较散，因此布局时将 C2、C7、C8、C11 尽量靠近，执行【放置】→【走线】命令画一个封闭的多边形，如图 6-86 所示，双击该多边形，在弹出对话框中选取"SplitPlane"项，将连接到网络栏改为"VD1V8"，如图 6-87 所示。

③ 由于电源"VD3V3"分布较散且数目多，因此双击内电层 Power Plane 的其他空白位置，将其设置成电源 VD3V3 区域，如图 6-88 所示。

最终将 Power Plane 电源层分割成了三块，如图 6-86 所示。

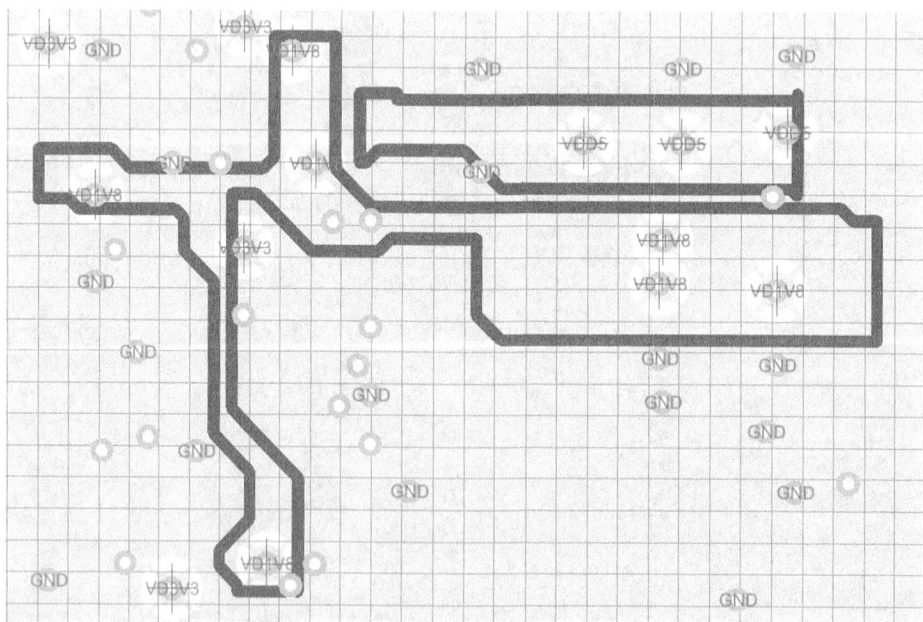

图 6-86　画一个 VD1V8 封闭的多边形

图 6-87　确定 VD1V8 分割区域

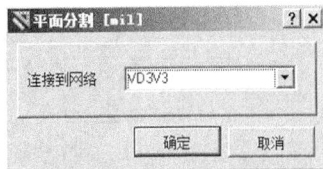

图 6-88　确定 VD3V3 分割区域

（4）布线后，只要与这三种电源相连的元件引脚均会通过内电源层的过孔，如图 6-89 所示，将它们直线连接到内电源层 Power Plane 的相关分割区内，从而实现电气连接。

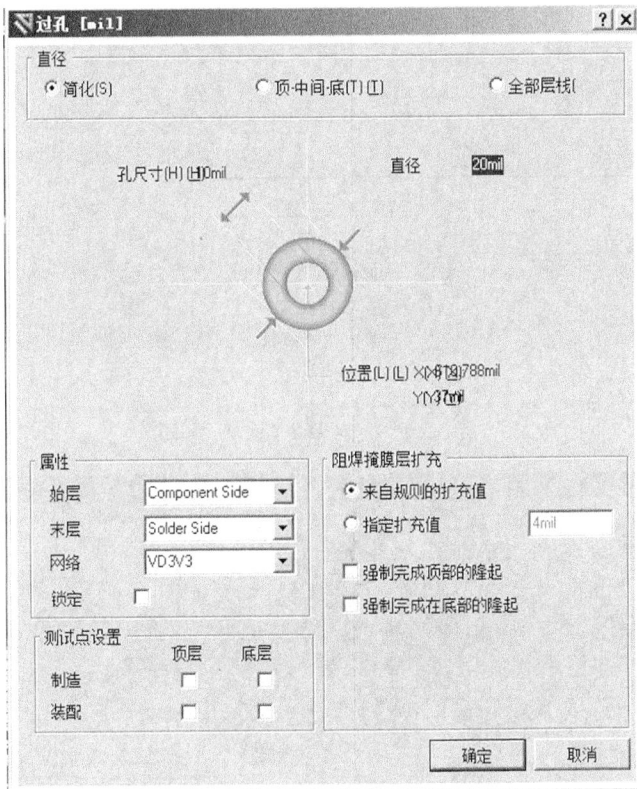

图 6-89　连到内电源层的过孔

实战项目　USB 移动电子盘四层 PCB 板设计

USB 移动电子盘原理图中所有元件均采用表面贴装式封装形式，试绘制 USB 移动电子盘电路如图 6-90 所示，并设计其 PCB 板如图 6-91 所示，图 6-92～图 6-95 是 USB 四层板各层的导电图形，仅供参考。USB 移动电子盘 PCB 板子技术要求如下。

（1）四层 PCB 板，电路板尺寸为 1800mil×600mil，禁止布线区与板子边沿的距离为 30mil。

（2）最小间距为 2～4mil，放置一个安装孔，孔径大小为 60mil。

（3）最小铜膜导线宽度为 5mil，电源（VCC）、地线（GND）的铜膜导线优选宽度为 8mil，导线拐角为 45°。

（4）对电路两面大面积覆铜（与地相连）。

（5）在 PCB 板顶层、底层均放置 Mark 点，并对 PCB 进行设计规则检查。

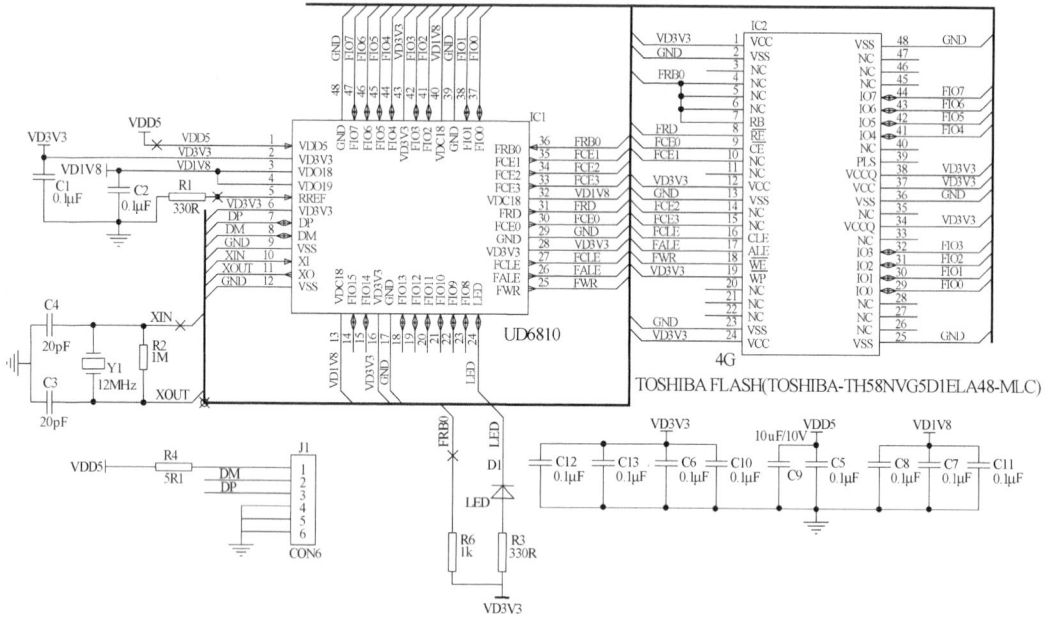

图 6-90　USB 电子移动盘电路

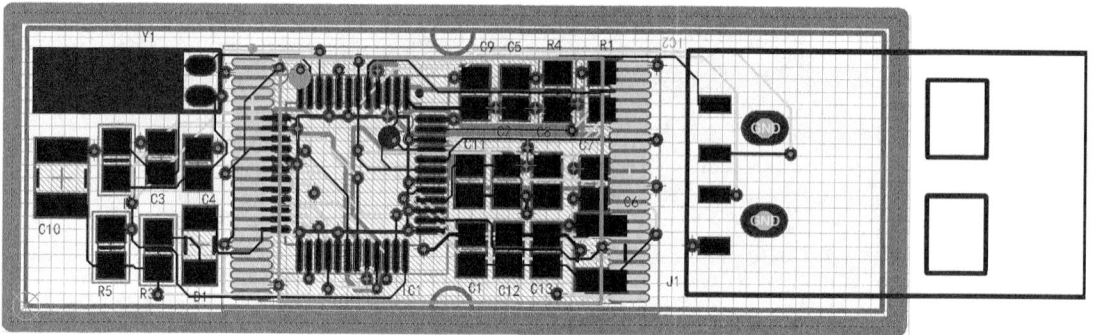

图 6-91　USB 电子移动盘电路的 PCB

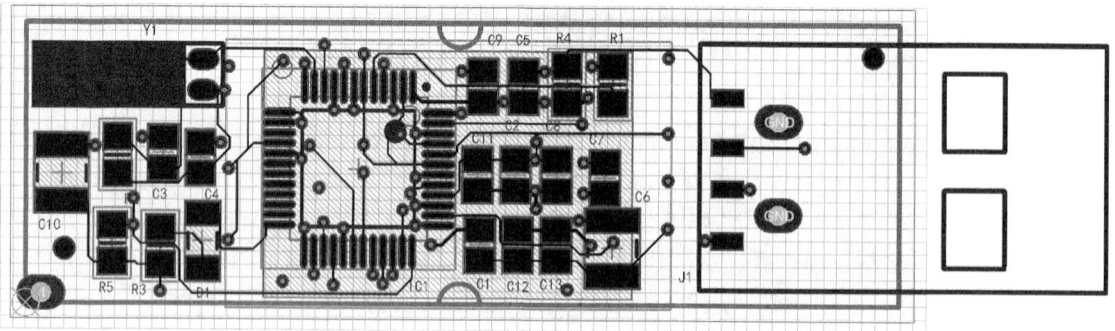

图 6-92　PCB 顶层布线图

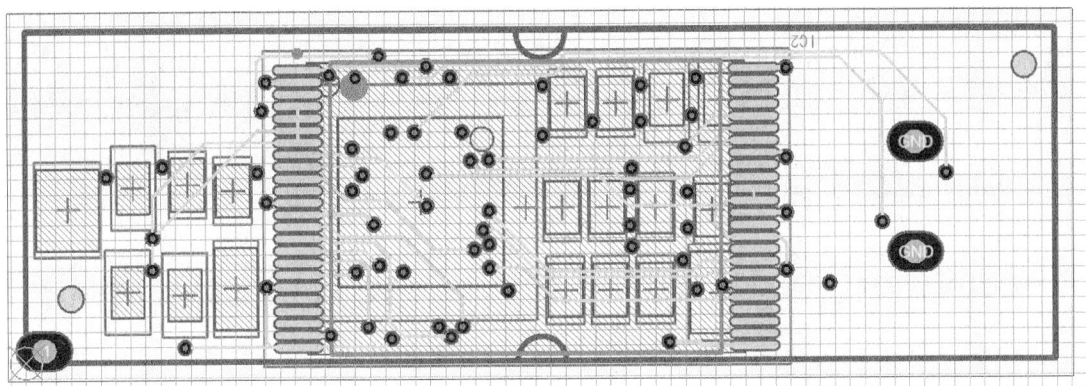

图 6-93　PCB 底层布线图

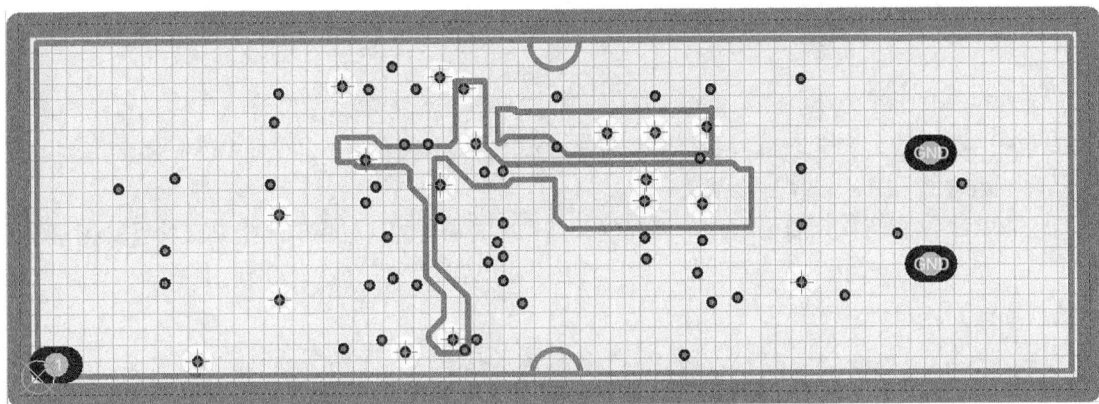

图 6-94　内电源层分割图

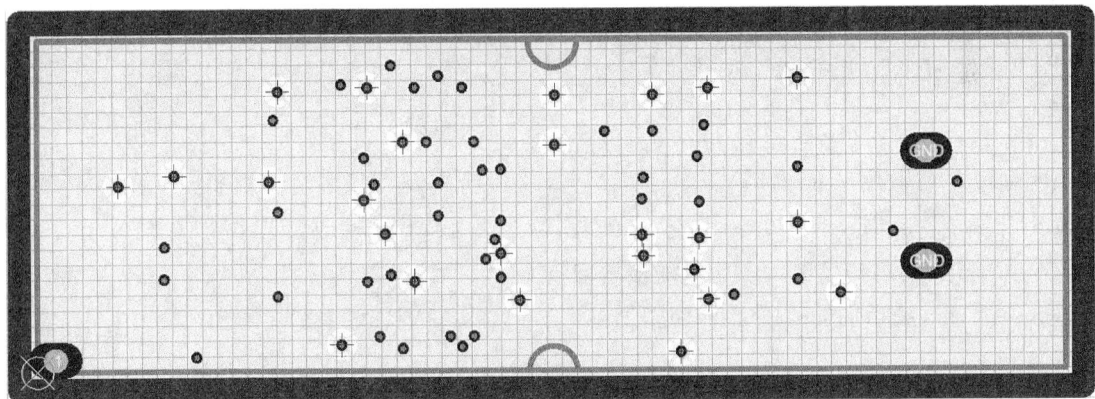

图 6-95　地层图

实用技术指导

A.1 PCB 成品板抄板技术

（1）用照相机拍下 PCB 板上元器件位置的照片，相机的像素最好要高，这样可以从照片上很清楚地看到各个元件的型号、参数、位置、放置方向等信息，若还有不太清楚的地方，用笔记录一遍这些信息，以保证准确无误。

（2）拆掉 PCB 板上所有元器件，将焊盘、过孔里的锡去掉，并用酒精把 PCB 板清洗干净。

（3）用细砂纸将 PCB 表面轻轻打磨，直到铜箔发亮，将其放到扫描仪中扫描，调高扫描仪的扫描像素，以便得到更清晰的图像。

（4）启动 Photoshop，用黑白方式将 PCB 板图形扫入（若是两层板，需扫描两次）。注意，PCB 板扫描的图形一定要横平竖直，否则扫描的图形不能使用。

（5）调整扫描图形，图形中有铜箔和无铜箔的部分对比要强烈，线条清晰，并将其另存为 *.bmp 格式文件（命名时最好与板层一致，看时一目了然）。

（6）将 *.bmp 格式文件转化为 Protel 格式的 PCB 文件，一般要经过"打开 *.bmp 文件→设置转换参数→执行转换功能"几个步骤，软件界面如图 A-1 所示。参数设置要与原实物的板层保持一致，并保存转换后的 *.PCB 文件（这种转换工具软件网上可以下载）。

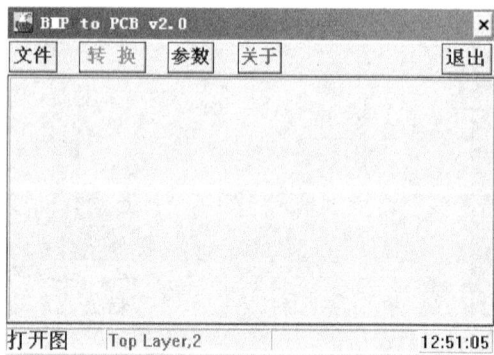

图 A-1 将 BMP 格式转换成 Protel 格式软件界面

（7）打开 Protel DXP 软件，直接打开已经转换好的 *.PCB 文件（双层板、多层板要注意焊盘、过孔的位置要基本重合），用 1∶1 的比例分别打印各板层的电气连接图即可。

A.2 关于 Mark 点的小知识

Mark 点也称为基准点，为装配工艺中的所有步骤提供共同的可测量点，保证了装配使用的每个设备能精确地定位电路图，也为锡膏印制和元件贴片提供光学定位，因此，Mark 点对

SMT 生产至关重要。一般每个 PCB 内必须至少有一对符合设计要求的可供 SMT 机器识别的 Mark 点，Mark 点都是成对出现的实心圆，直径为 1.0～3.0mm，放置在印制电路板或组合板上的对角线且相对距离尽可能大的位置处，除此之外还应满足以下要求。

（1）Mark 点标记在同一块印制板上尺寸变化不能超过 25μm。

（2）边缘距离。Mark 点（边缘）距离印制电路板边缘必须不小于 5.0mm（机器夹持 PCB 最小间距要求），且必须在 PCB 板内而非在板边，并满足最小的 Mark 点空旷度要求。

（3）空旷度要求。在 Mark 点标记周围，必须有一块没有其他电路特征或标记的空旷面积。空旷区圆半径 $r \geq 2R$，R 为 Mark 点半径，r 达到 $3R$ 时，机器识别效果最好。

（4）材料。Mark 点标记一般为防氧化涂层保护的裸铜、镀镍、镀锡或焊锡涂层。如果使用阻焊（soldermask)，不应该覆盖 Mark 点及其空旷区域。

（5）平整度。Mark 点标记的表面平整度应该在 15μm 之内。

（6）对比度。Mark 标记点与印制电路板的基质材料之间对比度越高越好，且所有 Mark 点的内层背景必须相同。

（7）如果双面都有贴装元器件，则每一面都应该有 Mark 点。

（8）特别提示。可分为拼板 Mark 点、单板 Mark 点、局部 Mark 点（也称为器件级 Mark 点）。

（9）例题。

如图 6-92 和图 6-93 所示，在顶层 TopLayer 的左下方、右上边放置了一对 Mark 点"1"，在底层 BottomLayer 的左下方、右上边放置了一对 Mark 点"2"，如图 A-2、图 A-3 所示，特别要注意这两个焊盘（Mark 点）属性设置。

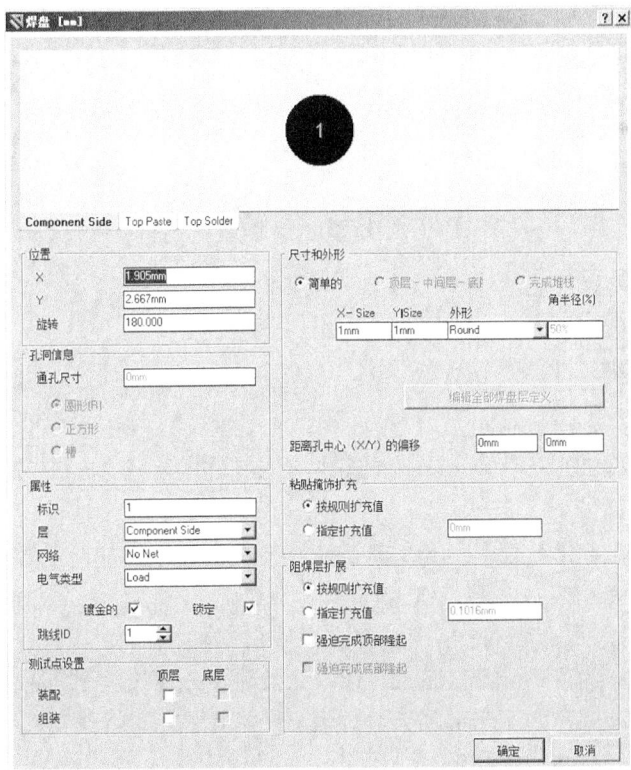

图 A-2　设置顶层一对 Mark 点属性

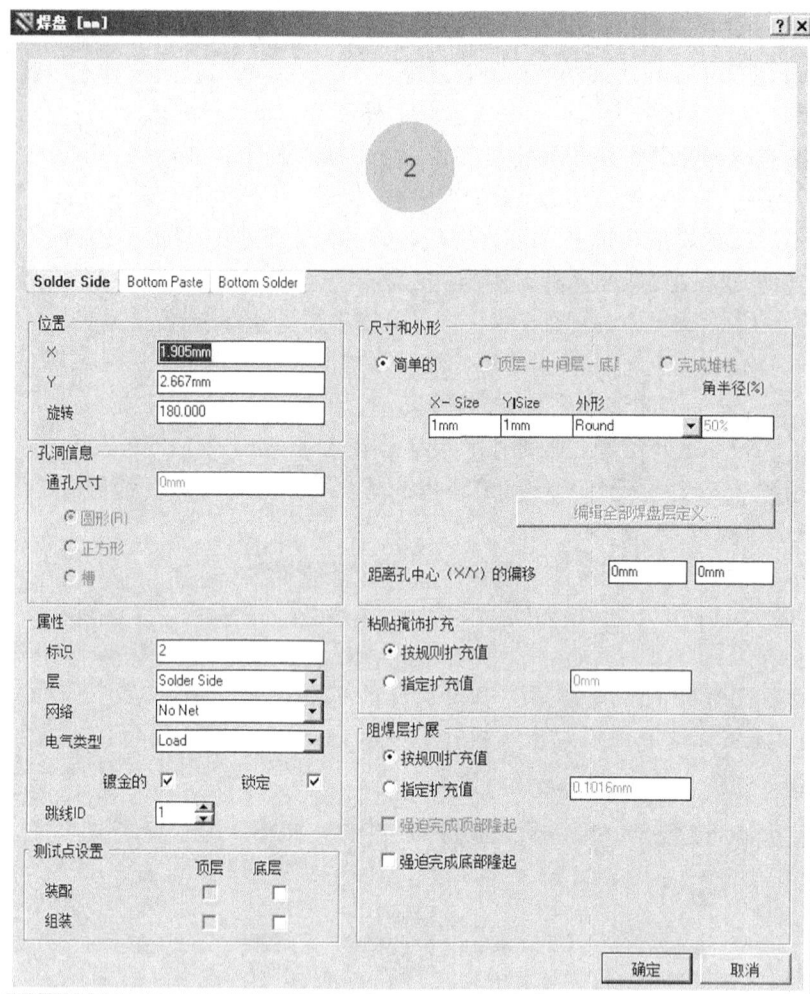

图 A-3　设置底层一对 Mark 点属性

A.3　跳线的使用

　　图 A-4 是一单面 PCB 板中的一部分，图中有未布通的网络 NetD1_2，这必须有跳线来完成布线工作。操作步骤如下。

　　（1）放置焊盘。执行【放置】→【焊盘】命令，在需要连通的两个焊盘附近放置两个独立的焊盘，焊盘参数设置如图 A-5 与图 A-6 所示。

　　（2）如图 A-7 所示，新放置焊盘与原有焊盘实现飞线电连通。

　　（3）将板层改为布线层 Botton Layer，执行【放置】→【交互式布线】命令，将原有焊盘与对应的新焊盘连接起来，如图 A-8 所示。焊盘 a—焊盘 a 之间就建立起跳线功能，在 PCB 制板时直接用一根电线（跳线）连接起来。

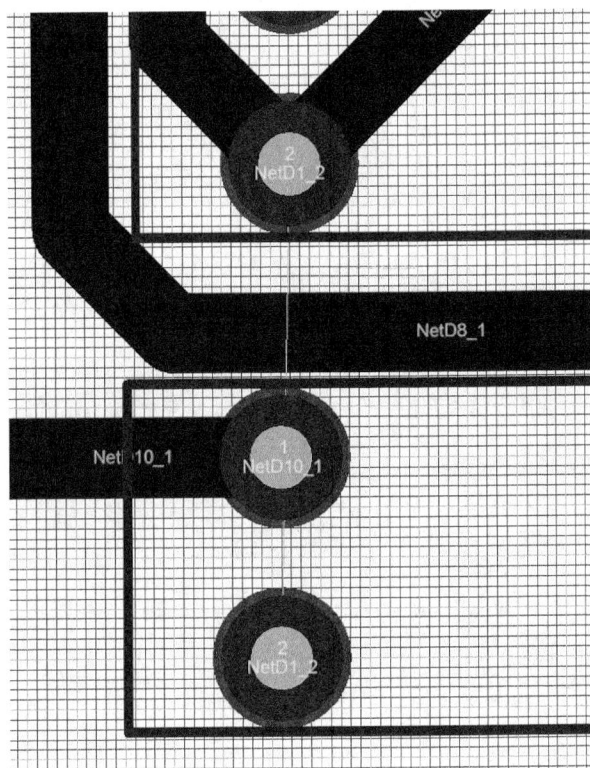

图 A-4　有未布通的网络

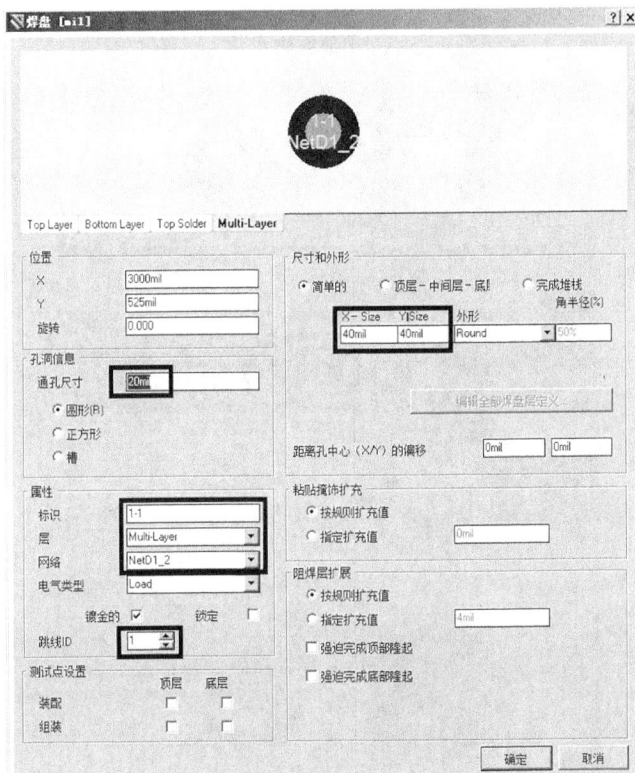

图 A-5　放置焊盘 1-1

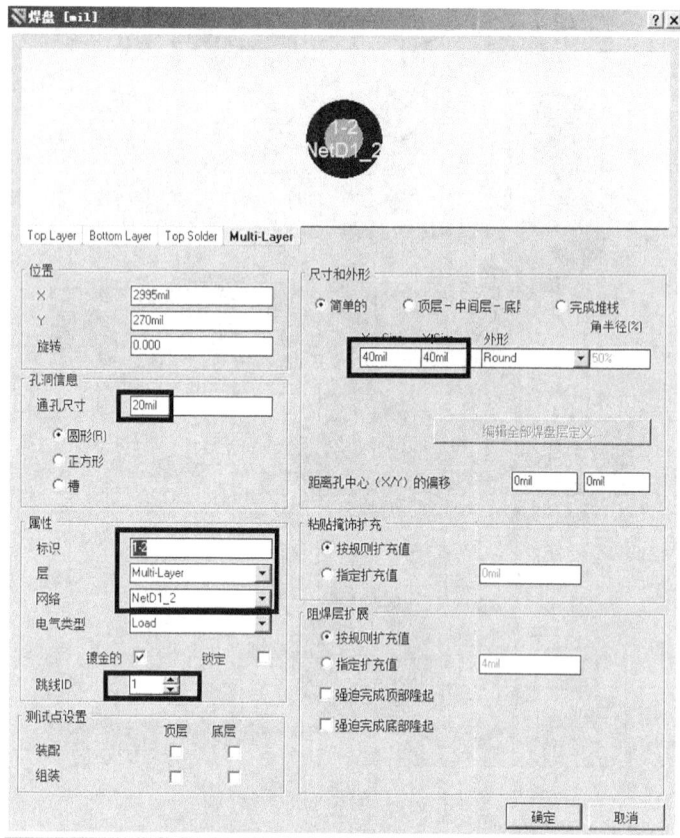

图 A-6　放置焊盘 1-2

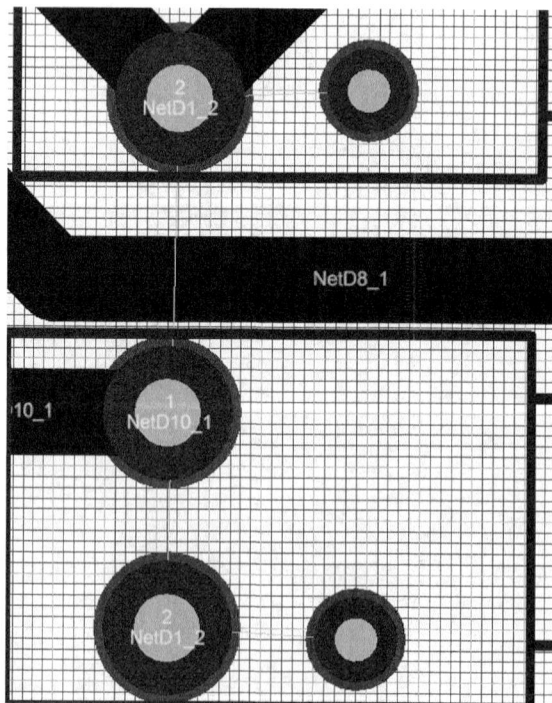

图 A-7　新焊盘与原有焊盘飞线连接

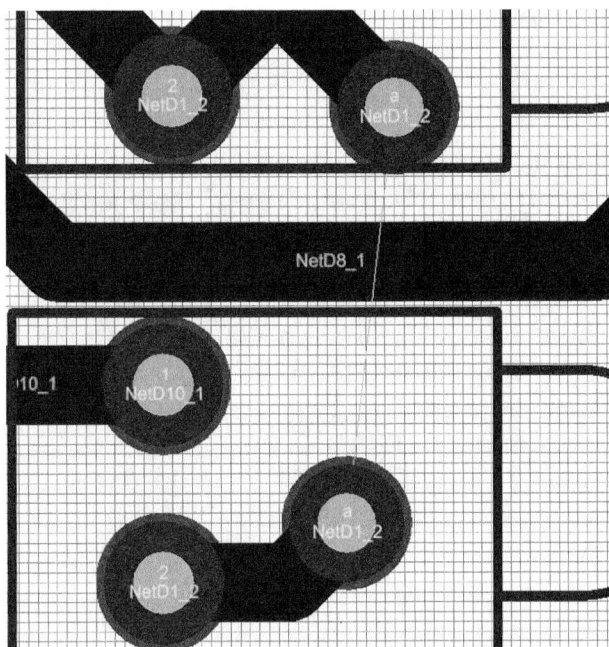

图 A-8　新焊盘间跳线连通

参 考 文 献

[1] 零点工作室. Protel DXP 2004 电路设计[M]. 北京：电子工业出版社，2006.

[2] 兰建花. 电子电路 CAD 项目化教程[M]. 北京：机械工业出版社，2012.

[3] 门刚. 精通 Protel DXP 模块范例篇[M]. 北京：中国青年出版社，2005.

[4] 余宏生，等. 电路 CAD 技能实训[M]. 北京：人民邮电出版社，2008.

[5] 甘登岱. Protel DXP 电路设计与制板实用教程[M]. 北京：人民邮电出版社，2004.

[6] 林庭双，等. Protel DXP 电子电路设计精彩范例[M]. 北京：机械工业出版社，2005.

[7] 姚四改，等. 电子 CAD 技术[M]. 北京：清华大学出版社，2011.

反侵权盗版声明

电子工业出版社依法对本作品享有专有出版权。任何未经权利人书面许可，复制、销售或通过信息网络传播本作品的行为；歪曲、篡改、剽窃本作品的行为，均违反《中华人民共和国著作权法》，其行为人应承担相应的民事责任和行政责任，构成犯罪的，将被依法追究刑事责任。

为了维护市场秩序，保护权利人的合法权益，我社将依法查处和打击侵权盗版的单位和个人。欢迎社会各界人士积极举报侵权盗版行为，本社将奖励举报有功人员，并保证举报人的信息不被泄露。

举报电话：（010）88254396；（010）88258888

传　　真：（010）88254397

E-mail：　dbqq@phei.com.cn

通信地址：北京市万寿路 173 信箱

　　　　　电子工业出版社总编办公室

邮　　编：100036